海洋信息理论与技术系列图书

海洋流体动力学基础

Fundamentals of Marine Hydrodynamics

高 云 何广华 主编

哈尔滨工业大学出版社
HARBIN INSTITUTE OF TECHNOLOGY PRESS

内容简介

本书论述了海洋流体动力学理论研究、实验研究以及数值研究的基本原理,重点探讨了不可压缩牛顿流体运动的理论研究基础。本书共 8 章,分别为:预备知识、旋涡理论、势流理论、水波理论、黏流理论、边界层理论基础、流体力学实验研究基础以及计算流体动力学基础。

本书可作为高等院校船舶、海洋工程类专业本科生流体力学课程的教材,也可供其他专业的本科生、研究生以及从事相关专业工作的工程技术人员作为学习流体力学的参考书。

图书在版编目(CIP)数据

海洋流体动力学基础/高云,何广华主编. —哈尔滨:哈尔滨工业大学出版社,2022.8
ISBN 978 - 7 - 5767 - 0107 - 4

Ⅰ.①海…　Ⅱ.①高…②何…　Ⅲ.①海洋动力学-流体动力学-研究　Ⅳ.①P731.2

中国版本图书馆 CIP 数据核字(2022)第 143821 号

策划编辑　许雅莹
责任编辑　马毓聪
封面设计　刘长友
出版发行　哈尔滨工业大学出版社
社　　址　哈尔滨市南岗区复华四道街 10 号　邮编 150006
传　　真　0451—86414749
网　　址　http://hitpress.hit.edu.cn
印　　刷　黑龙江艺德印刷有限责任公司
开　　本　787 mm×1 092 mm　1/16　印张 12　字数 282 千字
版　　次　2022 年 8 月第 1 版　2022 年 8 月第 1 次印刷
书　　号　ISBN 978 - 7 - 5767 - 0107 - 4
定　　价　38.00 元

前　言

　　流体力学是船舶、海洋工程类专业的核心课程,是后续很多课程学习的基础。流体力学这门课程的内容主要包括流体静力学、流体运动学以及流体动力学。该课程具备内容多、理论性强以及概念抽象等特征。编者在多年的教学实践中,尤其是在流体动力学的教学实践中发现,在课程结束后,大多数学生对该课程的评价是:课程非常重要,但是课程学习难度较大。为此,编者试图立足于船舶、海洋工程类专业本科生教学,针对海洋流体动力学,编写一本起点较低、从易到难、由浅入深、循序渐进的教材,希望船舶、海洋工程类专业本科生学习本教材后能够对海洋流体动力学有一个全面且深入的理解,为以后在我国船舶、海洋工程领域从事相关工作打下坚实基础。

　　本书内容深度适宜,各章节内容之间逻辑性和连贯性强。

　　第 1 章内容是后续学习相关理论内容的基础,是流体静力学、运动学知识与流体动力学知识的过渡。已熟练掌握了流体静力学与运动学知识的学生,本部分内容可以不学或者少学;对流体静力学以及运动学知识比较生疏的学生,本部分内容需要重点学习,因为本部分内容是后续更为复杂的流体动力学理论学习的重要基础。

　　第 2 章、第 3 章以及第 4 章介绍理想流体动力学理论相关知识,其中第 2 章内容属于理想流体的有旋运动,第 3 章和第 4 章内容属于理想流体的无旋运动;第 5 章和第 6 章介绍黏性流体动力学理论相关知识;第 7 章和第 8 章介绍在海洋流体动力学领域开展实验研究以及数值研究的基本原理和相关应用。标有 * 的章节为选修内容。

　　在编写本书过程中,编者参考了许多相关著作,从中获益匪浅,在此谨向其作者表示感谢。

　　本书由哈尔滨工业大学(威海)海洋工程学院高云和何广华共同编写。高云负责编写第 1、2、3、5、8 章;何广华负责编写第 4、6、7 章;全书由高云统稿。刘磊、潘港辉、柴盛林、程玮等承担了本书的部分绘图工作以及书稿的整理工作,在此特向他们表示诚挚的感谢。

　　本书的出版得到了山东省自然科学基金(编号:ZR2021ME120)的资助,特此致谢。

　　由于编者水平有限,书中疏漏和不足之处在所难免,敬请广大读者批评指正,以便今后修订完善。

编　者

2022 年 4 月

目　　录

第1章　预备知识

流体力学是研究流体在外力作用下静止或运动规律的一门科学。流体力学研究内容主要包括流体静力学(fluid statics)、流体运动学(fluid kinematics)以及流体动力学(fluid dynamics)。流体静力学主要研究流体在外力作用下处于平衡状态的规律;流体运动学主要是基于几何学方法研究流体的运动,通常不考虑力和质量等因素;而流体动力学则是利用以牛顿运动定律为基础建立的动力学运动方程研究流体运动的规律。本章主要对流体及其主要物理性质、几个预备物理和数学知识、流体静力学基础知识、流体运动学基础知识以及理想流体动力学基础知识进行简要介绍,为后续更为复杂的流体动力学基础知识学习做准备。

1.1　流体及其主要物理性质

1.1.1　流体的定义

在自然界中,物质的常见状态有固态、液态和气态,简称为物质的三态或者三相,处在这三种形态下的物质称为固体、液体和气体(图 1.1)。由生活常识可知:固体具有固定的形状和体积;液体无固定的形状但具有固定的体积;气体既没有固定的形状又没有固定的体积。

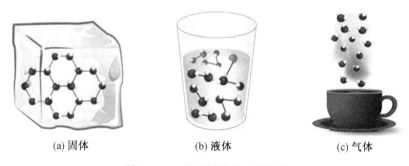

(a) 固体　　　　　　　　(b) 液体　　　　　　　　(c) 气体

图 1.1　三种不同形态下的物质

为了从力学特性角度去区分固体、液体和气体,如图 1.2 所示,将物体表面受力分解为沿法线方向和沿切线方向两部分。沿法线方向的受力称为法向力,包括压力和拉力;沿切线方向的受力称为剪切力。固体可承受拉力、压力和剪切力,而液体和气体则不能承受拉力和剪切力。在任何微小的剪切力作用下都能够发生持续变形的物质称为流体。也就是说,能够流动的物质称为流体。流体(fluid)包括液体(liquid)和气体(gas)。为了便于分析流体流动问题,需要引入流体质点模型和连续介质假设。

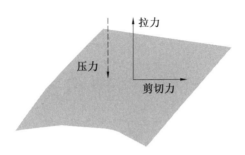

图 1.2 拉力、压力和剪切力

1.1.2 流体质点模型和连续介质假设

从微观角度来说,流体是由大量分子组成的,这些分子是不连续的,分子与分子之间存在一定的间隙,且每个分子均处于随机运动状态,分子与分子之间不断地发生碰撞。因此,微观上,流体的物理量在空间上是不连续的,且随时间发生变化。但是,流体力学研究的是流体的宏观运动,我们通常关注的特征尺度要比流体分子平均自由程大得多。为了便于分析,可以将流体假设为连续介质,即不考虑流体的分子结构,将流体看作无穷多的、稠密的、没有间隙的流体质点构成的连续介质,这被称为连续介质假设(continuous medium hypothesis)。

"连续介质假设"是流体力学研究的基本假设之一,由著名物理学家欧拉在1753年提出。根据这个假设,描述流体宏观运动的物理参数,是大量分子的物理参数统计平均值,而不是单个分子的物理参数值。该假设中的流体质点为包含有足够多流体分子的微团,需具备两个重要特征:宏观上,流体微团的尺度以及流动和物体特征尺度相比,需要足够小,小到在数学上可以作为流体中的一个几何点来进行处理;微观上,流体微团的尺度和流动与分子的平均自由程相比,要足够大,大到可以包括足够多的流体分子,以便将这些分子的物理参数值进行统计平均。下面以密度为例来阐述流体质点的概念。

如图 1.3(a) 所示,在某一时刻 t,在流体中取一包含 $P(x,y,z)$ 点的微元体积 Δv,在此体积内的流体质量为 Δm,那么 Δv 内流体的平均密度为

$$\bar{\rho} = \frac{\Delta m}{\Delta v} \tag{1.1}$$

若在同一个时刻,对包围 P 点的流场取不同大小的微元体积 Δv 并测出不同的 Δm,则会得到不同的 $\bar{\rho}$。如图 1.3(b) 所示,当 Δv 趋于某一极限体积 Δv_0 时,$\bar{\rho}$ 将趋于一个确定的极限值 ρ,该值不会因为 Δv 的进一步增大而发生变化。但当 Δv 小于 Δv_0 时,$\bar{\rho}$ 将随机波动。在流体力学中,可以将极限体积 Δv_0 中所有流体分子的总体看作一个流体质点,同时认为流体是一种由无限多个连续分布的流体质点所组成的物质,这就是连续介质假设模型。大量的实际应用和实验都证明,在一般情况下,基于连续介质假设而建立的流体力学理论是正确的。

在连续介质假设下,流体已抽象为一种在时间和空间上无限可分的连续体。通常将流体所占据的空间称为流场。在流场中,任意时刻、任意空间点上都有且仅有一个流体质点存在,该流体质点没有空间尺度,但是却具有确定的宏观物理量(如:速度、压强、密度和

温度等）。在流场中,它们在时间和空间上都是连续分布的,均可以表示为时间和空间的连续函数。利用这些物理量的连续函数,就可以非常方便地基于数学方法来研究流体的宏观物理性质、流体的平衡以及流体的运动等问题。但值得注意的是:当流体分子间距离与流动问题的特征尺度相当时,连续介质假设就不再适用,比如高空稀薄空气的流动问题。本书只涉及基于流体质点模型和连续介质假设的流体力学理论及其问题。

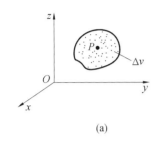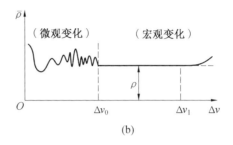

图 1.3   微元体积以及平均密度

1.1.3   流体的基本性质

流体的基本性质主要包括流体的黏性、流体的可压缩性、流体的易流动性,以及流体的易变形性。本节主要对流体的前两种特性(黏性以及可压缩性)进行简要介绍。

1. 流体的黏性与牛顿内摩擦定律

当相邻两层流体之间发生相对运动时,在两层流体的接触面上会产生阻止变形的抗力。与固体不同的是,这种抗力不与流体的变形大小有关,而与流体的变形速度有关。流体这种抵抗变形的特性称为黏性。流体的黏性是由流体的内摩擦产生的,是两层流体分子间内聚力和分子动量交换的宏观体现。液体黏性主要取决于分子间的引力,而气体黏性则主要取决于分子热运动。牛顿内摩擦的概念最早由英国著名物理学家牛顿在 1687年提出,1784 年在法国物理学家库仑的试验中得到了证实。

在解决实际问题时,依据是否考虑流体的黏性(即动力黏性系数 μ 是否为 0),流体可分为黏性流体($\mu \neq 0$)和理想流体($\mu = 0$)。由于实际中的流体均具有黏性,因此黏性流体又称为实际流体。与不考虑流体黏性相比,考虑流体黏性会使流动问题的研究复杂很多。在研究某些流动问题(比如:水波问题、流体绕圆柱流动时边界层以外的流动)时,黏性力与重力、惯性力等相比要小得多,黏性影响显得并不重要。此时,为了方便研究,可以将黏性流体简化为理想流体。但值得注意的是:理想流体只是一种假设模型,在现实中并不存在。

如图 1.4 所示,根据是否满足牛顿内摩擦定律,黏性流体可进一步划分为牛顿流体(Newtonian fluids)和非牛顿流体(non-Newtonian fluids)。牛顿流体剪切应力 τ 和速度梯度 $\mathrm{d}u/\mathrm{d}y$ 之间满足线性关系,即 $\tau = \mu \mathrm{d}u/\mathrm{d}y$。常见的牛顿流体有水、空气、酒精等。而非牛顿流体剪切应力与速度梯度之间不满足线性关系,即 $\tau \neq \mu \mathrm{d}u/\mathrm{d}y$。常见的非牛顿流体有血液、泥浆、酸奶等。本书只涉及牛顿流体。

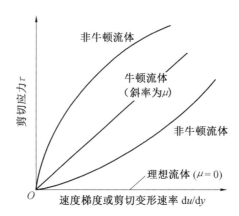

图 1.4　牛顿流体和非牛顿流体

2. 流体的可压缩性

流体的体积随压力和温度变化而变化的特性,称为流体的可压缩性。习惯上,把流体体积随压力变化而变化的特性称为压缩性,把流体体积随温度变化而变化的特性称为膨胀性。根据是否考虑其压缩性(即流体密度 ρ 是否为常数),流体可分为不可压缩流体(ρ 为常数)和可压缩流体(ρ 不为常数)。值得注意的是:不可压缩流体只是一种假设模型。严格来说,任何流体都是可压缩的,只是程度不同。但在工程实际中,通常将气体看作可压缩流体,而将液体看作不可压缩流体。但也有例外,比如在研究水下爆炸过程时,需要将水看作可压缩流体;当气体流速比较低时,可以将气体看作不可压缩流体。

1.1.4　作用在流体上的力与应力张量

在流体力学中,对流体进行受力分析通常采用隔离体的方法,根据需要可以在流体中取出任意形状和大小的流体作为研究对象。因此,有必要研究作用在流体上的外力。其按照作用方式可大致分为两类:体积力和表面力。

1. 体积力及其分布强度

体积力(body force)又称质量力(mass force),是指作用在流体某体积内所有流体质点上并与这一体积的流体质量成正比的力,此力与这一体积之外的流体存在与否无关。因此,体积力是一种非接触力。可以将其理解为某种力场作用在该体积内全部流体质点上的力。最常见的体积力为重力。如图 1.5 所示,其他体积力还有:磁力场中的磁力、电力场中的电动力,以及加速运动中的惯性力等。

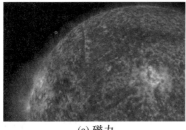

(a) 磁力

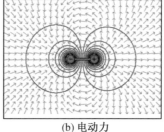

(b) 电动力

(c) 惯性力

图 1.5　不同形式的体积力

如图 1.6 所示，设所取流体的体积为 V，其封闭表面的表面积为 S。在计算质量力时，常用到单位质量力（即质量力的分布强度）的概念，单位质量力 $\boldsymbol{f}$ 表示外力场的强度，它与加速度具有相同的物理量纲，可定义为

$$\boldsymbol{f} = \lim_{\Delta V \to 0} \frac{\Delta \boldsymbol{F}}{\rho \, \Delta V} = \frac{\mathrm{d} \boldsymbol{F}}{\rho \, \mathrm{d} V} \tag{1.2}$$

式中，$\Delta \boldsymbol{F}$ 为作用在体积为 ΔV 的流体上的质量力。

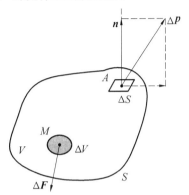

图 1.6 体积力和表面力

显然，$\boldsymbol{f}$ 是空间和时间的连续函数，可表示为

$$\boldsymbol{f} = \boldsymbol{f}(x, y, z, t) \tag{1.3}$$

因此，作用在体积为 V 的流体上的总质量力可表示为

$$\boldsymbol{F} = \iiint_{V} \rho \boldsymbol{f}(x, y, z, t) \mathrm{d} V \tag{1.4}$$

在大多数流体力学问题中，质量力都是已知的。例如，当流体在重力场中运动且质量力只有重力时，单位质量力 $\boldsymbol{f} = \boldsymbol{g}$（$\boldsymbol{g}$ 为重力加速度）。

2. 表面力及其分布强度

表面力是外界作用在所考察流体接触界面上的力，这个接触界面可以是流体与流体的接触界面，也可以是流体与固体的接触界面。由于该力是通过界面的接触产生的，因此该力的大小与接触界面的大小（表面面积）成正比，而与流体质量无关，这种力称为表面力。如：固体表面对流体的压力、流体内部的压力以及流体内摩擦力（黏性力）等。如图 1.6 所示，在流体表面上包含指定点 $A(x, y, z)$ 在内取微元面积 ΔS，其上作用的表面力记为 $\Delta \boldsymbol{p}$，$\boldsymbol{n}$ 为 ΔS 在 A 点上的外法线单位矢量。表面力在 A 点的分布强度记为 A 点的应力，可表示为

$$\boldsymbol{p}_n = \lim_{\Delta S \to 0} \frac{\Delta \boldsymbol{p}}{\Delta S} \tag{1.5}$$

当考虑流体黏性时，应力 $\Delta \boldsymbol{p}$ 的方向不再与作用面上的外法线单位矢量 $\boldsymbol{n}$ 的方向重合，因此 $\boldsymbol{p}_n$ 的方向也不与 $\boldsymbol{n}$ 的方向重合。此时可以将 $\boldsymbol{p}_n$ 分解为垂直于作用面的法向分量 p_{nn} 以及与作用面相切的切向分量 $p_{n\tau}$，记作

$$\boldsymbol{p}_n = p_{nn} \boldsymbol{n} + p_{n\tau} \boldsymbol{\tau} \tag{1.6}$$

式中，p_{nn} 为正应力；$p_{n\tau}$ 为切应力；$\boldsymbol{\tau}$ 为切向单位矢量。

3. 应力张量

如图 1.7 所示,在流体中取一四面体元素 $OABC$,其侧面为 OBC、OAC、OAB,分别垂直于 x 轴、y 轴、z 轴,底面 ABC 的外法线方向(单位矢量为 $\boldsymbol{n}$)是任意的。假设 OBC、OAC、OAB 以及 ABC 的面积分别为 $\mathrm{d}S_x$、$\mathrm{d}S_y$、$\mathrm{d}S_z$ 和 $\mathrm{d}S$。现在来考虑四面体元素 $OABC$ 所受的力。作用在四面体上的力有外力、惯性力以及表面力三种。根据达朗贝尔原理,这三种力应该平衡。由于外力和惯性力都是质量力,与体积有关,它们均是三阶无穷小量;而表面力与面积有关,是二阶无穷小量。因此,当微元四面体体积趋于零时,可以不考虑外力和惯性力的作用,只考虑表面力的作用。

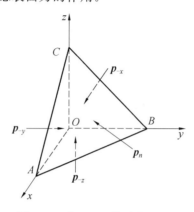

图 1.7　微元四面体受力示意图

由于四面体各面 OBC、OAC、OAB 以及 ABC 的外法线方向分别是 x、y、z 轴的负方向以及 $\boldsymbol{n}$ 的方向,因此作用在这些面上的应力可分别记为 $\boldsymbol{p}_{-x}$、$\boldsymbol{p}_{-y}$、$\boldsymbol{p}_{-z}$ 以及 $\boldsymbol{p}_n$,进一步得到总的表面力为 $\boldsymbol{p}_{-x}\mathrm{d}S_x$、$\boldsymbol{p}_{-y}\mathrm{d}S_y$、$\boldsymbol{p}_{-z}\mathrm{d}S_z$ 以及 $\boldsymbol{p}_n\mathrm{d}S$,依据力平衡条件得到

$$\boldsymbol{p}_{-x}\mathrm{d}S_x + \boldsymbol{p}_{-y}\mathrm{d}S_y + \boldsymbol{p}_{-z}\mathrm{d}S_z + \boldsymbol{p}_n\mathrm{d}S = 0 \tag{1.7}$$

由于

$$\boldsymbol{p}_{-x} = -\boldsymbol{p}_x,\ \boldsymbol{p}_{-y} = -\boldsymbol{p}_y,\ \boldsymbol{p}_{-z} = -\boldsymbol{p}_z$$

式(1.7)可进一步写为

$$\boldsymbol{p}_n\mathrm{d}S = \boldsymbol{p}_x\mathrm{d}S_x + \boldsymbol{p}_y\mathrm{d}S_y + \boldsymbol{p}_z\mathrm{d}S_z \tag{1.8}$$

$\mathrm{d}S_x$、$\mathrm{d}S_y$ 以及 $\mathrm{d}S_z$ 可表示为

$$\begin{cases} \mathrm{d}S_x = \cos(\boldsymbol{n}, x)\mathrm{d}S = n_x\mathrm{d}S \\ \mathrm{d}S_y = \cos(\boldsymbol{n}, y)\mathrm{d}S = n_y\mathrm{d}S \\ \mathrm{d}S_z = \cos(\boldsymbol{n}, z)\mathrm{d}S = n_z\mathrm{d}S \end{cases} \tag{1.9}$$

记 $\boldsymbol{n}$ 为

$$\boldsymbol{n} = \cos(\boldsymbol{n}, x)\boldsymbol{i} + \cos(\boldsymbol{n}, y)\boldsymbol{j} + \cos(\boldsymbol{n}, z)\boldsymbol{k} = n_x\boldsymbol{i} + n_y\boldsymbol{j} + n_z\boldsymbol{k}$$

式中,$\boldsymbol{i}$、$\boldsymbol{j}$、$\boldsymbol{k}$ 为 x、y、z 轴正方向的单位矢量。

联立式(1.9)和式(1.8),可进一步得到

$$\boldsymbol{p}_n = n_x\boldsymbol{p}_x + n_y\boldsymbol{p}_y + n_z\boldsymbol{p}_z \tag{1.10}$$

式(1.10)在直角坐标系下的表达式为

$$\begin{cases} p_{nx} = n_x p_{xx} + n_y p_{yx} + n_z p_{zx} \\ p_{ny} = n_x p_{xy} + n_y p_{yy} + n_z p_{zy} \\ p_{nz} = n_x p_{xz} + n_y p_{yz} + n_z p_{zz} \end{cases} \tag{1.11}$$

式(1.11)可写为矩阵形式:

$$\boldsymbol{p}_n = \begin{bmatrix} p_{nx} \\ p_{ny} \\ p_{nz} \end{bmatrix} = \begin{bmatrix} p_{xx} & p_{xy} & p_{xz} \\ p_{yx} & p_{yy} & p_{yz} \\ p_{zx} & p_{zy} & p_{zz} \end{bmatrix} \cdot \begin{bmatrix} n_x \\ n_y \\ n_z \end{bmatrix} = \boldsymbol{P} \cdot \boldsymbol{n} \tag{1.12}$$

式(1.12)中的 $\boldsymbol{P}$ 即为应力张量,9 个张量元素的下标均使用了两个字母,第 1 个字母表示应力作用面的外法线方向,第 2 个字母表示应力的投影方向。投影方向与外法线方向一致的为正应力;投影方向与外法线方向垂直的为切应力。因此,$\boldsymbol{P}$ 中有三个正应力和六个切应力。静止的流体是不能承受切应力的。此外,当运动的流体忽略黏性力(即理想流体运动)时,同样不存在切应力。因此,对于静止流体或理想流体,应力张量 $\boldsymbol{P}$ 中六个切应力分量均为零,式(1.11)可简化为

$$p_{nx} = n_x p_{xx}, \quad p_{ny} = n_y p_{yy}, \quad p_{nz} = n_z p_{zz} \tag{1.13}$$

当不考虑切应力时,式(1.6)变为 $\boldsymbol{p}_n = p_{nn}\boldsymbol{n}$,将其写成分量形式,得到

$$p_{nx} = n_x p_{nn}, \quad p_{ny} = n_y p_{nn}, \quad p_{nz} = n_z p_{nn} \tag{1.14}$$

对比式(1.13)与式(1.14),得到

$$p_{xx} = p_{yy} = p_{zz} = p_{nn} \tag{1.15}$$

但当考虑黏性流体运动时,一点上的三个正应力 p_{xx}、p_{yy} 以及 p_{zz} 一般互不相等,但相互垂直的两个平面上的切应力互等(这里不作证明,在后面黏流理论中将给出证明),即 $p_{xy} = p_{yx}$、$p_{xz} = p_{zx}$ 以及 $p_{yz} = p_{zy}$。因此,应力张量 $\boldsymbol{P}$ 是一个对称的二阶张量。

1.2　几个预备物理和数学知识

1.2.1　场的定义

如果在全部或者部分空间里的每一点都对应着某个物理量的一个确定的值,就说在这个空间里确定了该物理量的一个场。如果该物理量是标量,就称这个场为标量场;如果该物理量是矢量,就称这个场为矢量场。温度场、压力场以及密度场是标量场;而速度场、力场以及电磁场是矢量场。流体力学研究的对象就是这些标量场和矢量场。

若同一时刻,场内各点函数的值均相等,则该场称为均匀场;反之,称为不均匀场。若场内各点函数的值与时间无关,即不随时间 t 发生改变,则该场称为定常场(稳定场);反之,称为非定常场(或不稳定场)。场的特点有二:第一,分布于整个空间,看不见、摸不着,只能借助仪器进行观察测量,靠人脑去想象分布情况;第二,具有客观物质的一切特征,有质量、动量和能量。

1. 标量场的等值面

在直角坐标系中,分布在标量场中各点处的标量 u 是场中点 $M(x,y,z)$ 的函数,有

$$u = u(x, y, z) \tag{1.16}$$

即一个标量场可以用一个函数来表示。等值面就是场中使函数 u 取相同数值的点所组成的曲面。如图 1.8 所示（图中 c_1、c_2、c_3 为常数），标量场的等值面方程可表示为

$$u(x, y, z) = c \tag{1.17}$$

式中，c 为常数。

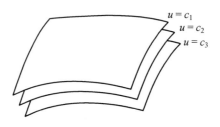

图 1.8　标量场等值面

对于温度场，等值面就是等温面；对于电位场，等值面就是等位面。

对于平面标量场，标量 u 可进一步写为

$$u = u(x, y)$$

此时具有相同数值 c 的点组成此标量场的等值线，其方程为

$$u(x, y) = c$$

地形图上的等高线，地面气象图上的等温线、等压线等都是等值线的例子。通过等值面和等值线可以大概了解标量场中数值的变化情况。

2. 矢量场的矢量面

在直角坐标系中，矢量场中分布在各点处的矢量 $\boldsymbol{A}$，同样也是场中点 $M(x, y, z)$ 的函数，表示为

$$\boldsymbol{A} = \boldsymbol{A}(x, y, z) = A_x(x, y, z)\boldsymbol{i} + A_y(x, y, z)\boldsymbol{j} + A_z(x, y, z)\boldsymbol{k} \tag{1.18}$$

式中，A_x、A_y、A_z 分别为矢量 $\boldsymbol{A}$ 在 x、y、z 轴上的投影。

在矢量场中，为了直观表述矢量的分布情况，需要引入矢量线的概念。矢量线是指其上每一点处的切线都平行于过该点的矢量 $\boldsymbol{A}$ 的曲线。假设矢量线上任一点的矢径为

$$\boldsymbol{r} = x\boldsymbol{i} + y\boldsymbol{j} + z\boldsymbol{k}$$

其微分可表示为

$$\mathrm{d}\boldsymbol{r} = \mathrm{d}x\boldsymbol{i} + \mathrm{d}y\boldsymbol{j} + \mathrm{d}z\boldsymbol{k} \tag{1.19}$$

$\mathrm{d}\boldsymbol{r}$ 的几何意义为：在点 $M(x, y, z)$ 处与矢量线相切的矢量。根据矢量线的定义，可知 $\mathrm{d}\boldsymbol{r}$ 和 $\boldsymbol{A}$ 共线（图 1.9），得到 $\mathrm{d}\boldsymbol{r} \times \boldsymbol{A} = 0$，进一步得到

$$\frac{\mathrm{d}x}{A_x} = \frac{\mathrm{d}y}{A_y} = \frac{\mathrm{d}z}{A_z} \tag{1.20}$$

在场中的任意一条曲线 C（非矢量线）上的任一点处，均有且仅有一条矢量线通过，这些矢量线的全体，就构成了一张通过曲线 C 的曲面，称为矢量面。若 C 为一条封闭曲线，则通过 C 的矢量面就构成了一管形曲面，称为矢量管。

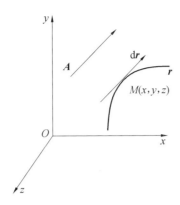

图 1.9　矢量线示意图

1.2.2　梯度、散度和旋度

若 A 为标量,对其进行求梯度运算可得到矢量,直角坐标系下梯度表达形式为

$$\text{grad } A = \nabla A = \frac{\partial A}{\partial x}\boldsymbol{i} + \frac{\partial A}{\partial y}\boldsymbol{j} + \frac{\partial A}{\partial z}\boldsymbol{k} \tag{1.21}$$

式中,∇ 为哈密顿算子,该算子为矢量算子,可表示为

$$\nabla = \frac{\partial}{\partial x}\boldsymbol{i} + \frac{\partial}{\partial y}\boldsymbol{j} + \frac{\partial}{\partial z}\boldsymbol{k} \tag{1.22}$$

若 $\boldsymbol{A}$ 为矢量,对其进行求散度运算可得到标量,直角坐标系下散度表达形式为

$$\text{div } \boldsymbol{A} = \nabla \cdot \boldsymbol{A} = \left(\frac{\partial}{\partial x}\boldsymbol{i} + \frac{\partial}{\partial y}\boldsymbol{j} + \frac{\partial}{\partial z}\boldsymbol{k}\right) \cdot (A_x\boldsymbol{i} + A_y\boldsymbol{j} + A_z\boldsymbol{k}) = \frac{\partial A_x}{\partial x} + \frac{\partial A_y}{\partial y} + \frac{\partial A_z}{\partial z} \tag{1.23}$$

若 $\boldsymbol{A}$ 为矢量,对其进行求旋度运算可得到矢量,直角坐标系下旋度表达形式为

$$\text{rot } \boldsymbol{A} = \nabla \times \boldsymbol{A} = \begin{vmatrix} \boldsymbol{i} & \boldsymbol{j} & \boldsymbol{k} \\ \dfrac{\partial}{\partial x} & \dfrac{\partial}{\partial y} & \dfrac{\partial}{\partial z} \\ A_x & A_y & A_z \end{vmatrix} = \left(\frac{\partial A_z}{\partial y} - \frac{\partial A_y}{\partial z}\right)\boldsymbol{i} + \left(\frac{\partial A_x}{\partial z} - \frac{\partial A_z}{\partial x}\right)\boldsymbol{j} + \left(\frac{\partial A_y}{\partial x} - \frac{\partial A_x}{\partial y}\right)\boldsymbol{k} \tag{1.24}$$

若 A 为标量,对其先求梯度,再求散度,即梯度的散度可写为

$$\nabla \cdot (\nabla A) = \left(\frac{\partial}{\partial x}\boldsymbol{i} + \frac{\partial}{\partial y}\boldsymbol{j} + \frac{\partial}{\partial z}\boldsymbol{k}\right) \cdot \left(\frac{\partial A}{\partial x}\boldsymbol{i} + \frac{\partial A}{\partial y}\boldsymbol{j} + \frac{\partial A}{\partial z}\boldsymbol{k}\right) = \frac{\partial^2 A}{\partial x^2} + \frac{\partial^2 A}{\partial y^2} + \frac{\partial^2 A}{\partial z^2} \tag{1.25}$$

这里引入拉普拉斯(Laplace)算子 Δ,该算子为标量算子,可表示为

$$\Delta = \nabla^2 = \nabla \cdot \nabla = \left(\frac{\partial}{\partial x}\boldsymbol{i} + \frac{\partial}{\partial y}\boldsymbol{j} + \frac{\partial}{\partial z}\boldsymbol{k}\right) \cdot \left(\frac{\partial}{\partial x}\boldsymbol{i} + \frac{\partial}{\partial y}\boldsymbol{j} + \frac{\partial}{\partial z}\boldsymbol{k}\right) = \frac{\partial^2}{\partial x^2} + \frac{\partial^2}{\partial y^2} + \frac{\partial^2}{\partial z^2} \tag{1.26}$$

联立式(1.25)和式(1.26),得到

$$\nabla \cdot (\nabla A) = \Delta A = \nabla^2 A \tag{1.27}$$

若梯度的散度为 0,即 $\nabla^2 A = 0$,该方程称为 Laplace 方程,满足该方程的函数称为调和函数。下面给出两个重要结论。

（1）若 A 为标量，A 的梯度的旋度恒为 0。证明如下。

$$\nabla\times(\nabla A)=\left(\frac{\partial}{\partial x}\boldsymbol{i}+\frac{\partial}{\partial y}\boldsymbol{j}+\frac{\partial}{\partial z}\boldsymbol{k}\right)\times\left(\frac{\partial A}{\partial x}\boldsymbol{i}+\frac{\partial A}{\partial y}\boldsymbol{j}+\frac{\partial A}{\partial z}\boldsymbol{k}\right)=\begin{vmatrix}\boldsymbol{i}&\boldsymbol{j}&\boldsymbol{k}\\\dfrac{\partial}{\partial x}&\dfrac{\partial}{\partial y}&\dfrac{\partial}{\partial z}\\\dfrac{\partial A}{\partial x}&\dfrac{\partial A}{\partial y}&\dfrac{\partial A}{\partial z}\end{vmatrix}=$$

$$\left(\frac{\partial^2 A}{\partial z\partial y}-\frac{\partial^2 A}{\partial y\partial z}\right)\boldsymbol{i}+\left(\frac{\partial^2 A}{\partial x\partial z}-\frac{\partial^2 A}{\partial z\partial x}\right)\boldsymbol{j}+\left(\frac{\partial^2 A}{\partial y\partial x}-\frac{\partial^2 A}{\partial x\partial y}\right)\boldsymbol{k}=0 \quad (1.28)$$

（2）若 $\boldsymbol{A}$ 为矢量，$\boldsymbol{A}$ 的旋度的散度恒为 0。证明如下。

$$\nabla\cdot(\nabla\times\boldsymbol{A})=\left(\frac{\partial}{\partial x}\boldsymbol{i}+\frac{\partial}{\partial y}\boldsymbol{j}+\frac{\partial}{\partial z}\boldsymbol{k}\right)\cdot\left[\left(\frac{\partial A_z}{\partial y}-\frac{\partial A_y}{\partial z}\right)\boldsymbol{i}+\left(\frac{\partial A_x}{\partial z}-\frac{\partial A_z}{\partial x}\right)\boldsymbol{j}+\left(\frac{\partial A_y}{\partial x}-\frac{\partial A_x}{\partial y}\right)\boldsymbol{k}\right]=$$

$$\left(\frac{\partial^2 A_z}{\partial y\partial x}-\frac{\partial^2 A_y}{\partial z\partial x}\right)+\left(\frac{\partial^2 A_x}{\partial z\partial y}-\frac{\partial^2 A_z}{\partial x\partial y}\right)+\left(\frac{\partial^2 A_y}{\partial x\partial z}-\frac{\partial^2 A_x}{\partial y\partial z}\right)=0 \quad (1.29)$$

1.2.3　Green 定理、Stokes 定理和 Gauss 定理

1. Green（格林）定理

设闭区域 D 由分段光滑曲线 L 围成。函数 $P(x,y)$ 以及 $Q(x,y)$ 在 D 上具有一阶连续偏导数（其中 L 是 D 的取正向的边界曲线，即 L 的左边是定义域 D），则有

$$\oint_L P\mathrm{d}x+Q\mathrm{d}y=\iint_D\left(\frac{\partial Q}{\partial x}-\frac{\partial P}{\partial y}\right)\mathrm{d}x\mathrm{d}y=\iint_D\begin{vmatrix}\dfrac{\partial}{\partial x}&\dfrac{\partial}{\partial y}\\P&Q\end{vmatrix}\mathrm{d}x\mathrm{d}y \quad (1.30)$$

2. Stokes（斯托克斯）定理

Stokes 定理是 Green 定理的三维推广，假设函数 $P(x,y,z)$、$Q(x,y,z)$、$R(x,y,z)$ 在曲面 Σ（连同边界 Γ）上具有连续的一阶偏导数，则有

$$\oint_\Gamma P\mathrm{d}x+Q\mathrm{d}y+R\mathrm{d}z=\iint_\Sigma\left(\frac{\partial R}{\partial y}-\frac{\partial Q}{\partial z}\right)\mathrm{d}y\mathrm{d}z+\left(\frac{\partial P}{\partial z}-\frac{\partial R}{\partial x}\right)\mathrm{d}x\mathrm{d}z+\left(\frac{\partial Q}{\partial x}-\frac{\partial P}{\partial y}\right)\mathrm{d}x\mathrm{d}y$$

$$(1.31)$$

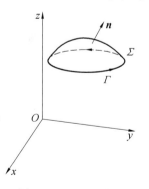

图 1.10　Stokes 定理

如图 1.10 所示，Σ 的边界曲线 Γ 的正向这样规定：Γ 的正向与有向曲面 Σ 的法向量符合右手法则，即当右手除大拇指外的四指依曲线 Γ 的绕行方向时，竖起的大拇指的指向与曲面 Σ 的法向量的指向一致。这样定义的边界曲线 Γ 称为有向曲面 Σ 的正向边界曲线。设 Γ 为空间的一条分段光滑的有向曲线，Σ 是以 Γ 为边界的分片光滑的有向曲面。为了方便记忆，设 $\boldsymbol{e}_n=(\cos\alpha,\cos\beta,\cos\gamma)$ 为有向曲面 Σ 的单位法向量，Stokes 定理可进一步写为

$$\oint_\Gamma P\mathrm{d}x+Q\mathrm{d}y+R\mathrm{d}z=\iint_\Sigma\begin{vmatrix}\cos\alpha&\cos\beta&\cos\gamma\\\dfrac{\partial}{\partial x}&\dfrac{\partial}{\partial y}&\dfrac{\partial}{\partial z}\\P&Q&R\end{vmatrix}\mathrm{d}A$$

$$(1.32)$$

Stokes 定理的矢量形式表达为

$$\oint_{\Gamma} \boldsymbol{F} \cdot \mathrm{d}\boldsymbol{l} = \iint_{\Sigma} (\nabla \times \boldsymbol{F}) \cdot \mathrm{d}\boldsymbol{S} \tag{1.33}$$

式中

$$\boldsymbol{F} = P\boldsymbol{i} + Q\boldsymbol{j} + R\boldsymbol{k}$$
$$\mathrm{d}\boldsymbol{l} = \mathrm{d}x\boldsymbol{i} + \mathrm{d}y\boldsymbol{j} + \mathrm{d}z\boldsymbol{k}$$
$$\mathrm{d}\boldsymbol{S} = \cos\alpha\mathrm{d}A \cdot \boldsymbol{i} + \cos\beta\mathrm{d}A \cdot \boldsymbol{j} + \cos\gamma\mathrm{d}A \cdot \boldsymbol{k}$$

3. Gauss(高斯)定理

设空间有界闭合区域 Ω，其边界 $\partial\Omega$ 为分片光滑闭曲面。函数 $P(x,y,z)$、$Q(x,y,z)$、$R(x,y,z)$ 及其一阶偏导数在 Ω 上均连续，则有

$$\iiint_{\Omega} \left(\frac{\partial P}{\partial x} + \frac{\partial Q}{\partial y} + \frac{\partial R}{\partial z} \right) \mathrm{d}V = \oiint_{\partial\Omega} P\mathrm{d}y\mathrm{d}z + Q\mathrm{d}z\mathrm{d}x + R\mathrm{d}x\mathrm{d}y =$$

$$\oiint_{\partial\Omega} (P\cos\alpha + Q\cos\beta + R\cos\gamma)\mathrm{d}S \tag{1.34}$$

式中，$\cos\alpha$、$\cos\beta$、$\cos\gamma$ 为闭曲面 $\partial\Omega$ 的单位法向量在 x、y、z 轴上的投影。

Gauss 定理的矢量形式表达为

$$\iiint_{\Omega} \nabla \cdot \boldsymbol{F}\mathrm{d}V = \oiint_{\partial\Omega} \boldsymbol{F} \cdot \mathrm{d}\boldsymbol{S} \tag{1.35}$$

本节只对 Green 定理、Stokes 定理以及 Gauss 定理作简要介绍(后续理论推导会经常用到)，不对这三个定理作详细证明，感兴趣的读者可参考《高等数学》相关章节。

1.3 流体静力学基础知识

1.3.1 流体静力学平衡方程

如图 1.11 所示，在静止流体中取一边长分别为 $\mathrm{d}x$、$\mathrm{d}y$、$\mathrm{d}z$ 的直角六面体微元。设该微元体的中心点 $O'(x,y,z)$ 处的压力为 p，M 和 N 分别为 $AA'D'D$ 面和 $BB'C'C$ 面的形心点。

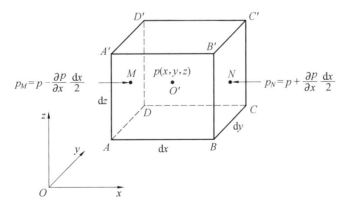

图 1.11 流体微元

将连续函数 $p = f(x,y,z)$ 按泰勒级数展开并舍去二阶及以上高阶项，便可得到 M 点

以及 N 点的静压强,表示为

$$p_M = p - \frac{\partial p}{\partial x} \frac{\mathrm{d}x}{2}, p_N = p + \frac{\partial p}{\partial x} \frac{\mathrm{d}x}{2} \tag{1.36}$$

式中,$\partial p / \partial x$ 为压强 p 在 x 方向上的变化率。

作用在微元体 $AA'D'D$ 面上的表面力为 $\left(p - \frac{\partial p}{\partial x} \frac{\mathrm{d}x}{2}\right) \mathrm{d}y \mathrm{d}z$,方向向右;作用在微元体 $BB'C'C$ 面上的表面力为 $\left(p + \frac{\partial p}{\partial x} \frac{\mathrm{d}x}{2}\right) \mathrm{d}y \mathrm{d}z$,方向向左。

设作用在该六面体微元上的单位质量力 $\boldsymbol{f}$ 在各坐标轴方向上的分量分别为 f_x、f_y 以及 f_z,流体的密度为 ρ,微元体的体积为 $\mathrm{d}V = \mathrm{d}x \mathrm{d}y \mathrm{d}z$,则六面体微元中沿 x 轴方向的质量力为

$$\mathrm{d}F_x = \rho \mathrm{d}x \mathrm{d}y \mathrm{d}z f_x \tag{1.37}$$

由于研究的流体处于平衡状态,因此作用在该微元体上的力在各坐标轴方向上的分力之和等于零。建立 x 方向的力平衡方程 $\sum F_x = 0$,即

$$\left(p - \frac{\partial p}{\partial x} \frac{\mathrm{d}x}{2}\right) \mathrm{d}y \mathrm{d}z - \left(p + \frac{\partial p}{\partial x} \frac{\mathrm{d}x}{2}\right) \mathrm{d}y \mathrm{d}z + \rho \mathrm{d}x \mathrm{d}y \mathrm{d}z f_x = 0 \tag{1.38}$$

化简得到

$$f_x = \frac{1}{\rho} \frac{\partial p}{\partial x} \tag{1.39}$$

同理,通过建立 y 方向以及 z 方向的力平衡方程 $\sum F_y = 0$ 以及 $\sum F_z = 0$,可得

$$f_y = \frac{1}{\rho} \frac{\partial p}{\partial y}, f_z = \frac{1}{\rho} \frac{\partial p}{\partial z} \tag{1.40}$$

式(1.39)和式(1.40)就是静止流体的平衡微分方程,由欧拉(Euler)于 1755 年首先提出,所以通常又称其为欧拉平衡微分方程。

由于流体静压力 p 是标量函数,它的梯度可表示为

$$\mathrm{grad}\, p = \nabla p = \frac{\partial p}{\partial x}\boldsymbol{i} + \frac{\partial p}{\partial y}\boldsymbol{j} + \frac{\partial p}{\partial z}\boldsymbol{k} \tag{1.41}$$

联立式(1.39)至式(1.41)可以得到静力学平衡方程的矢量表达式形式,为

$$\boldsymbol{f} - \frac{\nabla p}{\rho} = 0 \tag{1.42}$$

1.3.2 重力场中静止流体的压力分布

假设流体所受质量力仅为重力,取 z 轴垂直向上,便可得到 $\boldsymbol{f} = -g\boldsymbol{k}$,$\boldsymbol{k}$ 为沿 z 轴正向的单位矢量,则式(1.42)可进一步改写为

$$-g\boldsymbol{k} - \frac{\nabla p}{\rho} = 0 \tag{1.43}$$

将式(1.43)写成三个坐标轴上的分量形式,即

$$\frac{\partial p}{\partial x} = 0, \frac{\partial p}{\partial y} = 0, \frac{\partial p}{\partial z} = -\rho g \tag{1.44}$$

由式(1.44)可看出:压强 p 与坐标 x 和 y 均无关,只与坐标 z 有关。因此可将式

（1.44）由偏微分形式改写为常微分形式，表示为

$$\frac{\mathrm{d}p}{\mathrm{d}z} = -\rho g \tag{1.45}$$

式（1.45）是关于静止流体内压强变化的基本方程，该方程表明：在静止流体中沿垂直方向的压力梯度是负的。对于均匀流体 ρ 为常数，对式（1.45）进行积分，得到

$$p + \rho g z = C \tag{1.46}$$

如图 1.12 所示，假设 $z = H$ 时，$p = p_0$（表面大气压力），则得到积分常数 C 为

$$C = p_0 + \rho g H \tag{1.47}$$

将式（1.47）代入式（1.46），得到

$$p = p_0 + \rho g (H - z) = p_0 + \rho g h \tag{1.48}$$

式中，h 为液体中任一点距液面的垂直液体深度，称为淹深。

该式揭示了液体在重力作用下压强的产生和分布规律。

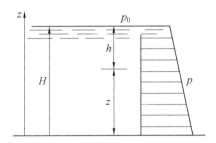

图 1.12　重力作用下液体压强分布

1.4　流体运动学基础知识

1.4.1　流体运动描述方法

描述流体运动的方法有两种。第一种方法是质点法（又称拉格朗日（Lagrange）法），描述的是流体质点自始至终的运动过程及它们的物理量随时间 t 的变化。在拉格朗日法描述中，先约定采用 a、b、c 三个数的组合来区别流体质点，不同的 a、b、c 代表不同的流体质点，因此 (a,b,c) 与时间无关，流体质点的位置矢径可表示为

$$\boldsymbol{r} = \boldsymbol{r}(a,b,c,t) \tag{1.49}$$

流体速度 $\boldsymbol{V}$ 就是质点的位置矢径 $\boldsymbol{r}$ 对时间的偏导数，表示为

$$\boldsymbol{V}(a,b,c,t) = \frac{\partial \boldsymbol{r}(a,b,c,t)}{\partial t} \tag{1.50}$$

流体加速度 $\boldsymbol{a}$ 则为 $\boldsymbol{V}$ 对时间的偏导数，可表示为

$$\boldsymbol{a}(a,b,c,t) = \frac{\partial \boldsymbol{V}(a,b,c,t)}{\partial t} = \frac{\partial^2 \boldsymbol{r}(a,b,c,t)}{\partial t^2} \tag{1.51}$$

依据式（1.50），在直角坐标系下，流体质点速度在 x、y、z 三个方向的分量可写成

$$\begin{cases} u(a,b,c,t) = \dfrac{\partial x(a,b,c,t)}{\partial t} \\[2mm] v(a,b,c,t) = \dfrac{\partial y(a,b,c,t)}{\partial t} \\[2mm] w(a,b,c,t) = \dfrac{\partial z(a,b,c,t)}{\partial t} \end{cases} \tag{1.52}$$

依据式(1.51),在直角坐标系下,流体质点加速度在 x、y、z 三个方向的分量可写成

$$\begin{cases} a_x(a,b,c,t) = \dfrac{\partial u(a,b,c,t)}{\partial t} = \dfrac{\partial^2 x(a,b,c,t)}{\partial t^2} \\[2mm] a_y(a,b,c,t) = \dfrac{\partial v(a,b,c,t)}{\partial t} = \dfrac{\partial^2 y(a,b,c,t)}{\partial t^2} \\[2mm] a_z(a,b,c,t) = \dfrac{\partial w(a,b,c,t)}{\partial t} = \dfrac{\partial^2 z(a,b,c,t)}{\partial t^2} \end{cases} \tag{1.53}$$

第二种方法是空间法(又称欧拉法),描述的是各个时刻各空间点上的质点的物理量变化。欧拉法给出了物理量的时空分布,即物理量场,比如压力场、密度场、速度场等,因此可采用场论方法来研究流动问题。假设某流体质点 t 时刻处于空间点 (x,y,z) 处,其速度可表示为 $\boldsymbol{V} = \boldsymbol{V}(x,y,z,t)$,该质点在 $t+\Delta t$ 时刻运动到邻近点 $(x+\Delta x, y+\Delta y, z+\Delta z)$,其速度变为

$$\boldsymbol{V} = \boldsymbol{V}(x+\Delta x, y+\Delta y, z+\Delta z, t+\Delta t)$$

则在欧拉法中,该流体质点的加速度 $\boldsymbol{a}$ 可表示为

$$\boldsymbol{a} = \lim_{\Delta t \to 0} \frac{\boldsymbol{V}(x+\Delta x, y+\Delta y, z+\Delta z, t+\Delta t) - \boldsymbol{V}(x,y,z,t)}{\Delta t} \tag{1.54}$$

将 $\boldsymbol{V}(x+\Delta x, y+\Delta y, z+\Delta z, t+\Delta t)$ 对空间点 (x,y,z) 以及时刻 t 作四元泰勒级数展开,并略去二阶及更高阶无穷小量,得到

$$\boldsymbol{V}(x+\Delta x, y+\Delta y, z+\Delta z, t+\Delta t) =$$
$$\boldsymbol{V}(x,y,z,t) + \frac{\partial \boldsymbol{V}}{\partial t}\Delta t + \frac{\partial \boldsymbol{V}}{\partial x}\Delta x + \frac{\partial \boldsymbol{V}}{\partial y}\Delta y + \frac{\partial \boldsymbol{V}}{\partial z}\Delta z \tag{1.55}$$

将式(1.55)代入式(1.54),得到

$$\boldsymbol{a} = \lim_{\Delta t \to 0}\left(\frac{\partial \boldsymbol{V}}{\partial t} + \frac{\partial \boldsymbol{V}}{\partial x}\frac{\Delta x}{\Delta t} + \frac{\partial \boldsymbol{V}}{\partial y}\frac{\Delta y}{\Delta t} + \frac{\partial \boldsymbol{V}}{\partial z}\frac{\Delta z}{\Delta t} \right) \tag{1.56}$$

又有

$$\lim_{\Delta t \to 0}\frac{\Delta x}{\Delta t} = u,\ \lim_{\Delta t \to 0}\frac{\Delta y}{\Delta t} = v,\ \lim_{\Delta t \to 0}\frac{\Delta z}{\Delta t} = w \tag{1.57}$$

式中,u、v、w 为速度 $\boldsymbol{V}$ 在 x、y、z 三个坐标上的分量。

将式(1.57)代入式(1.56),可进一步得到

$$\boldsymbol{a} = \frac{\partial \boldsymbol{V}}{\partial t} + u\frac{\partial \boldsymbol{V}}{\partial x} + v\frac{\partial \boldsymbol{V}}{\partial y} + w\frac{\partial \boldsymbol{V}}{\partial z} \tag{1.58}$$

式中,右边第一项 $\dfrac{\partial \boldsymbol{V}}{\partial t}$ 称为当地加速度,表示流体质点原来空间点上速度随时间的变化率,它是由速度场的非定常性引起的;后三项 $u\dfrac{\partial \boldsymbol{V}}{\partial x} + v\dfrac{\partial \boldsymbol{V}}{\partial y} + w\dfrac{\partial \boldsymbol{V}}{\partial z}$ 称为迁移加速度,它是由速

度场的非均匀性产生的。当地加速度与迁移加速度之和称为物质导数(或质点导数),在流体力学中使用一个专门符号来表示:

$$\frac{\mathrm{D}\boldsymbol{V}}{\mathrm{D}t} = \frac{\partial \boldsymbol{V}}{\partial t} + u\frac{\partial \boldsymbol{V}}{\partial x} + v\frac{\partial \boldsymbol{V}}{\partial y} + w\frac{\partial \boldsymbol{V}}{\partial z} \tag{1.59}$$

式(1.59)沿 x、y 和 z 三个坐标轴的分量可写作

$$\begin{cases} a_x = \dfrac{\mathrm{D}u}{\mathrm{D}t} = \dfrac{\partial u}{\partial t} + u\dfrac{\partial u}{\partial x} + v\dfrac{\partial u}{\partial y} + w\dfrac{\partial u}{\partial z} \\[2mm] a_y = \dfrac{\mathrm{D}v}{\mathrm{D}t} = \dfrac{\partial v}{\partial t} + u\dfrac{\partial v}{\partial x} + v\dfrac{\partial v}{\partial y} + w\dfrac{\partial v}{\partial z} \\[2mm] a_z = \dfrac{\mathrm{D}w}{\mathrm{D}t} = \dfrac{\partial w}{\partial t} + u\dfrac{\partial w}{\partial x} + v\dfrac{\partial w}{\partial y} + w\dfrac{\partial w}{\partial z} \end{cases} \tag{1.60}$$

式(1.59)可进一步改写为

$$\frac{\mathrm{D}\boldsymbol{V}}{\mathrm{D}t} = \frac{\partial \boldsymbol{V}}{\partial t} + (\boldsymbol{V} \cdot \nabla)\boldsymbol{V} \tag{1.61}$$

式中,$\boldsymbol{V} \cdot \nabla$ 可看作速度 $\boldsymbol{V} = u\boldsymbol{i} + v\boldsymbol{j} + w\boldsymbol{k}$ 和哈密顿算子 $\nabla = \dfrac{\partial}{\partial x}\boldsymbol{i} + \dfrac{\partial}{\partial y}\boldsymbol{j} + \dfrac{\partial}{\partial z}\boldsymbol{k}$ 的点积,这是一个标量运算符。

由式(1.61)可得到物质导数运算符,可写作

$$\frac{\mathrm{D}(\ )}{\mathrm{D}t} = \frac{\partial (\ )}{\partial t} + (\boldsymbol{V} \cdot \nabla)(\ ) \tag{1.62}$$

值得注意的是:物质导数不仅可以用来求质点加速度,还可以表示任意物理量随时间的变化率。比如某一流体质点的温度 $T(x,y,z,t)$ 随时间的变化率可表示为

$$\frac{\mathrm{D}T}{\mathrm{D}t} = \frac{\partial T}{\partial t} + u\frac{\partial T}{\partial x} + v\frac{\partial T}{\partial y} + w\frac{\partial T}{\partial z} = \frac{\partial T}{\partial t} + (\boldsymbol{V} \cdot \nabla)T \tag{1.63}$$

若物理量场不随时间 t 变化,即 $\partial (\ )/\partial t = 0$,流场为定常流场,即流动是定常的;否则,流动就是非定常的。如图 1.13 所示,小喷嘴低速流出的水柱可以看作定常的,而洗衣机内水流的运动很明显是非定常的。若物理量场不随空间点 (x,y,z) 变化,流动为均匀流动;否则,流动为非均匀流动。

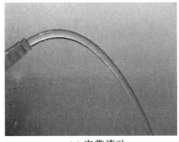
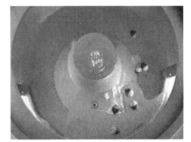

(a) 定常流动　　　　　　　　(b) 非定常流动

图 1.13　定常流动与非定常流动

拉格朗日法与欧拉法是同一种流动的两种描述方法,在解决流动问题时,一般只选择其中一种即可。在流体的连续介质假设条件下,采用欧拉方法来描述流体运动比拉格朗日方法更为优越,主要原因有以下几点:第一,欧拉法描述的是物理量的场,因此可以采用

场论等数学工具来对流体运动加以研究;第二,采用欧拉法进行描述时,如式(1.60)所示,流体的质点加速度是一阶导数项,而采用拉格朗日法进行描述时,如式(1.53)所示,流体的质点加速度是二阶导数项,因此,采用欧拉法描述流体运动的偏微分方程组要比采用拉格朗日法描述低一阶,数学处理上要更为方便;第三,在大多数工程实际问题中,并不关心每一个流体质点的运动情况。因此,在本书后面的内容中,均采用欧拉法来描述流体运动。

1.4.2 速度分解定理

从理论力学基础知识中可知,刚体运动的基本形式有平动和转动,任何一个刚体运动可以分解为平动和转动之和,表示为

$$v = v_O + \boldsymbol{\omega} \times \boldsymbol{r} \tag{1.64}$$

式中,v_O 为刚体中选定某点 O 点上的平动速度;$\boldsymbol{\omega}$ 是刚体绕 O 点旋转的瞬时角速度矢量;$\boldsymbol{r}$ 是 O 点到要确定速度那一点的矢径。

由于流体具有易流动性、可压缩性以及黏性等,因此流体运动比刚体运动要复杂很多。流体运动除了具有平动和转动外,还具有变形运动。在力学中,研究易变形物质的运动通常采用微元体的分析方法,在流体力学中则是采用流体微团来进行分析。所谓流体微团是指由足够多的、连续分布的流体质点所组成的具有线性尺度效应的流体团。

如图1.14所示,从流场中包含 M_0 点处取一个流体微团。假设 M_0 点的坐标矢径为 $\boldsymbol{r} = (x, y, z)$,$M_0$ 点上流体质点的运动速度可表示为

$$\boldsymbol{V}(M_0) = \boldsymbol{V}_0(x, y, z) \tag{1.65}$$

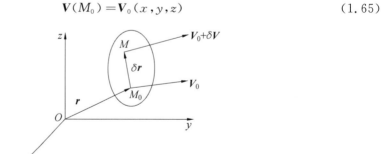

图1.14 相对速度示意图

在 M_0 点附近取任意一点 M,M 点的坐标矢径可表示为

$$\boldsymbol{r} + \delta\boldsymbol{r} = (x + \delta x, y + \delta y, z + \delta z)$$

式中,δ 表示坐标的微分,δx、δy 以及 δz 都是一阶无穷小量。

M 点上流体质点的运动速度可表示为

$$\boldsymbol{V}(M) = \boldsymbol{V}(x + \delta x, y + \delta y, z + \delta z) \tag{1.66}$$

将 $\boldsymbol{V}(M)$ 在 M_0 点处展开成多元函数的泰勒级数形式,并略去二阶无穷小以上的量,得到

$$\boldsymbol{V}(M) = \boldsymbol{V}_0 + \frac{\partial \boldsymbol{V}}{\partial x}\delta x + \frac{\partial \boldsymbol{V}}{\partial y}\delta y + \frac{\partial \boldsymbol{V}}{\partial z}\delta z = \boldsymbol{V}_0 + \delta\boldsymbol{V} \tag{1.67}$$

式中

$$\delta \boldsymbol{V} = \frac{\partial \boldsymbol{V}}{\partial x}\delta x + \frac{\partial \boldsymbol{V}}{\partial y}\delta y + \frac{\partial \boldsymbol{V}}{\partial z}\delta z$$

表示某一时刻 M 点相对于 M_0 点的相对运动速度,其在直角坐标系下表达形式为

$$\begin{cases} \delta u = \dfrac{\partial u}{\partial x}\delta x + \dfrac{\partial u}{\partial y}\delta y + \dfrac{\partial u}{\partial z}\delta z \\[2mm] \delta v = \dfrac{\partial v}{\partial x}\delta x + \dfrac{\partial v}{\partial y}\delta y + \dfrac{\partial v}{\partial z}\delta z \\[2mm] \delta w = \dfrac{\partial w}{\partial x}\delta x + \dfrac{\partial w}{\partial y}\delta y + \dfrac{\partial w}{\partial z}\delta z \end{cases} \tag{1.68}$$

式(1.68)可以进一步写成矩阵形式:

$$\begin{bmatrix} \delta u \\ \delta v \\ \delta w \end{bmatrix} = \begin{bmatrix} \dfrac{\partial u}{\partial x} & \dfrac{\partial u}{\partial y} & \dfrac{\partial u}{\partial z} \\[2mm] \dfrac{\partial v}{\partial x} & \dfrac{\partial v}{\partial y} & \dfrac{\partial v}{\partial z} \\[2mm] \dfrac{\partial w}{\partial x} & \dfrac{\partial w}{\partial y} & \dfrac{\partial w}{\partial z} \end{bmatrix} \begin{bmatrix} \delta x \\ \delta y \\ \delta z \end{bmatrix} \tag{1.69}$$

根据矩阵运算法则,式(1.69)中右边第 1 项是由 9 个偏导数组成的方阵,可以进一步分解为一个对称方阵和一个反对称方阵:

$$\begin{bmatrix} \dfrac{\partial u}{\partial x} & \dfrac{\partial u}{\partial y} & \dfrac{\partial u}{\partial z} \\[2mm] \dfrac{\partial v}{\partial x} & \dfrac{\partial v}{\partial y} & \dfrac{\partial v}{\partial z} \\[2mm] \dfrac{\partial w}{\partial x} & \dfrac{\partial w}{\partial y} & \dfrac{\partial w}{\partial z} \end{bmatrix} = \begin{bmatrix} \dfrac{\partial u}{\partial x} & \dfrac{1}{2}\left(\dfrac{\partial u}{\partial y} + \dfrac{\partial v}{\partial x}\right) & \dfrac{1}{2}\left(\dfrac{\partial u}{\partial z} + \dfrac{\partial w}{\partial x}\right) \\[2mm] \dfrac{1}{2}\left(\dfrac{\partial v}{\partial x} + \dfrac{\partial u}{\partial y}\right) & \dfrac{\partial v}{\partial y} & \dfrac{1}{2}\left(\dfrac{\partial v}{\partial z} + \dfrac{\partial w}{\partial y}\right) \\[2mm] \dfrac{1}{2}\left(\dfrac{\partial w}{\partial x} + \dfrac{\partial u}{\partial z}\right) & \dfrac{1}{2}\left(\dfrac{\partial w}{\partial y} + \dfrac{\partial v}{\partial z}\right) & \dfrac{\partial w}{\partial z} \end{bmatrix} +$$

$$\begin{bmatrix} 0 & \dfrac{1}{2}\left(\dfrac{\partial u}{\partial y} - \dfrac{\partial v}{\partial x}\right) & \dfrac{1}{2}\left(\dfrac{\partial u}{\partial z} - \dfrac{\partial w}{\partial x}\right) \\[2mm] \dfrac{1}{2}\left(\dfrac{\partial v}{\partial x} - \dfrac{\partial u}{\partial y}\right) & 0 & \dfrac{1}{2}\left(\dfrac{\partial v}{\partial z} - \dfrac{\partial w}{\partial y}\right) \\[2mm] \dfrac{1}{2}\left(\dfrac{\partial w}{\partial x} - \dfrac{\partial u}{\partial z}\right) & \dfrac{1}{2}\left(\dfrac{\partial w}{\partial y} - \dfrac{\partial v}{\partial z}\right) & 0 \end{bmatrix} \tag{1.70}$$

为了方便表达,现定义一些符号变量:

$$\begin{cases} \varepsilon_{xx} = \dfrac{\partial u}{\partial x}, \varepsilon_{yy} = \dfrac{\partial v}{\partial y}, \varepsilon_{zz} = \dfrac{\partial w}{\partial z} \\[2mm] \varepsilon_{xy} = \varepsilon_{yx} = \dfrac{1}{2}\left(\dfrac{\partial u}{\partial y} + \dfrac{\partial v}{\partial x}\right), \varepsilon_{xz} = \varepsilon_{zx} = \dfrac{1}{2}\left(\dfrac{\partial u}{\partial z} + \dfrac{\partial w}{\partial x}\right), \varepsilon_{yz} = \varepsilon_{zy} = \dfrac{1}{2}\left(\dfrac{\partial v}{\partial z} + \dfrac{\partial w}{\partial y}\right) \\[2mm] \omega_x = \dfrac{1}{2}\left(\dfrac{\partial w}{\partial y} - \dfrac{\partial v}{\partial z}\right), \omega_y = \dfrac{1}{2}\left(\dfrac{\partial u}{\partial z} - \dfrac{\partial w}{\partial x}\right), \omega_z = \dfrac{1}{2}\left(\dfrac{\partial v}{\partial x} - \dfrac{\partial u}{\partial y}\right) \end{cases}$$

$$\tag{1.71}$$

联立式(1.71)和式(1.69),得到

$$
\begin{cases}
\delta u = \varepsilon_{xx}\delta x + \varepsilon_{xy}\delta y + \varepsilon_{xz}\delta z + \omega_y\delta z - \omega_z\delta y \\
\delta v = \varepsilon_{yx}\delta x + \varepsilon_{yy}\delta y + \varepsilon_{yz}\delta z + \omega_z\delta x - \omega_x\delta z \\
\delta w = \varepsilon_{zx}\delta x + \varepsilon_{zy}\delta y + \varepsilon_{zz}\delta z + \omega_x\delta z - \omega_y\delta x
\end{cases}
\tag{1.72}
$$

将式(1.72)写成矢量形式:

$$
\delta \boldsymbol{V} = \boldsymbol{E} \cdot \delta \boldsymbol{r} + \boldsymbol{\omega} \times \delta \boldsymbol{r}
\tag{1.73}
$$

将式(1.73)代入式(1.67),得到

$$
\boldsymbol{V}(M) = \boldsymbol{V}_0 + \boldsymbol{E} \cdot \delta \boldsymbol{r} + \boldsymbol{\omega} \times \delta \boldsymbol{r}
\tag{1.74}
$$

式(1.74)即为流体力学中的亥姆霍兹(Helmholtz)速度分解定理,可看出:流体微团中某点的速度由平动速度 $\boldsymbol{V}_0$、转动速度 $\boldsymbol{\omega}\times\boldsymbol{r}$ 以及变形速度 $\boldsymbol{E}\cdot\delta\boldsymbol{r}$ 构成,其中 $\boldsymbol{\omega}$ 为流体的转动角速度矢量,$\boldsymbol{E}$ 为流体的应变率张量或变形速率张量,可表示为

$$
\begin{cases}
\boldsymbol{\omega} = \omega_x\boldsymbol{i} + \omega_y\boldsymbol{j} + \omega_z\boldsymbol{k} \\
\boldsymbol{E} = \begin{bmatrix} \varepsilon_{xx} & \varepsilon_{xy} & \varepsilon_{xz} \\ \varepsilon_{yx} & \varepsilon_{yy} & \varepsilon_{yz} \\ \varepsilon_{zx} & \varepsilon_{zy} & \varepsilon_{zz} \end{bmatrix}
\end{cases}
\tag{1.75}
$$

对比式(1.74)以及式(1.64)可以看出:刚体运动与流体微团运动的主要差别在于流体微团运动多了变形速度部分。式(1.75)中,ε_{xx}、ε_{yy} 以及 ε_{zz} 表示流体微团的线变形速率,表示流体微团在某个方向上伸长或缩短的快慢;ε_{xy}、ε_{xz} 以及 ε_{zy} 表示流体微团的角变形速率。因此,根据亥姆霍兹速度分解定理,如图 1.15 所示,流体微团运动又可进一步分解为四部分,即平移运动、旋转运动、线变形运动以及角变形运动。

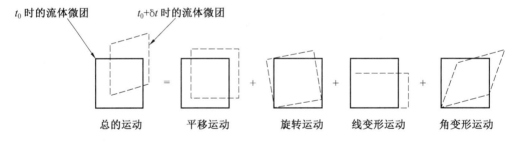

图 1.15　亥姆霍兹速度分解定理

值得注意的是:流体中运动的分解并不是唯一的,只是亥姆霍兹速度分解定理具有非常清晰的物理意义。

1.4.3　速度势和流函数

速度 $\boldsymbol{V}$ 的旋度称为涡量,涡量 $\boldsymbol{\Omega}$ 的数学定义为

$$
\boldsymbol{\Omega} = \nabla \times \boldsymbol{V}
\tag{1.76}
$$

根据流体微团涡量 $\boldsymbol{\Omega}$ 是否为零,可将流体运动分为有旋运动($\boldsymbol{\Omega}\neq 0$)以及无旋运动($\boldsymbol{\Omega}=0$)。若流体运动为无旋运动,将 $\boldsymbol{\Omega}=0$ 代入式(1.76)得到

$$\nabla \times \boldsymbol{V} = \begin{vmatrix} \boldsymbol{i} & \boldsymbol{j} & \boldsymbol{k} \\ \dfrac{\partial}{\partial x} & \dfrac{\partial}{\partial y} & \dfrac{\partial}{\partial z} \\ u & v & w \end{vmatrix} = \left(\dfrac{\partial w}{\partial y} - \dfrac{\partial v}{\partial z}\right)\boldsymbol{i} + \left(\dfrac{\partial u}{\partial z} - \dfrac{\partial w}{\partial x}\right)\boldsymbol{j} + \left(\dfrac{\partial v}{\partial x} - \dfrac{\partial u}{\partial y}\right)\boldsymbol{k} = 0 \quad (1.77)$$

进一步得到

$$\frac{\partial w}{\partial y} = \frac{\partial v}{\partial z}, \frac{\partial u}{\partial z} = \frac{\partial w}{\partial x}, \frac{\partial v}{\partial x} = \frac{\partial u}{\partial y} \tag{1.78}$$

将式(1.78)代入 Stokes 定理,得到

$$\oint_{\Gamma} u\mathrm{d}x + v\mathrm{d}y + w\mathrm{d}z = \iint_{\Sigma}\left[\left(\frac{\partial w}{\partial y} - \frac{\partial v}{\partial z}\right)\mathrm{d}y\mathrm{d}z + \left(\frac{\partial u}{\partial z} - \frac{\partial w}{\partial x}\right)\mathrm{d}z\mathrm{d}x + \left(\frac{\partial v}{\partial x} - \frac{\partial u}{\partial y}\right)\mathrm{d}x\mathrm{d}y\right] = 0 \tag{1.79}$$

由式(1.79)可知沿任意封闭曲线 Γ 的线积分均为 0,即 $\int u\mathrm{d}x + v\mathrm{d}y + w\mathrm{d}z$ 与积分路径无关,则存在一个势函数,令其为速度势 Φ,表示为

$$\Phi = \int u\mathrm{d}x + v\mathrm{d}y + w\mathrm{d}z \tag{1.80}$$

对式(1.80)求偏导得到

$$u = \frac{\partial \Phi}{\partial x}, v = \frac{\partial \Phi}{\partial y}, w = \frac{\partial \Phi}{\partial z} \tag{1.81}$$

由式(1.81)可看出,速度矢量 $\boldsymbol{V}$ 和速度势 Φ 之间的关系可进一步写作

$$\boldsymbol{V} = \nabla \Phi \tag{1.82}$$

在流体力学中,还存在另外一个与速度势 Φ 同等重要的函数,即流函数 ψ。对于二维不可压缩流动,速度矢量 $\boldsymbol{V}$ 满足如下连续性方程:

$$\nabla \cdot \boldsymbol{V} = \frac{\partial u}{\partial x} + \frac{\partial v}{\partial y} = 0 \tag{1.83}$$

据 Green 定理,有

$$\oint_{L} -v\mathrm{d}x + u\mathrm{d}y = \iint_{D}\left(\frac{\partial u}{\partial x} + \frac{\partial v}{\partial y}\right)\mathrm{d}x\mathrm{d}y = 0 \tag{1.84}$$

由式(1.84)可知沿任意平面封闭曲线 L 的线积分均为 0,即 $\int -v\mathrm{d}x + u\mathrm{d}y$ 与积分路径无关,则同样存在一个势函数,令其为流函数 ψ,表示为

$$\psi = \int -v\mathrm{d}x + u\mathrm{d}y \tag{1.85}$$

当流体运动为二维或三维不可压缩无旋运动时,则同时满足式(1.82)和式(1.83),联立二式,可进一步得到

$$\left.\begin{array}{r}\boldsymbol{V} = \nabla \Phi \\ \nabla \cdot \boldsymbol{V} = 0\end{array}\right\} \Rightarrow \nabla^2 \Phi = 0 \tag{1.86}$$

由式(1.86)可看出:对于二维或三维不可压缩无旋流体运动,其速度势 Φ 为调和函数,满足 Laplace 方程。

对于不可压缩二维无旋流体运动,由于二维不可压,根据式(1.85)得到

$$u = \frac{\partial \psi}{\partial y}, v = -\frac{\partial \psi}{\partial x} \tag{1.87}$$

由于流体运动为二维无旋运动,可得

$$\frac{\partial v}{\partial x} - \frac{\partial u}{\partial y} = 0 \tag{1.88}$$

联立式(1.87)和式(1.88)得到

$$\frac{\partial^2 \psi}{\partial x^2} + \frac{\partial^2 \psi}{\partial y^2} = \nabla^2 \psi = 0 \tag{1.89}$$

由式(1.89)可看出:对于二维不可压缩无旋流体运动,其流函数 ψ 也为调和函数,满足 Laplace 方程。

1.5　理想流体动力学基础知识

1.5.1　流体动力学研究途径

流体动力学具有两种研究途径,分别为系统途径(system approach)和控制体途径(control volume approach)。

系统途径又称物质体途径,是针对确定的流体质点所组成的流体团系统进行动力特性研究。系统中的流体团所占据的体积,称为物质体积,用 MV(material volume)表示;物质体积构成的封闭表面称为物质表面,用 MS(material surface)表示。系统途径具有以下特点:系统始终由同一群流体质点所组成,系统内的物质量自始至终不会发生变化,且在系统边界处与外界没有质量交换;由于系统在流动过程可以发生变形,因此系统边界的大小和形状可随时发生变化。

控制体途径是对一个固定空间内流体的动力特性进行研究。由流场中某一固定空间构成的体积,称为控制体积,用 CV(control volume)表示。控制体积构成的封闭表面称为控制表面,用 CS(control surface)表示。控制体途径具有以下特点:控制体的形状不会发生变化;在控制体表面上可以有质量、动量等交换。

显而易见:流体动力学中的系统途径与流体运动学中的拉格朗日法对应;而控制体途径则与欧拉法对应。

图 1.16 给出了系统与控制体之间的关系。$t = t_0$ 时刻,系统与控制体重合,同时占据空间体积 ① 和空间体积 ②;$t = t_0 + \Delta t$ 时刻,控制体仍然占据空间体积 ① 和 ②,而系统则占据空间体积 ② 和体积 ③。可以看出:控制体占据的空间是始终不变的,而系统所占据的空间是发生变化的。与使用系统途径相比,使用控制体途径研究流体运动特性要更为方便。但值得注意的是:所有的物质守恒定律(质量守恒定律、动量守恒定律以及能量守恒定律)都是建立在系统途径基础上的。因此,当使用控制体途径来研究流体运动时,首先需要建立系统和控制体之间的联系,这样才能将基于系统途径建立的物质守恒定律转换到控制体上。而雷诺输运定理(Reynolds transport theorem)正是建立在系统与控制体之间的桥梁。

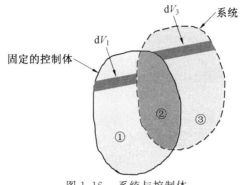

图 1.16 系统与控制体

1.5.2 雷诺输运定理及质量守恒方程

1. 雷诺输运定理

如图 1.17 所示,流体以初速度 V_1 从锥形管道左侧流入,以速度 V_2 从右侧流出。系统形状在 $t \sim t + \mathrm{d}t$ 时间内由实线梯形形状(MV_t)变化为虚线梯形形状($\mathrm{MV}_{t+\mathrm{d}t}$)。

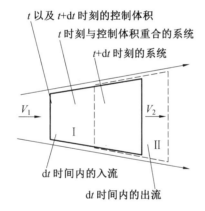

图 1.17 连续流体的系统变化

现假设一与 t 时间系统(MV_t)重合的控制体(CV),有

$$\left[\iiint_{\mathrm{MV}} G(x,t)\mathrm{d}V \right]_{t+\mathrm{d}t} = \iiint_{\mathrm{MV}_{t+\mathrm{d}t}} G(x,t+\mathrm{d}t)\mathrm{d}V \tag{1.90}$$

式中,$G(x,t)$ 为系统某一性质的状态量。

基于泰勒级数对式(1.90)右侧进行展开,得到

$$\iiint_{\mathrm{MV}_{t+\mathrm{d}t}} G(x,t+\mathrm{d}t)\mathrm{d}V = \iiint_{\mathrm{MV}_{t+\mathrm{d}t}} \left(G(x,t) + \frac{\partial G}{\partial t}\mathrm{d}t + O(\mathrm{d}t^2) \right) \mathrm{d}V \tag{1.91}$$

省略高阶小量得到

$$\left[\iiint_{\mathrm{MV}} G(x,t)\mathrm{d}V \right]_{t+\mathrm{d}t} = \iiint_{\mathrm{MV}_{t+\mathrm{d}t}} \left(G(x,t) + \frac{\partial G}{\partial t}\mathrm{d}t \right) \mathrm{d}V \tag{1.92}$$

系统($\mathrm{MV}_{t+\mathrm{d}t}$)可进一步表示为

$$\iiint_{\mathrm{MV}_{t+\mathrm{d}t}} \left(G(x,t) + \frac{\partial G}{\partial t}\mathrm{d}t \right) \mathrm{d}V = \iiint_{\mathrm{MV}_t} \left(G(x,t) + \frac{\partial G}{\partial t}\mathrm{d}t \right) \mathrm{d}V + \iiint_{\Delta V} \left(G(x,t) + \frac{\partial G}{\partial t}\mathrm{d}t \right) \mathrm{d}V \tag{1.93}$$

式中，ΔV 为空间域 Ⅱ 与空间域 Ⅰ 之差。t 时刻的系统体积（MV_t）等于控制体积（CV）。

如图 1.18 所示，根据高斯定理，体积分 $\iiint_{\Delta V} G(x,t)\mathrm{d}V$ 可以转化为面积分。因此，式 (1.93) 可以表示为

$$\left[\iiint_{\mathrm{MV}} G(x,t)\mathrm{d}V\right]_{t+\mathrm{d}t} = \iiint_{\mathrm{CV}}\left(G(x,t)+\frac{\partial G}{\partial t}\mathrm{d}t\right)\mathrm{d}V + \iint_{\mathrm{CS}}\left(G(x,t)+\frac{\partial G}{\partial t}\mathrm{d}t\right)\boldsymbol{V}\cdot\boldsymbol{n}\mathrm{d}S\mathrm{d}t$$

$$\tag{1.94}$$

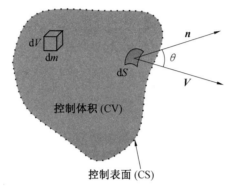

图 1.18　控制体表面示意图

再次忽略二重积分中的高阶小量，得到

$$\left[\iiint_{\mathrm{MV}} G(x,t)\mathrm{d}V\right]_{t+\mathrm{d}t} = \iiint_{\mathrm{CV}}\left(G(x,t)+\frac{\partial G}{\partial t}\mathrm{d}t\right)\mathrm{d}V + \iint_{\mathrm{CS}} G(x,t)\boldsymbol{V}\cdot\boldsymbol{n}\mathrm{d}S\mathrm{d}t \tag{1.95}$$

展开式 (1.95) 得到

$$\left[\iiint_{\mathrm{MV}} G(x,t)\mathrm{d}V\right]_{t+\mathrm{d}t} = \iiint_{\mathrm{CV}} G(x,t)\mathrm{d}V + \left[\iiint_{\mathrm{CV}}\frac{\partial G}{\partial t}\mathrm{d}t\mathrm{d}V + \iint_{\mathrm{CS}} G(x,t)\boldsymbol{V}\cdot\boldsymbol{n}\mathrm{d}S\mathrm{d}t\right]$$

$$\tag{1.96}$$

可进一步得到

$$\frac{\mathrm{d}}{\mathrm{d}t}\iiint_{\mathrm{MV}} G(x,t)\mathrm{d}V = \frac{\left[\left(\iiint_{\mathrm{MV}} G(x,t)\mathrm{d}V\right)_{t+\mathrm{d}t} - \iiint_{\mathrm{MV}} G(x,t)\mathrm{d}V\right]}{\mathrm{d}t} =$$

$$\frac{\partial}{\partial t}\iiint_{\mathrm{CV}} G(x,t)\mathrm{d}V + \iint_{\mathrm{CS}} G(x,t)\boldsymbol{V}\cdot\boldsymbol{n}\mathrm{d}S \tag{1.97}$$

式 (1.97) 便是雷诺输运定理的表达式，左边求导数时，MV 是一个物质体积，它是随流动而变化的；而右边的积分中，CV 和 CS 是控制体的体积和控制面，是固定不变的。该公式的物理意义可解释如下：在 t 时刻流场中，某控制体内流体系统的某一个物理量 G 总量的随体导数由两部分组成：一部分是控制体内该物理量随时间的局部变化率，它是由流场的非定常性所引起的；而另一部分则是单位时间内通过控制面净流出的流体物理量，它是由流场的不均匀性所引起的。

2. 质量守恒方程

在雷诺输运定理中，如果物理量为质量（即 $G=\rho$），将其代入雷诺输运定理表达式左边，由于物质体积（MV）内总是包含相同的流体，便有

$$\frac{\mathrm{d}}{\mathrm{d}t}\iiint_{\mathrm{MV}}\rho\mathrm{d}V = 0 \tag{1.98}$$

式中，V 为体积。

将 $G = \rho$ 代入雷诺输运定理右边，并基于 Gauss 定理，得到

$$\frac{\partial}{\partial t}\iiint_{cv}\rho\,dV + \iint_{cs}\rho\boldsymbol{V}\cdot\boldsymbol{n}\,dA = \iiint_{cv}\frac{\partial\rho}{\partial t}\,dV + \iiint_{cv}\nabla\cdot(\rho\boldsymbol{V})\,dV \tag{1.99}$$

式（1.99）可进一步写作

$$\iiint_{cv}\left(\frac{\partial\rho}{\partial t} + \nabla\cdot(\rho\boldsymbol{V})\right)dV = 0 \tag{1.100}$$

由于控制体积 CV 是任意选取的，因此有

$$\frac{\partial\rho}{\partial t} + \nabla\cdot(\rho\boldsymbol{V}) = 0 \tag{1.101}$$

式（1.101）即为质量守恒方程（conservation of mass），又称连续方程（continuity equation）。对于不可压缩流体（流体密度 ρ 为常数），式（1.101）可进一步写作

$$\nabla\cdot\boldsymbol{V} = 0$$

1.5.3 Euler 运动方程及 Bernoulli 方程

如图 1.11 所示，流体单元中心点 O' 在 x 方向上受到质量力为 $f_x\rho\,dxdydz$，f_x 为 x 轴上的惯性加速度。在重心上受到压力 $p(x,y,z)$。将压力在 x 的邻域进行泰勒展开，得到 x 轴方向上左右两个表面 p_M、p_N 的表面力分别为 $\left(p - \frac{\partial p}{\partial x}\frac{dx}{2}\right)dydz$ 以及 $\left(p + \frac{\partial p}{\partial x}\frac{dx}{2}\right)dydz$。根据牛顿第二定律得到

$$\left(p - \frac{\partial p}{\partial x}\frac{dx}{2}\right)dydz - \left(p + \frac{\partial p}{\partial x}\frac{dx}{2}\right)dydz + f_x\rho\,dxdydz = \rho\,dxdydz\frac{Du}{Dt} \tag{1.102}$$

进一步简化得到

$$f_x - \frac{1}{\rho}\frac{\partial p}{\partial x} = \frac{Du}{Dt} = \frac{\partial u}{\partial t} + u\frac{\partial u}{\partial x} + v\frac{\partial u}{\partial y} + w\frac{\partial u}{\partial z} \tag{1.103}$$

同理可得到 y 方向以及 z 方向的表达式为

$$f_y - \frac{1}{\rho}\frac{\partial p}{\partial y} = \frac{Dv}{Dt} = \frac{\partial v}{\partial t} + u\frac{\partial v}{\partial x} + v\frac{\partial v}{\partial y} + w\frac{\partial v}{\partial z} \tag{1.104}$$

$$f_z - \frac{1}{\rho}\frac{\partial p}{\partial z} = \frac{Dw}{Dt} = \frac{\partial w}{\partial t} + u\frac{\partial w}{\partial x} + v\frac{\partial w}{\partial y} + w\frac{\partial w}{\partial z} \tag{1.105}$$

式（1.103）至式（1.105）这三个公式就是著名的 Euler 运动方程，也可以写作矢量形式，为

$$\boldsymbol{f} - \frac{1}{\rho}\nabla p = \frac{D\boldsymbol{V}}{Dt} = \frac{\partial\boldsymbol{V}}{\partial t} + (\boldsymbol{V}\cdot\nabla)\boldsymbol{V} \tag{1.106}$$

由于 $(\boldsymbol{V}\cdot\nabla)\boldsymbol{V} = \nabla\left(\frac{|\boldsymbol{V}|^2}{2}\right) - \boldsymbol{V}\times\boldsymbol{\Omega}$（请自行证明），由式（1.106）可得到

$$\frac{\partial\boldsymbol{V}}{\partial t} + \nabla\left(\frac{|\boldsymbol{V}|^2}{2}\right) - \boldsymbol{V}\times\boldsymbol{\Omega} = \boldsymbol{f} - \frac{1}{\rho}\nabla p \tag{1.107}$$

对于不可压缩、定常、质量力仅为重力的流体，可知

$$\frac{\partial\boldsymbol{V}}{\partial t} = 0,\ \boldsymbol{f} = -g\boldsymbol{k} = -\nabla(gz),\ \frac{1}{\rho}\nabla p = \nabla\left(\frac{p}{\rho}\right) \tag{1.108}$$

将式(1.108)代入式(1.107),得到

$$\nabla\left(\frac{|\boldsymbol{V}|^2}{2}+\frac{p}{\rho}+gz\right)=2\boldsymbol{V}\times\boldsymbol{\omega} \tag{1.109}$$

令伯努利(Bernoulli)函数 $H=\dfrac{|\boldsymbol{V}|^2}{2}+\dfrac{p}{\rho}+gz$,得到 $\nabla H=2\boldsymbol{V}\times\boldsymbol{\omega}$,进一步有

$$\mathrm{d}H=\frac{\partial H}{\partial x}\mathrm{d}x+\frac{\partial H}{\partial y}\mathrm{d}y+\frac{\partial H}{\partial z}\mathrm{d}z=\left(\frac{\partial H}{\partial x}\boldsymbol{i}+\frac{\partial H}{\partial y}\boldsymbol{j}+\frac{\partial H}{\partial z}\boldsymbol{k}\right)\cdot(\mathrm{d}x\boldsymbol{i}+\mathrm{d}y\boldsymbol{j}+\mathrm{d}z\boldsymbol{k})=$$
$$\nabla H\cdot\mathrm{d}\boldsymbol{l}=(2\boldsymbol{V}\times\boldsymbol{\omega})\cdot\mathrm{d}\boldsymbol{l} \tag{1.110}$$

对于同一条流线,由于矢量 $\boldsymbol{V}$ 与矢量 $\mathrm{d}\boldsymbol{l}$ 重合,得到矢量 $2\boldsymbol{V}\times\boldsymbol{\omega}$ 与矢量 $\mathrm{d}\boldsymbol{l}$ 垂直,便进一步得到 $\mathrm{d}H=0$,至此便得到 Bernoulli 方程,表示为

$$H=\frac{|\boldsymbol{V}|^2}{2}+\frac{p}{\rho}+gz=\mathrm{constant} \tag{1.111}$$

习　题

1.1　流体力学中应力和应变的关系与固体力学中有什么不同?

1.2　能把流体看作连续介质的条件是什么?

1.3　如题 1.3 图所示,转轴直径 $d=0.36$ m,轴承长度 $L=1$ m,轴与轴承之间的缝隙 $\delta=0.2$ mm,其中充满动力黏度 $\mu=0.72$ Pa·s 的油,如果轴的转速 $n=200$ r/min,求克服油的黏性阻力所消耗的功率。

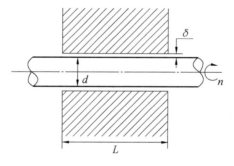

题 1.3 图

1.4　如题 1.4 图所示,半径为 R 的圆盘在油槽内以角速度 Ω 转动。油的黏性系数为 μ,假设油槽和盘面之间速度分布是线性的,且不计圆盘边缘外侧面的剪切力,试导出作用在圆盘上的黏滞转矩。

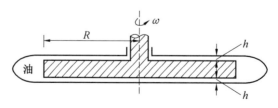

题 1.4 图

1.5　设一圆球在静止的流体中分别做匀速直线运动以及加速直线运动。分别从固

定在空间和圆球上的坐标系来看,圆球运动是定常的还是非定常的? 试想出它们的流线形状。

1.6　如题1.6图所示,气体以速度 $u(x)$ 在多孔壁圆管中流动,管径为 d,气体从壁面细孔被吸出的平均速度为 v,试证明:

$$\frac{\partial \rho}{\partial t} + \frac{\partial (\rho u)}{\partial x} = -\frac{4\rho v}{d}$$

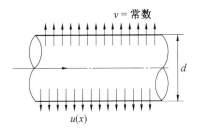

题 1.6 图

1.7　如题1.7图所示的一个水桶,装了 $5\,\mathrm{m}$ 高的水,水桶底部有一个阀门,若打开阀门,出口流速是多少?

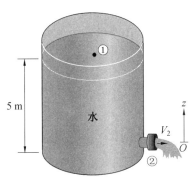

题 1.7 图

1.8　证明以下几个矢量恒等式。

(1) $\boldsymbol{V} \cdot \nabla \boldsymbol{V} = \nabla\left(\frac{|\boldsymbol{V}|^2}{2}\right) - \boldsymbol{V} \times \boldsymbol{\Omega}$;

(2) $\nabla \times \left(\frac{\nabla p}{\rho}\right) = \frac{1}{\rho^2}(\nabla p \times \nabla \rho)$;

(3) $\nabla^2 \boldsymbol{V} = \nabla(\nabla \cdot \boldsymbol{V}) - \nabla \times (\nabla \times \boldsymbol{V})$;

(4) $\nabla \times (\boldsymbol{V} \times \boldsymbol{\Omega}) = (\boldsymbol{\Omega} \cdot \nabla)\boldsymbol{V} - (\boldsymbol{V} \cdot \nabla)\boldsymbol{\Omega} + \boldsymbol{V}(\nabla \cdot \boldsymbol{\Omega}) - \boldsymbol{\Omega}(\nabla \cdot \boldsymbol{V})$。

第 2 章　　旋涡理论

　　流体力学根据研究流体时是否考虑黏性可分为理想流体力学和黏性流体力学。理想流体力学虽然忽略了流体黏性的影响,但在很多工程情况下是成立的。根据研究的流体微团是否有旋转可将流体运动研究分为无旋运动研究和有旋运动研究。无旋运动研究主要包括势流流动研究以及水波运动研究。本章主要针对流体有旋运动的相关理论进行研究,主要讨论旋涡运动,除了 2.8 节外,其余节均不涉及力,属于运动学相关内容。

　　研究旋涡运动具有实际和理论两方面的意义。首先,从实际意义出发,旋涡的产生和变化对于流体运动有着重要的影响,比如在气象学中,气旋的形成和变化常常决定了气象条件的变化。其次,研究旋涡运动也具有重要的理论意义,我们都知道:无旋运动要比有旋运动容易处理,但是对于什么条件下的流体运动可以简化为无旋运动这一问题必须加以深入研究,而这一问题的解决则依赖于旋涡理论研究。

2.1　　涡量场基本概念

2.1.1　　有旋运动定义

　　有旋运动是流体微团在旋转加速度作用下带旋涡的一种运动,是流体运动的一种重要形式,在日常生活和工程实际中经常出现。比如:龙卷风、台风就是大范围的旋涡运动;海洋上,当海水流经岛屿时,会脱落出旋转方向相反、排列规则的双列卡门涡街;飞机飞行时,在机翼附近形成的翼梢涡会影响飞机的升力和阻力。工程中有旋运动很常见,比如:水面航行的潜艇或船体周围的旋涡、大型风机在风力作用下形成的气涡、螺旋桨高速旋转时形成的叶梢涡等。这些旋涡运动会引起舰船阻力、海洋平台涡激振动、螺旋桨噪声等。研究旋涡运动在实际和理论两个方面均具有重要意义。

　　图 2.1 为龙卷风和海上旋涡。

(a) 龙卷风　　　　　　　　　　　　　(b) 海上旋涡

图 2.1　　龙卷风和海上旋涡

涡量（vorticity）通常用 $\boldsymbol{\Omega}$ 来表示，用来描述流体微团的旋转运动，定义为速度的旋度，等于两倍旋转角速度 $\boldsymbol{\omega}$。假设速度矢量 $\boldsymbol{V} = u\boldsymbol{i} + v\boldsymbol{j} + w\boldsymbol{k}$，有

$$\boldsymbol{\Omega} = 2\boldsymbol{\omega} = \nabla \times \boldsymbol{V} = \begin{vmatrix} \boldsymbol{i} & \boldsymbol{j} & \boldsymbol{k} \\ \dfrac{\partial}{\partial x} & \dfrac{\partial}{\partial y} & \dfrac{\partial}{\partial z} \\ u & v & w \end{vmatrix} = \left(\dfrac{\partial w}{\partial y} - \dfrac{\partial v}{\partial z}\right)\boldsymbol{i} + \left(\dfrac{\partial u}{\partial z} - \dfrac{\partial w}{\partial x}\right)\boldsymbol{j} + \left(\dfrac{\partial v}{\partial x} - \dfrac{\partial u}{\partial y}\right)\boldsymbol{k}$$

$$(2.1)$$

涡量用来表征流体旋转的快慢情况，它是一个矢量，可以表示为空间和时间的连续函数。在直角坐标系下，$\boldsymbol{\Omega}$ 在坐标轴 x、y、z 上的投影可表示为

$$\Omega_x = \frac{\partial w}{\partial y} - \frac{\partial v}{\partial z}, \quad \Omega_y = \frac{\partial u}{\partial z} - \frac{\partial w}{\partial x}, \quad \Omega_z = \frac{\partial v}{\partial x} - \frac{\partial u}{\partial y} \qquad (2.2)$$

流体微团运动为无旋运动的充要条件是满足 $\boldsymbol{\Omega} = 0$，但需要注意的是：无旋运动和有旋运动仅与流体微团本身是否发生旋转相关，与流体微团的运动轨迹无关。如图 2.2 所示，流体微团的运动轨迹均为圆形，但图 2.2(a) 中流体微团本身的方向随着位置的改变而发生改变，因此其运动属于有旋运动；图 2.2(b) 中流体微团虽然运动轨迹也是圆形，但流体微团自身的方向没有改变，因此其运动属于无旋运动。

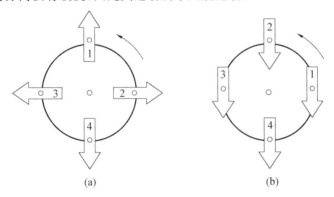

(a) (b)

图 2.2　流体微团的运动轨迹

判断流体运动属于有旋运动还是无旋运动与被研究的流体对象的范围有关。比如：在某个研究的流体区域内存在两部分流体，这两部分流体具有大小相等但方向相反的旋涡强度。那么在整个研究区域，正、反方向的旋涡运动会相互抵消，流体运动仍属于无旋流动。

2.1.2　涡线、涡管及涡束

在流场的全部或局部区域存在旋转角速度的场，称为涡量场。类似于速度场中通过引入流线、流管和流量等概念表征速度场的物理量，在本章涡量场研究中引入涡线、涡管、涡束以及旋涡强度等概念。

1. 涡线（vortex line）

如图 2.3 所示，涡线为某一瞬时涡量场中的一条曲线，该曲线上任意一点的切线方向与该点流体微团的旋转角速度 $\boldsymbol{\omega}$ 方向一致。可以看出，涡线是某一时刻沿曲线各流体微

团的瞬时转动轴线。很明显,涡线和流线一样,都是基于欧拉方法研究流体运动得到的结果,它本身和时间无关。涡线是一条假想的曲线,具有瞬时特性。对于非定常流动,涡线的形状和位置是随时间发生变化的;但对于定常流动,涡线的形状和位置不随时间发生变化。

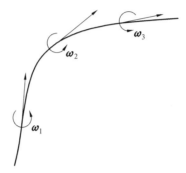

图 2.3　涡线示意图

由涡线的定义可导出涡线的微分方程,设某一点上流体微团的瞬时角速度为

$$\boldsymbol{\omega} = \omega_x \boldsymbol{i} + \omega_y \boldsymbol{j} + \omega_z \boldsymbol{k}$$

取过该点涡线上的微元矢量为

$$\mathrm{d}\boldsymbol{s} = \mathrm{d}x\boldsymbol{i} + \mathrm{d}y\boldsymbol{j} + \mathrm{d}z\boldsymbol{k}$$

根据定义,$\boldsymbol{\omega}$ 与 $\mathrm{d}\boldsymbol{s}$ 这两个矢量方向一致,得到 $\boldsymbol{\omega} \times \mathrm{d}\boldsymbol{s} = 0$,有

$$\boldsymbol{\omega} \times \mathrm{d}\boldsymbol{s} = \begin{vmatrix} \boldsymbol{i} & \boldsymbol{j} & \boldsymbol{k} \\ \omega_x & \omega_y & \omega_z \\ \mathrm{d}x & \mathrm{d}y & \mathrm{d}z \end{vmatrix} = 0 \Rightarrow \frac{\mathrm{d}x}{\omega_x(x,y,z)} = \frac{\mathrm{d}y}{\omega_y(x,y,z)} = \frac{\mathrm{d}z}{\omega_z(x,y,z)} \tag{2.3}$$

2. 涡管(vortex tube)

如图 2.4 所示,某一瞬时,在涡量场中任取一封闭曲线 C(注意:C 不能是涡线),通过曲线 C 上每一点作涡线,这些涡线形成的封闭管形曲面,称为涡管。

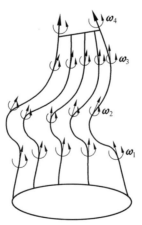

图 2.4　涡管示意图

如果曲线 C 构成的是微小截面,那么该涡管称为微元涡管。横断涡管并与其中所有涡线垂直的断面称为涡管断面,在微小断面上,可认为各点的旋转角速度相同。涡管中充

满着的做旋转运动的流体称为涡束；微元涡管中的涡束称为微元涡束或涡丝(vortex filament)。当涡管截面足够小时，涡管就变成微元涡管/涡丝，便可引入旋涡强度和速度环量等概念。

例 2.1 已知流场的速度分布为 $v_r = 0, v_\theta = r\Omega$，$\Omega$ 为常数，求涡线方程。

解 如图 2.5 所示，建立直角坐标系以及极坐标系下的速度关系：

$$v_x = v_r\cos\theta - v_\theta\sin\theta, v_y = v_r\sin\theta + v_\theta\cos\theta$$

将 $v_r = 0, v_\theta = r\Omega$ 代入上式得到

$$v_x = -r\omega\sin\theta = -\omega y, v_y = r\omega\cos\theta = \omega x$$

进一步得到

$$\omega_x = \omega_y = 0, \omega_z = \frac{1}{2}\left(\frac{\partial v_y}{\partial x} - \frac{\partial v_x}{\partial y}\right) = \omega$$

将得到的 Ω_x、Ω_y 以及 Ω_z 代入涡线方程式(2.3)，得到 $x = C_1$，$y = C_2$，即垂直于 xOy 平面的直线。

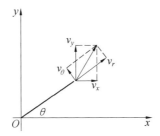

图 2.5 极坐标与直角坐标速度转化关系

2.2 旋涡强度与速度环量

1. 旋涡强度

旋涡强度又称涡通量(vortex flux)。在微元涡管中，两倍旋转角速度(或涡量)与涡管断面面积 dA 的乘积，称为微元涡管的涡通量(旋涡强度)，表示为

$$dJ = \boldsymbol{\Omega} \cdot d\boldsymbol{A} = 2\boldsymbol{\omega} \cdot d\boldsymbol{A} = 2\boldsymbol{\omega} \cdot \boldsymbol{n}dA = 2\omega_n dA \tag{2.4}$$

式中，$\boldsymbol{n}$ 为 dA 处外法线单位矢量(图 2.6)。

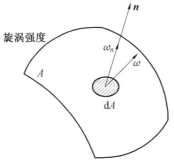

图 2.6 旋涡强度

对式(2.4)沿曲面进行积分得到

$$J = 2\iint_A \omega_n \mathrm{d}A = \iint_A \Omega_n \mathrm{d}A \tag{2.5}$$

假设面积 A 是涡束的某一横截面面积,则 J 为涡束的旋涡强度。旋涡强度不仅取决于旋转角速度 $\boldsymbol{\omega}$,还取决于面积 A。在计算涡通量时,有时会用到速度环量这个物理量。

2. 速度环量

速度环量(velocity circulation)定义:在流场的某一封闭周线上,流体速度矢量沿周线的线积分,用符号 Γ 表示,可表示为

$$\Gamma_l = \oint_l \boldsymbol{V} \cdot \mathrm{d}\boldsymbol{s} = \oint_l V\cos\alpha\,\mathrm{d}l \tag{2.6}$$

式中,α 为周线上某一点的速度矢量与该点切线方向的夹角。

由于

$$\boldsymbol{V} = u\boldsymbol{i} + v\boldsymbol{j} + w\boldsymbol{k},\mathrm{d}\boldsymbol{s} = \mathrm{d}x\boldsymbol{i} + \mathrm{d}y\boldsymbol{j} + \mathrm{d}z\boldsymbol{k}$$

式(2.6)又可写为

$$\Gamma_l = \oint_l (u\mathrm{d}x + v\mathrm{d}y + w\mathrm{d}z) \tag{2.7}$$

值得注意的是:速度环量是标量,有正负号。当速度方向与积分曲线方向相同时(成锐角),速度环量为正,否则速度环量为负。根据积分曲线是否封闭,可以将速度环量计算分为沿开曲线速度环量的计算以及沿闭曲线速度环量的计算。

(1)沿开曲线速度环量的计算。

对于无旋流场,沿开曲线速度环量可表示为

$$\Gamma_{AB} = \int_{AB} u\mathrm{d}x + v\mathrm{d}y + w\mathrm{d}z = \int_{AB} \frac{\partial\Phi}{\partial x}\mathrm{d}x + \frac{\partial\Phi}{\partial y}\mathrm{d}y + \frac{\partial\Phi}{\partial z}\mathrm{d}z = \int_A^B \mathrm{d}\Phi = \Phi_B - \Phi_A \tag{2.8}$$

式中,Φ 为流场的速度势。

对于有旋流场,沿开曲线速度环量则需严格按照式(2.7)进行计算。

(2)沿闭曲线速度环量的计算。

由式(2.8)可看出:对于无旋流场,沿任意闭曲线的速度环量恒为 0。对于有旋流场,速度环量与旋涡强度之间可建立如下关系式:

$$\Gamma = \oint_C \boldsymbol{V} \cdot \mathrm{d}\boldsymbol{s} = \iint_A \boldsymbol{\Omega} \cdot \mathrm{d}\boldsymbol{A} = \iint_A (\nabla\times\boldsymbol{V}) \cdot \mathrm{d}\boldsymbol{A} = J \tag{2.9}$$

式(2.9)为 Stokes 定理,其物理意义为:在涡量场中,沿任意封闭曲线的速度环量等于该周线所包围的曲面面积的涡通量。一般情况下,Stokes 定理只适用于“单连通区域”,即曲线 C 所包围的区域 A 内全部都是流体,没有固体或空洞。换句话说,闭曲线 C 可在该区域内任意缩减为一点。若 C 的内部有空洞或者包含其他物体,则为复连通区域。

如图 2.7 所示,若使用线 AB 将区域分开,则周线 $ABDB'A'EA$ 所围的区域为单连通区域。基于单连通域 Stokes 定理,有

$$\Gamma_{ABDB'A'EA} = 2\iint_A \omega_n \mathrm{d}A \tag{2.10}$$

沿周线 $ABDB'A'EA$ 展开的曲线积分写为四部分之和,式(2.10)可进一步写为

$$\Gamma_{AB} + \Gamma_C + \Gamma_{B'A'} + \Gamma_L = 2\iint_A \omega_n \mathrm{d}A \tag{2.11}$$

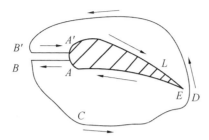

图 2.7 复连通区域

式中,Γ_C 为沿外边界逆时针($B \to D \to B'$)的环量;Γ_L 为沿内边界顺时针($A' \to E \to A$)的环量。

由于 AB 和 $A'B'$ 无限接近,积分方向 $A \to B$ 与 $B' \to A'$ 相反,因此有

$$\Gamma_{AB} + \Gamma_{B'A'} = 0 \tag{2.12}$$

联立式(2.10)至式(2.12),得到

$$\Gamma_C + \Gamma_L = 2\iint_A \omega_n \mathrm{d}A \tag{2.13}$$

式(2.13)为复连通区域的 Stokes 定理。

推论 1 对于单连通区域内的无旋运动,流场中 $\boldsymbol{\omega}$ 均为 0,沿任意封闭周线的速度环量均为 0,即

$$\Gamma_C = 2\iint_A \omega_n \mathrm{d}A = 2\iint_\sigma 0 \mathrm{d}A = 0 \tag{2.14}$$

反之,若沿任意封闭周线的速度环量为 0,同样可以得到处处 Ω 为 0 的结论。但值得注意的是:若沿某一个封闭周线的速度环量为 0,流动并不一定无旋(因为区域内可包括强度相同但转向相反的旋涡)。

推论 2 若流动无旋,对于包含一固体在内的双连通区域,则沿包含固体在内的任意两个封闭周线的环量彼此相等。

例 2.2 已知如下速度分布。

在 $r \leqslant 5$ 范围内,

$$v_x = -\frac{y}{5}, v_y = \frac{x}{5}$$

在 $r \geqslant 5$ 范围内,

$$v_x = -\frac{5y}{x^2 + y^2}, v_y = \frac{5x}{x^2 + y^2}$$

试分别求出半径 $r = 3$、$r = 5$ 和 $r = 10$ 的三个圆周上的速度环量 Γ_3、Γ_5 和 Γ_{10}。

解 如图 2.8 所示,将半径 $r = 5$ 圆内区域记为 S_1,圆外区域记为 S_2,在 S_1 内有

$$\omega_z = \frac{1}{2}\left(\frac{\partial v_y}{\partial x} - \frac{\partial v_x}{\partial y}\right) = \frac{1}{5}$$

因此,当 $r \leqslant 5$ 时,以 r 为半径的圆周上速度环量为

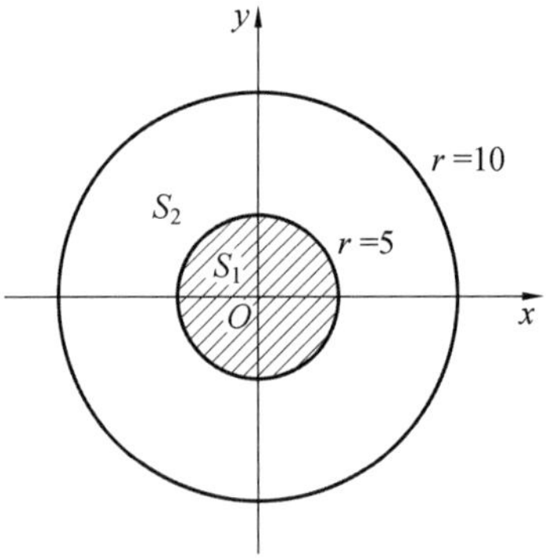

图 2.8　速度分布示意图

$$\Gamma_r = 2\iint_{S_1} \omega_z \mathrm{d}s = 2\int_0^r \frac{1}{5} 2\pi r' \mathrm{d}r' = \frac{2}{5}\pi r^2$$

因此得到

$$\Gamma_r = 2\iint_{S_1} \omega_z \mathrm{d}s = 2\int_0^r \frac{1}{5} 2\pi r' \mathrm{d}r' = \frac{2}{5}\pi r^2$$

将 $r=3$ 以及 $r=5$ 代入上式,得到

$$\Gamma_3 = \frac{18\pi}{5}, \Gamma_5 = 10\pi$$

S_2 内 Ω_z 经计算为 0,因此得到

$$\Gamma_{10} + \Gamma_5' = 2\iint_{S_2} \omega_z \mathrm{d}s = 0$$

最后得到

$$\Gamma_{10} = -\Gamma_5' = \Gamma_5 = 10\pi$$

例 2.3　已知速度场分布为 $v_x = a\sqrt{y^2+z^2}$,$v_y = v_z = 0$,其中 a 为常数,求:

(1) 涡线方程;

(2) 沿封闭曲线 $\begin{cases} x^2+y^2=b^2 \\ z=0 \end{cases}$ 的速度环量,其中 b 为常数。

解　(1) 求涡线。

由已知条件可得到三个方向上的旋转角速度为

$$\omega_x = \frac{1}{2}\left(\frac{\partial v_z}{\partial y} - \frac{\partial v_y}{\partial z}\right) = 0$$

$$\omega_y = \frac{1}{2}\left(\frac{\partial v_x}{\partial z} - \frac{\partial v_z}{\partial x}\right) = \frac{a}{2}\frac{z}{\sqrt{y^2+z^2}}$$

$$\omega_z = \frac{1}{2}\left(\frac{\partial v_y}{\partial x} - \frac{\partial v_x}{\partial y}\right) = -\frac{a}{2}\frac{y}{\sqrt{y^2+z^2}}$$

代入涡线方程式(2.3),并进一步积分得到

$$\begin{cases} x = C_1 \\ y^2 + z^2 = C_2 \end{cases}$$

(2) 依据 Stokes 定理,有

$$\Gamma_C = 2\iint_S \omega_z \mathrm{d}s = 2\iint_{S_{\mathrm{top}}} \omega_z \mathrm{d}s + 2\iint_{S_{\mathrm{bottom}}} \omega_z \mathrm{d}s$$

式中，S_{top} 以及 S_{bottom} 分别为上半圆区域以及下半圆区域。

上半圆区域的 Ω_z 可表示为

$$\omega_z = -\frac{a}{2}\frac{|y|}{\sqrt{C_2}}$$

下半圆区域的 Ω_z 可表示为

$$\omega_z = +\frac{a}{2}\frac{|y|}{\sqrt{C_2}}$$

最后得到速度环量 Γ_C 为 0。

例 2.4　已知二维流场的速度分布为 $v_x = -3y, v_y = 4x$，试求绕圆周 $x^2 + y^2 = R^2$ 的速度环量。

解法 1　直接求速度环量

如图 2.5 所示，极坐标下周向速度 v_θ 与直角坐标系下 v_x 和 v_y 有如下关系：

$$v_\theta = v_y\cos\theta - v_x\sin\theta$$

设绕圆周 $x^2 + y^2 = R^2$ 的速度环量为 Γ，则可将其表示为

$$\Gamma = \int_0^{2\pi} v_\theta \mathrm{d}l = \int_0^{2\pi} v_\theta R\,\mathrm{d}\theta = \int_0^{2\pi} (v_y\cos\theta - v_x\sin\theta)R\mathrm{d}\theta$$

将 $v_x = -3y, v_y = 4x$ 代入上式得到

$$\Gamma = \int_0^{2\pi} (4x\cos\theta + 3y\sin\theta)R\mathrm{d}\theta$$

极坐标系下 $x = R\cos\theta, y = R\sin\theta$，将其代入上式，得到

$$\Gamma = \int_0^{2\pi}(4R\cos^2\theta + 3R\sin^2\theta)R\mathrm{d}\theta = R^2\int_0^{2\pi}(4\cos^2\theta + 3\sin^2\theta)\mathrm{d}\theta = 7\pi R^2$$

解法 2　利用 Stokes 定理将求速度环量转变为求旋涡强度

由 $v_x = -3y, v_y = 4x$ 可得到

$$\omega_x = \omega_y = 0, \omega_z = \frac{1}{2}\left(\frac{\partial v_y}{\partial x} - \frac{\partial v_x}{\partial y}\right) = \frac{7}{2}$$

$$\Gamma = \oint_C V \cdot \mathrm{d}s = 2\iint_A \omega \cdot \mathrm{d}A = 2\iint \omega_z \mathrm{d}A = 2\omega_z\iint_A \mathrm{d}A = 7\pi R^2$$

2.3　汤姆孙定理与拉格朗日定理

由于旋涡运动的一些重要定理均与正压流体有关，因此正压是判断流体是否存在旋涡的一个重要依据。由第 1 章可知：流体可分为不可压缩流体和可压缩流体。不可压缩流体的密度与压力和温度均无关。

如图 2.9 所示，在可压缩流体中，密度只与压力有关但与温度无关的流体称为正压流体，流体密度既与压力有关又与温度有关的流体称为斜压流体。对于正压流体，等压面与等密度面是重合的（即 ∇p 平行于 $\nabla\rho$），由矢量运算法则得到 $\nabla p \times \nabla\rho = 0$；对于斜压流体，等压面和等密度面是不重合的，即 $\nabla p \times \nabla\rho \neq 0$。

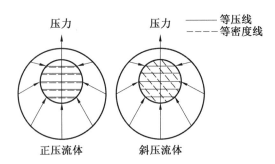

图 2.9　正压流体和斜压流体

1. 汤姆孙(Thomson) 定理

对于理想、不可压或正压流体,在有势的质量力作用下,沿任何封闭流体周线的速度环量不随时间发生变化,即

$$\frac{\mathrm{d}\Gamma}{\mathrm{d}t} = 0 \tag{2.15}$$

Thomson 定理证明:在流场中,任取一由流体质点组成的封闭周线 C,它随流体的运动而发生移动变形,但组成该周线的流体质点不变。如图 2.10 所示,设在 C 上取一微元长度为 $\mathrm{d}\boldsymbol{s}$,经过时间 $\mathrm{d}t$ 后,封闭周线 C 移动到 C',$\mathrm{d}\boldsymbol{s}$ 变为周线 C' 上的 $\mathrm{d}\boldsymbol{s}'$,建立如下关系式:

$$\frac{\mathrm{d}\Gamma}{\mathrm{d}t} = \frac{\mathrm{d}}{\mathrm{d}t}\oint_C \boldsymbol{V} \cdot \mathrm{d}\boldsymbol{s} = \oint_C \boldsymbol{V} \cdot \frac{\mathrm{d}}{\mathrm{d}t}\mathrm{d}\boldsymbol{s} + \oint_C \frac{\mathrm{d}\boldsymbol{V}}{\mathrm{d}t} \cdot \mathrm{d}\boldsymbol{s} \tag{2.16}$$

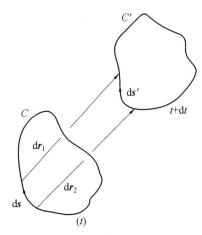

图 2.10　封闭流体周线的速度环量随时间变化

式(2.16)右边第一项可表示为

$$\oint_C \boldsymbol{V} \cdot \frac{\mathrm{d}}{\mathrm{d}t}\mathrm{d}\boldsymbol{s} = \oint_C \boldsymbol{V} \cdot \left(\frac{\mathrm{d}\boldsymbol{s}' - \mathrm{d}\boldsymbol{s}}{\mathrm{d}t}\right) \tag{2.17}$$

如图 2.10 所示,$\mathrm{d}\boldsymbol{s}'$ 与 $\mathrm{d}\boldsymbol{s}$ 之间有如下关系:

$$\mathrm{d}\boldsymbol{s}' = \mathrm{d}\boldsymbol{s} + \mathrm{d}\boldsymbol{r}_2 - \mathrm{d}\boldsymbol{r}_1 = \mathrm{d}\boldsymbol{s} + v_2\mathrm{d}t - v_1\mathrm{d}t = \mathrm{d}\boldsymbol{s} + \mathrm{d}\boldsymbol{V} \cdot \mathrm{d}t \tag{2.18}$$

进一步得到 $\mathrm{d}(\mathrm{d}\boldsymbol{s}) = \mathrm{d}\boldsymbol{s}' - \mathrm{d}\boldsymbol{s} = \mathrm{d}\boldsymbol{V} \cdot \mathrm{d}t$,代入式(2.17)得到

$$\oint_C \boldsymbol{V} \cdot \frac{\mathrm{d}}{\mathrm{d}t}\mathrm{d}\boldsymbol{s} = \oint_C \boldsymbol{V} \cdot \mathrm{d}\boldsymbol{V} = \oint_C \mathrm{d}\left(\frac{V^2}{2}\right) = 0 \tag{2.19}$$

由 Euler 方程得到

$$\frac{\mathrm{d}\mathbf{V}}{\mathrm{d}t} = \mathbf{F} - \frac{1}{\rho} \nabla p \tag{2.20}$$

将式(2.20)代入式(2.16)右边第二项得到

$$\oint_C \frac{\mathrm{d}\mathbf{V}}{\mathrm{d}t} \cdot \mathrm{d}\mathbf{s} = \oint_C \left(\mathbf{F} - \frac{1}{\rho} \nabla p\right) \cdot \mathrm{d}\mathbf{s} = \oint_C \mathbf{F} \cdot \mathrm{d}\mathbf{s} - \oint_C \frac{1}{\rho} \nabla p \cdot \mathrm{d}\mathbf{s} \tag{2.21}$$

由于质量力有势,得到

$$\mathbf{F} = \nabla \Pi$$

进而得到

$$\oint_C \mathbf{F} \cdot \mathrm{d}\mathbf{s} = \oint_C \nabla \Pi \cdot \mathrm{d}\mathbf{s} = \oint_C \mathrm{d}\Pi = 0 \tag{2.22}$$

由于流体是正压流体,$\nabla p \times \nabla \rho = 0$,由 Stokes 定理得到

$$\oint_C \frac{\nabla p}{\rho} \cdot \mathrm{d}\mathbf{s} = \iint_A \nabla \times \left(\frac{\nabla p}{\rho}\right) \cdot \mathrm{d}\mathbf{A} \tag{2.23}$$

由于 $\nabla \times \left(\frac{\nabla p}{\rho}\right) = \frac{1}{\rho^2}(\nabla p \times \nabla \rho)$(自行证明),将其代入式(2.23)得到

$$\iint_A \nabla \times \left(\frac{\nabla p}{\rho}\right) \cdot \mathrm{d}\mathbf{A} = \iint_A \frac{1}{\rho^2}(\nabla p \times \nabla \rho) \cdot \mathrm{d}\mathbf{A} = 0 \tag{2.24}$$

将式(2.22)和式(2.24)代入式(2.21)得到

$$\oint_C \frac{\mathrm{d}\mathbf{v}}{\mathrm{d}t} \cdot \mathrm{d}\mathbf{s} = 0$$

将上式结合式(2.19)代入式(2.16),得到

$$\frac{\mathrm{d}\Gamma}{\mathrm{d}t} = 0$$

Thomson 定理又被称为 Kelvin 定理,由于该定理反映的是旋涡强度随时间的保持特性,该定理有时又被称为旋涡强度时间保持定理,即对于理想、不可压或正压流体,在有势的质量力作用下,沿任一封闭物质线的速度环量和通过任一物质面的涡通量在运动过程中恒定不变。Thomson 定理的推论即为拉格朗日定理。

2. 拉格朗日定理(旋涡不生不灭定理)

对于理想、不可压或正压流体,在有势的质量力作用下,如果初始时刻某部分流体是无旋的,则在以前或以后任一时刻中这部分流体始终无旋;反之,若初始有旋,则始终有旋。

Lagrange 定理的证明:设初始时刻在所考虑的那部分流体 C 中,运动无旋,则在该部分流体中有 $\mathbf{\Omega} = 0$,即矢量 $\mathbf{\Omega}$ 通过 C 内任一物质面 S 的涡通量 $\int_S \mathbf{\Omega} \cdot \mathrm{d}\mathbf{S} = 0$。根据 Thomson 定理,在以前或以后任一时刻的涡通量 $\int_{S'} \mathbf{\Omega} \cdot \mathrm{d}\mathbf{S}$ 皆为零,其中 S' 是组成曲面 S 的流体质点在以前或以后任一时刻所围成的曲面。由于 S 是任意的,因此 S' 也是任意的,进一步得到 $\mathbf{\Omega} = 0$,至此,便得到在以前或以后任一时刻该部分流体永远是无旋的。

Lagrange 定理是判断流体运动是否无旋的理论依据。比如,从静止开始的波浪运动,由于流体静止时是无旋的,因此产生波浪以后,波浪运动是无旋运动。其理论依据为:

① 不考虑水的黏性时,把水看作理想流体;② 不考虑水的可压缩性时,把水看作不可压缩流体,符合不可压条件;③ 重力为有势的质量力;④ 初始时刻,水面为静止的,即是无旋的。根据拉格朗日定理,可知扰动后产生的水波运动也是无旋的。

2.4　亥姆霍兹定理

亥姆霍兹关于理想、不可压或正压流体在质量力有势情况下的旋涡运动的三大定理,解释了旋涡的基本性质,是研究理想流体有旋运动的基本定理。

1. Helmholtz 第一定理(旋涡强度空间保持定理)

对于理想、不可压或正压流体,在质量力有势的有旋流场中,同一涡管各截面上的旋涡强度相同。

Helmholtz 第一定理又称为涡管强度守恒定理,反映的是涡量场的时空特性,对它的证明如下。

证法 1　基于 Gauss 定理,可得到

$$\oiint_S \boldsymbol{\Omega} \cdot \mathrm{d}\boldsymbol{A} = \iiint_V \nabla \cdot \boldsymbol{\Omega} \mathrm{d}V = \iiint_V \nabla \cdot (\nabla \times \boldsymbol{V}) \mathrm{d}V \tag{2.25}$$

由第 1 章中矢量运算表达式(1.14)得到

$$\nabla \cdot (\nabla \times \boldsymbol{V}) = 0 \tag{2.26}$$

基于式(2.26),可进一步得到

$$\oiint_S \boldsymbol{\Omega} \cdot \mathrm{d}\boldsymbol{A} = 0 \tag{2.27}$$

式(2.27)表明通过任一封闭曲面的净涡通量为 0。对涡管构成的封闭曲面进行研究,如图 2.11 所示,涡管整个表面 S 包括三个部分:两个横截面 S_1、S_2 以及涡面 S_3。由于涡面上没有涡量通过,因此涡管的每个截面处的涡通量都是相等的,可表示为

$$\iint_A \boldsymbol{\Omega} \cdot \mathrm{d}\boldsymbol{A} = \mathrm{constant} \tag{2.28}$$

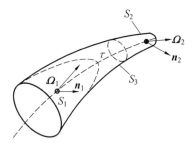

图 2.11　涡通量守恒

证法 2　如图 2.12 所示,在涡管上任取截面 Ⅰ 和 Ⅱ,并将涡管表面在 ab 处切开,由 Stokes 定理得到

$$\Gamma_{abdb'a'ea} = 2\iint_\sigma \omega_n \mathrm{d}\sigma \tag{2.29}$$

因为 σ 内 $\Omega_n = 0$,所以可以得到

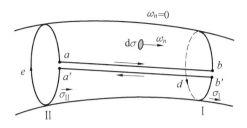

图 2.12 涡管

$$\Gamma_{abdb'a'ea} = 0 \tag{2.30}$$

进一步得到

$$\Gamma_{ab} + \Gamma_{bdb'} + \Gamma_{b'a'} + \Gamma_{a'ea} = 0 \tag{2.31}$$

由于 $\Gamma_{ab} = -\Gamma_{b'a'}$，得到

$$\Gamma_{bdb'} + \Gamma_{a'ea} = 0 \tag{2.32}$$

假设 σ_{I} 和 σ_{II} 为有向曲面，方向皆向右，根据 Stokes 定理可以得到

$$\Gamma_{bdb'} = -2\iint_{\sigma_{\mathrm{I}}} \omega_n \mathrm{d}\sigma, \ \Gamma_{a'ea} = 2\iint_{\sigma_{\mathrm{II}}} \omega_n \mathrm{d}\sigma \tag{2.33}$$

联立式（2.32）以及式（2.33），可以得到

$$\iint_{\sigma_{\mathrm{I}}} \omega_n \mathrm{d}\sigma = \iint_{\sigma_{\mathrm{II}}} \omega_n \mathrm{d}\sigma \tag{2.34}$$

根据 Helmholtz 第一定理可知：涡管不能在流体中产生或消失。如图 2.13 所示，流场中的涡管只能有以下三种形式：① 形成封闭的涡环；② 中止于物面或其他界面；③ 两端都延伸到无穷远。

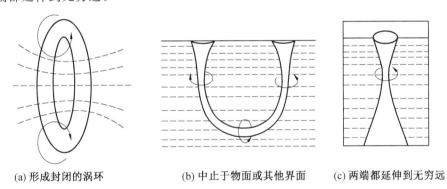

(a) 形成封闭的涡环   (b) 中止于物面或其他界面   (c) 两端都延伸到无穷远

图 2.13 涡环和涡管

2. Helmholtz 第二定理（涡管保持定理）

对于理想、不可压或正压流体，在有势的质量力作用下，流场中的涡管始终由相同的流体质点组成。

可对其进行简单证明：如图 2.14 所示，K 为涡管表面上的封闭周线，其包围的面积内涡通量等于零。由 Stokes 定理知，周线 K 上的速度环量应等于零；又由 Thomson 定理知，K 上的速度环量将永远为零，即周线 K 上的流体质点将永远在涡管表面上。换言之，涡管上流体质点将永远在涡管上，即涡管是由相同的流体质点组成的，但其形状可能随时间变化。Helmholtz 第二定理有两个推论。

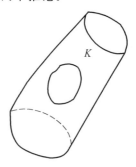

图 2.14 涡管保持定理

推论 1（涡面保持定理） 在某一时刻组成涡面的流体质点在以前或以后任一时刻也永远组成涡面，即涡面是由相同的流体质点组成的，但其形状可能随时变化。

推论 2（涡线保持定理） 在某一时刻组成涡线的流体质点在以前或以后任一时刻也永远组成涡线，即涡线是由相同的流体质点组成的，但其形状可能随时变化。

3. Helmholtz 第三定理（涡管旋涡强度保持定理）

对于理想、不可压或正压流体，在有势的质量力作用下，任一涡管的旋涡强度不随时间发生变化。

可对其进行简单证明：由 Stokes 定理知，绕涡管的速度环量等于涡管的旋涡强度；又由 Thomson 定理知，该速度环量不随时间变化。因此，涡管的旋涡强度不随时间变化。

Helmholtz 第一定理是运动学方面的定理，只要流体无黏性，该定理就成立。Helmholtz 第二、三定理要求运动是环量守恒的，也就是要求流体是理想、不可压或正压流体，且质量力有势，满足这三个条件，环量守恒（Thomson 定理）。

2.5* 旋涡形成机理

由前面的讨论可知，旋涡在空间以及时间上保持特性的前提条件是：流体是理想、不可压或正压流体，且质量力有势。只要其中任一条件不满足，旋涡就有可能产生也有可能消失。因此，有黏性、非正压以及质量力无势是产生旋涡运动的三个要素。本节将通过具体例子来说明当流体非正压时以及当质量力无势时旋涡是如何产生的。

2.5.1 流体理想、质量力有势但流体非正压

基于前面 Thomson 定理证明部分，针对流体理想且质量力有势的情况，对任一流体封闭周线 C，速度环量的物质导数可化简为

$$\frac{\mathrm{d}\Gamma}{\mathrm{d}t} = -\iint_A \frac{1}{\rho^2}(\nabla p \times \nabla \rho) \cdot \mathrm{d}\boldsymbol{A} = \iint_A \frac{1}{\rho^2}(\nabla \rho \times \nabla p) \cdot \mathrm{d}\boldsymbol{A} \qquad (2.35)$$

对于非正压流体，等压面和等密度面不再重合，即 $\nabla \rho \times \nabla p \neq 0$，进一步得到 $\mathrm{d}\Gamma/\mathrm{d}t \neq 0$，可看出：随着时间的推移，速度环量将发生变化，旋涡会产生或消失。当 $\mathrm{d}\Gamma/\mathrm{d}t > 0$ 时，旋涡强度增大；当 $\mathrm{d}\Gamma/\mathrm{d}t < 0$ 时，旋涡强度减小。若在 A 上 $\nabla \rho \times \nabla p$ 的方向

与 d$\boldsymbol{A}$ 的方向成锐角,则 dΓ/d$t>0$;若 $\nabla\rho\times\nabla p$ 的方向与 d$\boldsymbol{A}$ 成钝角,则 dΓ/d$t<0$。可通过 $\nabla\rho$,∇p 以及 d$\boldsymbol{A}$ 这三个矢量的相互位置来判断随着时间的推移 Γ 增大还是减小。下面以气象学中的贸易风为例来加以说明。考虑环绕地球的大气层,假设大气是干燥的,则压力 p、密度 ρ 以及温度 T 之间可通过克拉佩龙(Clapeyron)方程建立联系:

$$p = \rho R T \tag{2.36}$$

式中,R 为气体常数。

假设地球是圆球,高度相同的地方压力是相同的,因此,等压面是以地心为中心的球面,下面来确定等密度面。由于地球上不同地区的太阳辐射强度不同,在同一个高度,赤道要比极地温度高。这里以北极为例,沿同一个半径的球面从北极向赤道温度逐渐上升。再依据式(2.36),可以得到:同一个半径的球面上,气体密度从北极向赤道逐渐降低。此外,在同一个地点,高度越大,空气越稀薄,即随着高度的增加密度逐渐降低。于是可以得到:等密度面将自赤道开始向上倾斜直至北极。

由图 2.15(图中等压面为实线,等密度面为虚线)可看出等压面与等密度面相交,作等压面和等密度面的法向矢量 ∇p 和 $\nabla\rho$,方向均指向地球球心方向。进一步得到 $\nabla\rho\times\nabla p$ 的方向与 d$\boldsymbol{A}$ 方向一致,得到 dΓ/d$t>0$。因此,随着时间的推移,将会产生旋涡。如图 2.16 所示,对于北半球,空气从底层由北极流到赤道,在赤道处上升,然后再从上层流回北极,再从那里流下来;对于南半球,空气从底层由南极流到赤道,在赤道处上升,然后再从上层流回南极,再从那里流下来。这种环量就是气象学中的贸易风,在北半球为北风,在南半球则为南风。

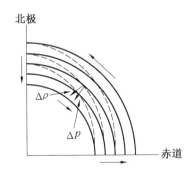

图 2.15　不同地区的等密度面以及等压面

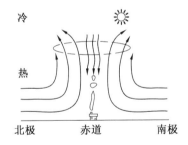

图 2.16　贸易风

2.5.2　流体理想、正压但质量力无势

以地球大气运动为例,考虑地球自转,大气相对于地球的 Euler 运动方程可写作

$$\frac{\mathrm{d}\boldsymbol{V}_\mathrm{r}}{\mathrm{d}t} = \boldsymbol{F} - \frac{1}{\rho}\nabla p - \boldsymbol{a}_\mathrm{e} - 2(\boldsymbol{\omega}\times\boldsymbol{V}_\mathrm{r}) \tag{2.37}$$

式中,$\boldsymbol{V}_\mathrm{r}$ 为大气相对于地球的运动速度;$\boldsymbol{F}$ 为重力密度;$\boldsymbol{a}_\mathrm{e}$ 为牵连加速度;$\boldsymbol{\omega}$ 为地球的自转角速度;右边最后一项为科氏加速度。

假设地球的自转角速度 $\boldsymbol{\omega}$ 的大小恒定,若以 R 表示流体质点到地球轴线的距离,则有

$$\boldsymbol{a}_\mathrm{e} = -\nabla\left(\frac{\omega^2 R^2}{2}\right) \tag{2.38}$$

由于重力有势,则 $\boldsymbol{F}$ 可写作 $\boldsymbol{F}=-\nabla\Pi$,式(2.37)可进一步写作

$$\frac{\mathrm{d}\boldsymbol{V}_{\mathrm{r}}}{\mathrm{d}t}=-\nabla\left(\Pi+\frac{p}{\rho}+\frac{\omega^2 R^2}{2}\right)-2(\boldsymbol{\omega}\times\boldsymbol{V}_{\mathrm{r}}) \tag{2.39}$$

将式(2.39)代入式(2.16)右边的第二项,进一步化简得到

$$\frac{\mathrm{d}\Gamma}{\mathrm{d}t}=-\oint_C 2(\boldsymbol{\omega}\times\boldsymbol{V}_{\mathrm{r}})\cdot\mathrm{d}\boldsymbol{s} \tag{2.40}$$

由式(2.40)可看出:科氏加速度引起的质量力会对速度环量产生影响,形成旋涡。

2.6　诱导速度场计算

在流体力学实际问题中,常常会在流动区域中出现旋涡,这些旋涡会诱导周围的速度场发生变化。比如:大气中出现的旋风;圆柱绕流时出现在结构后面的涡对、涡街;有限翼展后缘延伸出去的自由旋涡等。为解决上述问题,需根据涡量场求其诱导的速度场。

如图 2.17 所示,设 A 点处有一个点涡,它在 M 点产生的诱导速度 $v\propto\omega r$,进一步可写作 $v\propto\boldsymbol{\Omega}\times\boldsymbol{r}$。因此,微元体积 $\mathrm{d}V$ 中的涡量产生诱导速度,为

$$\mathrm{d}v\propto(\boldsymbol{\Omega}\times\boldsymbol{r})\mathrm{d}V/r^3$$

这里除以 r^3 为量纲齐次性所要求的。

上式可引入一个待定系数 C,写成

$$\mathrm{d}\boldsymbol{v}=C\frac{(\boldsymbol{\Omega}\times\boldsymbol{r})\mathrm{d}V}{r^3} \tag{2.41}$$

因此,诱导速度可进一步表示为

$$\boldsymbol{v}=C\iiint_V\frac{(\boldsymbol{\Omega}\times\boldsymbol{r})\mathrm{d}V}{r^3} \tag{2.42}$$

对于图 2.18 所示的涡索,$\mathrm{d}V=S\mathrm{d}l$(其中 S 为涡索截面积),由于 $\Gamma=\iint_A\boldsymbol{\Omega}\cdot\mathrm{d}\boldsymbol{A}$,对于涡索,因其截面积很小,可进一步写为

$$\Gamma=\iint_A\boldsymbol{\Omega}\cdot\mathrm{d}\boldsymbol{A}\approx|\boldsymbol{\Omega}|S \tag{2.43}$$

进一步得到

$$\boldsymbol{\Omega}\mathrm{d}V=|\boldsymbol{\Omega}|S\mathrm{d}l=\Gamma\mathrm{d}\boldsymbol{l} \tag{2.44}$$

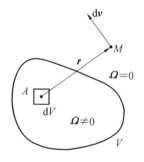

图 2.17　涡量场产生的诱导速度　　　图 2.18　涡索

将式(2.44)代入式(2.41),得到

$$\mathrm{d}\boldsymbol{v} = C\Gamma \frac{\mathrm{d}\boldsymbol{l} \times \boldsymbol{r}}{r^3} \tag{2.45}$$

对式(2.45)取绝对值得到

$$|\mathrm{d}\boldsymbol{v}| = C\Gamma \frac{1}{r^3} |\mathrm{d}\boldsymbol{l} \times \boldsymbol{r}| = C\Gamma \frac{1}{r^3} \cdot \mathrm{d}l \cdot r\sin\alpha = C\Gamma \frac{\sin\alpha\mathrm{d}l}{r^2} \tag{2.46}$$

式中,α 为 $\mathrm{d}\boldsymbol{l}$ 转到 $\boldsymbol{r}$ 的角度。

如图 2.19 所示,对于直涡索,有如下几何关系:

$$\mathrm{d}l = \frac{r\mathrm{d}\alpha}{\sin(\alpha + \mathrm{d}\alpha)} \approx \frac{r\mathrm{d}\alpha}{\sin\alpha} \tag{2.47}$$

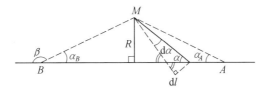

图 2.19 直涡索

又由于 $r = R/\sin\alpha$,将其代入式(2.47)得到

$$\mathrm{d}l = \frac{R\mathrm{d}\alpha}{\sin^2\alpha} \tag{2.48}$$

将 $\mathrm{d}l$ 以及 r 的表达式代入式(2.46)得到

$$|\mathrm{d}\boldsymbol{v}| = \frac{C\Gamma}{R}\sin\alpha\mathrm{d}\alpha \tag{2.49}$$

若直线涡为图 2.19 所示的 AB,则该直线涡在 M 点产生的诱导速度可按如下积分进行计算:

$$|\boldsymbol{v}| = \frac{C\Gamma}{R} \int_{\alpha_A}^{\pi-\alpha_B} \sin\alpha\mathrm{d}\alpha = C\Gamma \frac{\cos\alpha_A + \cos\alpha_B}{R} \tag{2.50}$$

当 A 和 B 都延伸至无穷远时,即 $\alpha_A = \alpha_B = 0$ 时,则进一步得到无限长直线涡丝的诱导速度为

$$|\boldsymbol{v}| = \frac{2C\Gamma}{R} \tag{2.51}$$

如图 2.20 所示,对于无限长直线涡丝,在垂直于涡丝的任何平面内,诱导速度都是相同的,因此可以看作二维点涡诱导二维流动。下面简单推导二维点涡的诱导速度。设坐标原点的点涡强度为 Γ,依据 Stokes 定理,得到

$$\Gamma = \oint_C \boldsymbol{v} \cdot \mathrm{d}\boldsymbol{l} = \int_0^{2\pi} v_\theta r\mathrm{d}\theta = v_\theta 2\pi r \tag{2.52}$$

若在原点没有源和汇,而只有点涡,则 $v_r = 0$,因此点涡的周围速度场表示为

$$\begin{cases} v_\theta = \dfrac{\Gamma}{2\pi R} \quad \Rightarrow |\boldsymbol{v}| = \dfrac{\Gamma}{2\pi R} \\ v_r = 0 \end{cases} \tag{2.53}$$

对比式(2.51)以及式(2.53)得到 $C = 1/4\pi$,将 C 代入式(2.42),得到

$$\boldsymbol{v} = \frac{1}{4\pi} \iiint_V \frac{\boldsymbol{\Omega} \times \boldsymbol{r}}{r^3} \mathrm{d}V \tag{2.54}$$

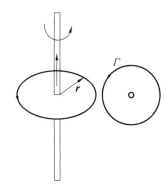

图 2.20　无限长直线涡丝以及点涡

式(2.54)即为 Biot − Savart(毕奥 − 萨伐尔) 公式,对于涡索,式(2.54)可进一步写作

$$\boldsymbol{v} = \frac{\Gamma}{4\pi} \int_L \frac{\mathrm{d}\boldsymbol{l} \times \boldsymbol{r}}{r^3} \tag{2.55}$$

由式(2.55)可进一步得到诱导速度大小为

$$|\boldsymbol{v}| = \frac{\Gamma}{4\pi} \int_L \frac{\sin \alpha}{r^2} \mathrm{d}l \tag{2.56}$$

对于有限长直线涡丝,诱导速度大小为

$$|\boldsymbol{v}| = \frac{\Gamma}{4\pi R} (\cos \alpha_A + \cos \alpha_B) \tag{2.57}$$

对于半无限长直线涡丝,诱导速度大小为

$$|\boldsymbol{v}| = \frac{\Gamma}{4\pi R} (1 + \cos \alpha_B) \tag{2.58}$$

对于无限长直线涡丝,诱导速度大小为

$$|\boldsymbol{v}| = \frac{\Gamma}{2\pi R} \tag{2.59}$$

例 2.5　图 2.21 给出了强度相等的两点涡的初始位置,试求(a)和(b)两种情况下两点涡的运动方程。

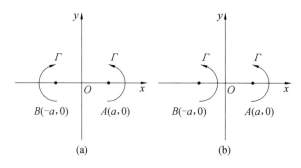

图 2.21　点涡初始位置

解　(1)针对情况(a)。

由 Biot − Savart 公式得到点涡 B 在 A 点的诱导速度可表示为

$$v_{xA} = \frac{\mathrm{d}x_A}{\mathrm{d}t} = 0, \quad v_{yA} = \frac{\mathrm{d}y_A}{\mathrm{d}t} = \frac{-\Gamma}{2\pi} \frac{1}{2a} = -\frac{\Gamma}{4\pi a}$$

点涡 A 在 B 点的诱导速度可表示为

$$v_{xB} = \frac{\mathrm{d}x_B}{\mathrm{d}t} = 0, v_{yB} = \frac{\mathrm{d}y_B}{\mathrm{d}t} = \frac{-\Gamma}{2\pi}\frac{1}{2a} = -\frac{\Gamma}{4\pi a}$$

对上面两式进行积分得到

$$\begin{cases} x_A = c_1, y_A = -\dfrac{\Gamma}{4\pi a}t + c_2 \\ x_B = c_3, y_B = -\dfrac{\Gamma}{4\pi a}t + c_4 \end{cases}$$

$t=0$ 时刻 $x_A = a, y_A = 0, x_B = -a, y_B = 0$，将此初始条件代入得到

$$c_1 = a, c_2 = 0, c_3 = -a, c_4 = 0$$

故 A、B 两点的运动方程分别为

$$x_A = a, y_A = -\frac{\Gamma}{4\pi a}t$$

$$x_B = -a, y_B = -\frac{-\Gamma}{4\pi a}t$$

在情况（a）下，两点涡大小相等，方向相反。两点涡相对位置保持不变，它们同时沿 y 方向等速向下移动。

（2）针对情况（b）。

由 Biot－Savart 公式得到点涡 B 在点 A 的诱导速度，可表示为

$$v_{xA} = \frac{\mathrm{d}x_A}{\mathrm{d}t} = 0, v_{yA} = \frac{\mathrm{d}y_A}{\mathrm{d}t} = \frac{\Gamma}{2\pi \cdot 2a} = \frac{\Gamma}{4\pi a}$$

点涡 A 在 B 点的诱导速度可表示为

$$v_{xB} = \frac{\mathrm{d}x_B}{\mathrm{d}t} = 0, v_{yB} = \frac{\mathrm{d}y_B}{\mathrm{d}t} = \frac{-\Gamma}{2\pi \cdot 2a} = -\frac{\Gamma}{4\pi a}$$

由点 A 和点 B 的运动方向可看出：A 点向上运动，B 点向下运动，形成围绕坐标原点，沿半径为 a 的圆周的等速转动（逆时针），转动的角速度为 $\omega = \dfrac{\Gamma}{4\pi a^2}$，因此得到旋涡中心 A 点和 B 点的运动方程分别为

$$r_A = a, \theta_A = \frac{\Gamma}{4\pi a^2}t$$

$$r_B = a, \theta_B = \pi + \frac{\Gamma}{4\pi a^2}t$$

例2.6 如图2.22所示，一 Π 形涡强度（环量）为 Γ，试计算该涡所在平面对称轴上 M 点和 O 点两处的诱导速度。

解 各段涡在 M 点的诱导速度都是垂直指向纸面（向里）的。

OA 段直线涡对 M 点的诱导速度可表示为

$$v_1 = \frac{\Gamma}{4\pi b}\left(\cos 90° + \frac{l/2}{\sqrt{(l/2)^2 + b^2}}\right) = \frac{\Gamma}{4\pi b}\frac{l/2}{\sqrt{(l/2)^2 + b^2}}$$

$A\infty$ 段直线涡对 M 点的诱导速度可表示为

$$v_2 = \frac{\Gamma}{4\pi(l/2)}\left(\frac{b}{\sqrt{(l/2)^2 + b^2}} + \cos 0°\right) = \frac{\Gamma}{4\pi(l/2)}\left(\frac{b}{\sqrt{(l/2)^2 + b^2}} + 1\right)$$

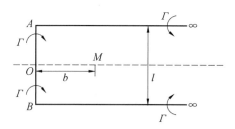

图 2.22　Π 形涡

M 点的总诱导速度为

$$v_M = 2(v_1 + v_2) = \frac{\Gamma}{\pi l}\left(\frac{\sqrt{(l/2)^2 + b^2}}{b} + 1\right)$$

令 $b = 0$，便得到 O 点的诱导速度，即

$$v_O = 2\,(v_2)_{b=0} = \frac{\Gamma}{\pi l}$$

例 2.7　如图 2.23 所示，三个强度相等的点涡初始均布在 x 轴上，求它们的运动方程。如果将无数个点涡沿 x 轴等间距排列成一条无穷长涡链，试定性说明该涡链的运动情况。

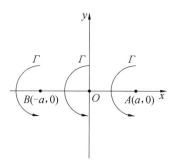

图 2.23　三个点涡的初始位置

解　（1）求 O 点速度。

O 点的速度为点涡 A 在 O 点的诱导速度与点涡 B 在 O 点的诱导速度之和，表示为

$$V_O = V_{A \to O} + V_{B \to O} = -\frac{\Gamma}{2\pi a} + \frac{\Gamma}{2\pi a} = 0$$

（2）求 B 点速度。

B 点的速度为点涡 O 在 B 点的诱导速度与点涡 A 在 B 点的诱导速度之和，表示为

$$V_B = V_{O \to B} + V_{A \to B} = \left(-\frac{\Gamma}{2\pi a}\right) + \left(-\frac{\Gamma}{2\pi \times 2a}\right) = -\frac{3\Gamma}{4\pi a}$$

（3）求 A 点速度。

A 点的速度为点涡 B 在 A 点的诱导速度与点涡 O 在 A 点的诱导速度之和，表示为

$$V_A = V_{O \to A} + V_{B \to A} = \left(\frac{\Gamma}{2\pi a}\right) + \left(\frac{\Gamma}{2\pi \times 2a}\right) = \frac{3\Gamma}{4\pi a}$$

所以，点 O 的涡保持不动，点 A 与点 B 的涡将保持 $2a$ 的距离，同时绕着 O 点逆时针方向等速旋转，转动角速度为

$$\omega = \frac{|V_A|}{a} = \frac{|V_B|}{a} = \frac{3\Gamma}{4\pi a^2}$$

因此，A 点的运动方程为

$$r_A = a, \theta_A = \omega t = \frac{3\Gamma t}{4\pi a^2}$$

B 点的运动方程为

$$r_B = a, \theta_B = \omega t + \pi = \frac{3\Gamma t}{4\pi a^2} + \pi$$

若将无数个点涡沿 x 轴等间距排列成一条无穷长涡链，则每个点涡均可相当于处于 O 点的涡，此时每个涡均位于原来的位置不动，则整个涡链不动。

例 2.8　如图 2.24 所示，设水平面（xOy 平面）内有一半径为 a、强度为 Γ 的圆环形涡线，试求此圆环在对称轴线（z 轴）上的诱导速度。

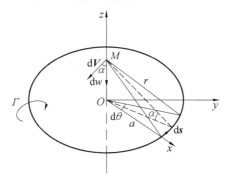

图 2.24　圆环形涡线

解　如图 2.24 所示，取对称轴为 z 轴，方向垂直向上，并取涡环中心为坐标原点，在圆环涡线上取一微元涡线 $\mathrm{d}s$，其对 z 轴上 M 点的诱导速度为

$$\mathrm{d}V = \frac{\Gamma}{4\pi} \frac{\mathrm{d}s \times r}{r^3}$$

可进一步计算得到

$$|\mathrm{d}V| = \frac{\Gamma}{4\pi} \frac{|\mathrm{d}s \times r|}{r^3} = \frac{\Gamma}{4\pi} \frac{|\mathrm{d}s| r \sin 90°}{r^3} = \frac{\Gamma}{4\pi} \cdot \frac{|\mathrm{d}s|}{r^2} = \frac{\Gamma a \, \mathrm{d}\theta}{4\pi(a^2 + z^2)}$$

$\mathrm{d}V$ 在 z 轴上的投影为

$$\mathrm{d}w = \frac{-\Gamma a \, \mathrm{d}\theta}{4\pi(a^2 + z^2)} \cos \alpha = \frac{-\Gamma a \, \mathrm{d}\theta}{4\pi(a^2 + z^2)} \cdot \frac{a}{\sqrt{a^2 + z^2}} = \frac{-\Gamma a^2 \, \mathrm{d}\theta}{4\pi(a^2 + z^2)^{3/2}}$$

所以，整个环形涡对 M 点的诱导速度为

$$w = \oint \mathrm{d}w = \int_0^{2\pi} \frac{-\Gamma a^2}{4\pi(a^2 + z^2)^{3/2}} \mathrm{d}\theta = \frac{-\Gamma a^2}{2(a^2 + z^2)^{3/2}}$$

2.7　兰金组合涡

直线涡或点涡实际上是对圆柱涡的一种近似，认为它的截面线尺度是个小量，且不考虑它的内部结构，把它看成一条涡线。但在自然界中，还有一些涡旋，如台风、旋风和江河

湖海中出现的涡旋等,必须考虑旋涡内的结构。点涡的速度场只能模拟集中涡外围的运动情况,真实的旋涡有涡核存在。兰金(Rankine)组合涡就是有核旋涡的一个简化模型。

兰金组合涡的旋涡模型是:涡核是半径为 R 的无限长圆柱形流体,涡量均匀分布;涡核以外的流体按点涡流场规律运动。即兰金组合涡为受迫涡与自由涡的组合形式。这样的旋涡以及它的诱导速度场可作为平面涡处理。由于旋涡诱导的速度场是无旋的,在讨论整个流场的速度和压力分布时,需要将旋涡按内部和外部分开加以处理。

2.7.1　速度分布

涡核内的流体像刚体一样绕中心进行转动,其速度可表示为

$$v_r = 0, \quad v_\theta = r\omega \quad (r \leqslant R) \tag{2.60}$$

式中,R 为涡核半径,在旋涡内部速度呈线性分布。

涡核以外速度可表示为

$$v_r = 0, \quad v_\theta = \frac{\Gamma}{2\pi r} \quad (r \geqslant R) \tag{2.61}$$

由涡核在边界上速度应该是连续的,得到关系式 $R\Omega = \Gamma/(2\pi R)$,进一步得到 $\Gamma = 2\pi R^2 \Omega$,将 Γ 代回式(2.61)得到涡核以外速度表达式,为

$$v_r = 0, \quad v_\theta = \frac{R^2 \omega}{r} \quad (r \geqslant R) \tag{2.62}$$

可看出:外流速度与 r 成反比。至此可得到兰金组合涡的速度分布(图 2.25),可统一写作

$$\begin{cases} v_r = v_z = 0 \\ v_\theta = \begin{cases} r\omega & (r \leqslant R) \\ \dfrac{R^2 \omega}{r} & (r \geqslant R) \end{cases} \end{cases} \tag{2.63}$$

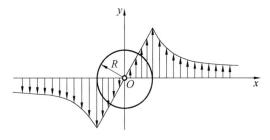

图 2.25　兰金组合涡的速度分布

2.7.2　压力分布

旋涡外部 $(r \geqslant R)$ 流动为定常无旋自由涡,其圆柱坐标系中的运动方程可表示为

$$\frac{\partial v_r}{\partial t} + (\boldsymbol{v} \cdot \nabla) v_r - \frac{v_\theta^2}{r} = f_r - \frac{1}{\rho} \frac{\partial p}{\partial r} \tag{2.64}$$

由于 $v_r = 0$，重力场中的 $f_r = 0$，式（2.64）可写为

$$\frac{v_\theta^2}{r} = \frac{1}{\rho}\frac{\partial p}{\partial r} \tag{2.65}$$

将式（2.61）中 v_θ 代入式（2.65），得到

$$\frac{\partial p}{\partial r} = \rho R^4 \omega^2 \frac{1}{r^3} \Rightarrow p = -\frac{1}{2}\rho R^4 \omega^2 \frac{1}{r^2} + C_1 \tag{2.66}$$

根据边界条件 $r \to \infty$ 时 $p = p_\infty$，可得 $C_1 = p_\infty$，代回式（2.66）得到

$$p = p_\infty - \frac{1}{2}\rho R^4 \omega^2 \frac{1}{r^2} = p_\infty - \frac{1}{2}\rho v_\theta^2 \quad (r \geqslant R) \tag{2.67}$$

可以看出，对于旋涡外部，越靠近中心，速度越大，压力 p 越小；在边缘 R 上，压力较无穷远处下降了 $\rho\Omega^2 R^2/2$。

旋涡内部（$r \leqslant R$）流动为定常有旋受迫涡，将式（2.60）中 v_θ 代入式（2.65），得到

$$\frac{\partial p}{\partial r} = \rho r \omega^2 \Rightarrow p = \frac{1}{2}\rho\omega^2 r^2 + C_2 \tag{2.68}$$

由 $r = R$ 处的连续性边界条件得到

$$\frac{1}{2}\rho\omega^2 R^2 + C_2 = p_\infty - \frac{1}{2}\rho R^2 \omega^2 \tag{2.69}$$

进一步得到

$$C_2 = p_\infty - \rho R^2 \omega^2 \tag{2.70}$$

将 C_2 代回式（2.68），得到

$$p = p_\infty - \rho\omega^2\left(R^2 - \frac{r^2}{2}\right) = p_\infty - \rho\omega^2 R^2 + \frac{1}{2}\rho v_\theta^2 \quad (r \leqslant R) \tag{2.71}$$

兰金组合涡的压力分布可统一表示为

$$p = \begin{cases} p_\infty - \dfrac{1}{2}\rho R^4 \omega^2 \dfrac{1}{r^2} & (r \geqslant R) \\[2mm] p_\infty - \rho\omega^2\left(R^2 - \dfrac{r^2}{2}\right) & (r \leqslant R) \end{cases} \tag{2.72}$$

由式（2.67）和式（2.71）可看出，如图 2.26 所示，对于旋涡外部，速度越大的区域压力越大；对于旋涡内部区域，速度越小的区域压力越小。

液体中的兰金组合涡为具有自由表面流场中的铅直方向的圆柱形涡。考虑到液体重力的影响，其压力分布应加上 $\rho g z$ 项，表示为

$$p = \begin{cases} p_a - \dfrac{1}{2}\rho R^4 \omega^2 \dfrac{1}{r^2} - \rho g z & (r \geqslant R) \\[2mm] p_a - \rho\omega^2\left(R^2 - \dfrac{r^2}{2}\right) - \rho g z & (r \leqslant R) \end{cases} \tag{2.73}$$

当 $p = p_a$ 时，就得到自由面的坐标 z，即自由表面形状（图 2.27），表达式为

$$z = \begin{cases} -\dfrac{\omega^2 R^2}{2g}\left(\dfrac{R}{r}\right)^2 & (r \geqslant R) \\[2mm] -\dfrac{\omega^2 R^2}{2g}\left(2 - \dfrac{r^2}{R^2}\right) & (r \leqslant R) \end{cases} \tag{2.74}$$

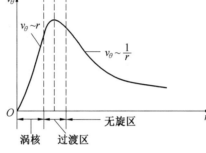

图 2.26　兰金组合涡压力和速度分布示意图

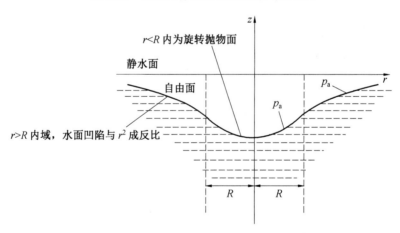

图 2.27　自由面形状

例 2.9　设水面旋涡由中心的涡核和外围无旋运动两部分组成,已知涡核的速度分布为 $v_\theta = 10r$,外部 $v_\theta = 0.9/r$,求:

(1) 涡核的半径;

(2) 旋涡中心水面下陷的深度。

解　根据涡核半径处$(r=R)$的连续性边界条件得到

$$10R = \frac{0.9}{R} \Rightarrow R = 0.3$$

又由涡核内的旋涡角速度 $\Omega = 10$ rad/s,得到 $r=0$ 时坐标 z 为

$$z = -\frac{\omega^2 R^2}{g} = -\frac{10^2 \times 0.3^2}{9.8} = -0.918$$

2.8* 涡量动力学方程

旋涡运动本质上也是流体运动的一种形式,因此也必须满足流体运动基本方程。若考虑的是黏性流体,则满足 Navier—Stokes 方程;若考虑的是理想流体,则满足 Euler 运动方程。对于牛顿流体,其运动基本方程可表示为

$$\frac{\partial \boldsymbol{V}}{\partial t} + \boldsymbol{V} \cdot \nabla \boldsymbol{V} = -\frac{1}{\rho} \nabla p + \boldsymbol{f} + \nu \nabla^2 \boldsymbol{V}, \nabla \cdot \boldsymbol{V} = 0 \tag{2.75}$$

式中,ν 为流体的运动黏性系数。

值得注意的是,这里对牛顿不可压缩流体的 Navier—Stokes 方程不进行详细推导,具体推导过程请见后面黏流理论相关章节。根据矢量运算法则,有

$$(\boldsymbol{V} \cdot \nabla)\boldsymbol{V} = \nabla \left(\frac{|\boldsymbol{V}|^2}{2} \right) - \boldsymbol{V} \times \boldsymbol{\Omega} \tag{2.76}$$

将式(2.76)代入式(2.75),得到

$$\frac{\partial \boldsymbol{V}}{\partial t} + \nabla \left(\frac{|\boldsymbol{V}|^2}{2} \right) - \boldsymbol{V} \times \boldsymbol{\Omega} = -\frac{1}{\rho} \nabla p + \boldsymbol{f} + \nu \nabla^2 \boldsymbol{V}, \nabla \cdot \boldsymbol{V} = 0 \tag{2.77}$$

如果流体不可压且质量力有势,式(2.77)可进一步写作

$$\frac{\partial \boldsymbol{V}}{\partial t} + \nabla \left(\frac{|\boldsymbol{V}|^2}{2} \right) - \boldsymbol{V} \times \boldsymbol{\Omega} = -\nabla \left(\frac{p}{\rho} \right) + \nabla \prod + \nu \nabla^2 \boldsymbol{V}, \nabla \cdot \boldsymbol{V} = \boldsymbol{0} \tag{2.78}$$

对式(2.78)两边取叉乘(即取旋度),得到

$$\nabla \times \left(\frac{\partial \boldsymbol{V}}{\partial t} \right) + \nabla \times \nabla \left(\frac{|\boldsymbol{V}|^2}{2} \right) - \nabla \times (\boldsymbol{V} \times \boldsymbol{\Omega}) =$$
$$-\nabla \times \nabla \left(\frac{p}{\rho} \right) + \nabla \times \nabla \Pi + \nabla \times (\nu \nabla^2 \boldsymbol{V}) \tag{2.79}$$

根据第1章中矢量运算法则式(1.28),得到

$$\nabla \times \nabla \left(\frac{|\boldsymbol{V}|^2}{2} \right) = \nabla \times \nabla \left(\frac{p}{\rho} \right) = \nabla \times \nabla \Pi = \boldsymbol{0} \tag{2.80}$$

将式(2.80)代入式(2.79),得到

$$\nabla \times \left(\frac{\partial \boldsymbol{V}}{\partial t} \right) - \nabla \times (\boldsymbol{V} \times \boldsymbol{\Omega}) = \nabla \times (\nu \nabla^2 \boldsymbol{V}) \tag{2.81}$$

对 $\nabla \times (\boldsymbol{V} \times \boldsymbol{\Omega})$ 进行展开,得到

$$\nabla \times (\boldsymbol{V} \times \boldsymbol{\Omega}) = (\boldsymbol{\Omega} \cdot \nabla)\boldsymbol{V} - (\boldsymbol{V} \cdot \nabla)\boldsymbol{\Omega} + \boldsymbol{V}(\nabla \cdot \boldsymbol{\Omega}) - \boldsymbol{\Omega}(\nabla \cdot \boldsymbol{V}) \tag{2.82}$$

根据第1章中矢量运算法则式(1.29)得到 $\nabla \cdot \boldsymbol{\Omega} = 0$,进一步由连续性方程得到 $\nabla \cdot \boldsymbol{V} = 0$,式(2.82)可化简为

$$\nabla \times (\boldsymbol{V} \times \boldsymbol{\Omega}) = (\boldsymbol{\Omega} \cdot \nabla)\boldsymbol{V} - (\boldsymbol{V} \cdot \nabla)\boldsymbol{\Omega} \tag{2.83}$$

依据矢量运算法则,有(自行证明)

$$\begin{cases} \nabla^2 \boldsymbol{V} = \nabla(\nabla \cdot \boldsymbol{V}) - \nabla \times (\nabla \times \boldsymbol{V}) \\ \nabla^2 \boldsymbol{\Omega} = \nabla(\nabla \cdot \boldsymbol{\Omega}) - \nabla \times (\nabla \times \boldsymbol{\Omega}) \end{cases} \tag{2.84}$$

由于 $\nabla \cdot \boldsymbol{V} = 0$ 以及 $\nabla \cdot \boldsymbol{\Omega} = 0$，由式(2.84)可进一步得到

$$\nabla^2 \boldsymbol{V} = -\nabla \times (\nabla \times \boldsymbol{V}) = -\nabla \times \boldsymbol{\Omega}, \nabla^2 \boldsymbol{\Omega} = -\nabla \times (\nabla \times \boldsymbol{\Omega}) \tag{2.85}$$

根据式(2.85)可以得到

$$\nabla \times (\nu \nabla^2 \boldsymbol{V}) = \nu \nabla \times (-\nabla \times \boldsymbol{\Omega}) = \nu \nabla^2 \boldsymbol{\Omega} \tag{2.86}$$

$$\nabla \times \left(\frac{\partial \boldsymbol{V}}{\partial t}\right) = \frac{\partial (\nabla \times \boldsymbol{V})}{\partial t} = \frac{\partial \boldsymbol{\Omega}}{\partial t} \tag{2.87}$$

将式(2.83)、式(2.86)以及式(2.87)代入式(2.81)，得到

$$\frac{\partial \boldsymbol{\Omega}}{\partial t} + (\boldsymbol{V} \cdot \nabla)\boldsymbol{\Omega} - (\boldsymbol{\Omega} \cdot \nabla)\boldsymbol{V} = \nu \nabla^2 \boldsymbol{\Omega} \tag{2.88}$$

根据第 1 章物质导数定义式(1.62)，式(2.88)可进一步写作

$$\frac{\mathrm{D}\boldsymbol{\Omega}}{\mathrm{D}t} = (\boldsymbol{\Omega} \cdot \nabla)\boldsymbol{V} + \nu \nabla^2 \boldsymbol{\Omega} \tag{2.89}$$

式(2.88)以及式(2.89)是质量力有势、不可压黏性流体的涡量动力学方程，又称涡量运输方程(vorticity transportation equation)。这个方程最大的优点是方程中不出现压强、密度和质量力，而只有速度和涡量，即压力与涡量的运输无直接关系。对于理想流体，可放宽约束条件，只要流体正压、质量力有势即可，由于流体无黏性，式(2.81)可写作

$$\nabla \times \left(\frac{\partial \boldsymbol{V}}{\partial t}\right) - \nabla \times (\boldsymbol{V} \times \boldsymbol{\Omega}) = \boldsymbol{0} \tag{2.90}$$

对于正压流体，$\nabla \cdot \boldsymbol{V} \neq 0$，由矢量运算法则有 $\nabla \cdot \boldsymbol{\Omega} = 0$，则式(2.82)可进一步写作

$$\nabla \times (\boldsymbol{V} \times \boldsymbol{\Omega}) = (\boldsymbol{\Omega} \cdot \nabla)\boldsymbol{V} - (\boldsymbol{V} \cdot \nabla)\boldsymbol{\Omega} - \boldsymbol{\Omega}(\nabla \cdot \boldsymbol{V}) \tag{2.91}$$

将式(2.87)以及式(2.91)代入式(2.90)，得到

$$\frac{\partial \boldsymbol{\Omega}}{\partial t} + (\boldsymbol{V} \cdot \nabla)\boldsymbol{\Omega} - (\boldsymbol{\Omega} \cdot \nabla)\boldsymbol{V} + \boldsymbol{\Omega}(\nabla \cdot \boldsymbol{V}) = 0 \tag{2.92}$$

式(2.92)可进一步写作

$$\frac{\mathrm{D}\boldsymbol{\Omega}}{\mathrm{D}t} = (\boldsymbol{\Omega} \cdot \nabla)\boldsymbol{V} - \boldsymbol{\Omega}(\nabla \cdot \boldsymbol{V}) \tag{2.93}$$

式(2.92)以及式(2.93)是质量力有势，流体正压、理想的涡量动力学方程，也称为 Helmholtz 方程。这个方程也存在明显的优点：方程中不出现压强、密度和质量力，而只有速度和涡量，对可压缩流体也适用。

习 题

2.1 已知速度场为 $v_x = 2y + 3z$，$v_y = 2z + 3x$，$v_z = 2x + 3y$，求涡线方程。

2.2 已知 $v_x = y + 2z$，$v_y = z + 2x$，$v_z = x + 2y$，试求：

(1) 涡量；

(2) 涡线方程；

(3) 在 $z = 0$ 平面的面积 $\mathrm{d}S = 0.000\ 1\ \mathrm{m}^2$ 上的涡通量。

2.3 如题 2.3 图所示，初始在 $(1,0)$、$(-1,0)$、$(0,1)$ 以及 $(0,-1)$ 四点上有环量 Γ 等于常数值的点涡，试求运动轨迹。

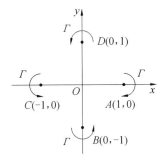

题 2.3 图

2.4　已知半径为 a、强度为 Γ 的圆周形线涡，试求过此圆心的对称轴线（z 轴）上的速度分布。

2.5　如题 2.5 图所示，有一 Π 形涡，强度为 Γ，两平行线段延伸至无穷远，求 x 轴上各点诱导速度。

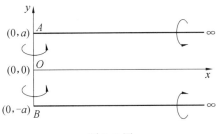

题 2.5 图

第 3 章　　势流理论

实际的流体都具有黏性,而且是有旋的。但对于很多物体绕流问题,流体黏性的影响只在物体表面附近明显;而在离物体较远的地方,黏性的影响并不明显。因此,忽略黏性得到的流动特性与实际情况并无多大差异,在高速流动中更是如此。忽略黏性效应研究的流体力学问题属于理想流体力学问题。第 2 章介绍的是理想流体的有旋运动,本章则着重介绍理想流体的无旋运动,即势流。相对于黏性流体力学问题,势流问题研究较为容易,且成果也较为丰富。很多运动均可看作势流运动,如:波浪运动、流体绕圆柱流动时边界层以外的流动。势流理论是流体力学的重要组成部分。

3.1　势流运动基本控制方程

研究理想流体势流问题,其成果可用于求解波浪、绕流等。势流问题的求解思路大致如下:

(1) 求解势流运动问题的最终目的是求流体作用于物体上的力和力矩。

(2) 为求力和力矩,需知物面上压力分布,即需解出未知压力函数 $p(x,y,z,t)$。

(3) 利用拉格朗日积分可将压力和速度联系起来,若要求压力函数 p,必须先求出速度 V,假设速度 V 在 x、y 以及 z 方向的分量为 v_x、v_y 以及 v_z。

(4) 对于势流,存在速度势 ϕ,满足

$$v_x = \frac{\partial \phi}{\partial x}, v_y = \frac{\partial \phi}{\partial y}, v_z = \frac{\partial \phi}{\partial z} \tag{3.1}$$

可以看出:为求速度 V,必须先求速度势 ϕ。

(5) 根据质量守恒方程,速度势 ϕ 满足如下 Laplace 方程:

$$\nabla^2 \phi = \frac{\partial^2 \phi}{\partial x^2} + \frac{\partial^2 \phi}{\partial y^2} + \frac{\partial^2 \phi}{\partial z^2} = 0 \tag{3.2}$$

若给定问题的边界条件以及初始条件,依据 Laplace 方程便可以解出速度势 ϕ。因此,求解思路可为:求解 Laplace 方程 → ϕ → V → p → 流体作用于固体的力和力矩。求解 Laplace 方程的方法很多,本章只介绍一种简单的方法 —— 叠加法。

叠加法:预先选出一个"调和函数",或数个调和函数的叠加,反过来检验是否满足所给的初始条件和边界条件。若满足则预先选定的调和函数就是所需要的解。

式(3.2)所示 Laplace 方程可简单推导如下。

对于不可压理想流体势流运动,其质量守恒方程可表示为

$$\nabla \cdot V = 0 \tag{3.3}$$

又由于势流是无旋流动,所以存在速度势,即

$$V = \nabla \phi \tag{3.4}$$

结合上面二式便可得到式(3.2)。

对于不可压理想流体势流运动,需要满足理想流体的 Euler 方程。对理想流体 Euler 方程进行矢量运算便可得到 Lamb 方程:

$$\frac{\partial \boldsymbol{V}}{\partial t} + \nabla \left(\frac{|\boldsymbol{V}|^2}{2} \right) - \boldsymbol{V} \times \boldsymbol{\Omega} = -\frac{1}{\rho} \nabla p + \boldsymbol{f} \tag{3.5}$$

对于势流问题,将无旋有势条件($\boldsymbol{\Omega}=0$ 以及 $\boldsymbol{V}=\nabla\phi$)代入式(3.5),得到

$$\frac{\partial (\nabla \phi)}{\partial t} + \nabla \left(\frac{|\nabla \phi|^2}{2} \right) = -\frac{1}{\rho} \nabla p + \boldsymbol{f} \tag{3.6}$$

假设流体不可压,且质量力有势($f = \nabla(\Pi)$),式(3.6)可写作

$$\nabla \left(\frac{\partial \phi}{\partial t} \right) + \nabla \left(\frac{|\nabla \phi|^2}{2} \right) = -\nabla \left(\frac{p}{\rho} \right) + \nabla \Pi \tag{3.7}$$

式(3.7)可进一步写作

$$\nabla \left(\frac{\partial \phi}{\partial t} + \frac{|\nabla \phi|^2}{2} + \frac{p}{\rho} - \Pi \right) = 0 \tag{3.8}$$

哈密顿算子 ∇ 只与 x、y 以及 z 有关。若 $\nabla(\ )=0$,意味着()内的函数与 x、y 以及 z 均无关,则只能与 t 有关,因此式(3.8)可写作

$$\frac{\partial \phi}{\partial t} + \frac{|\nabla \phi|^2}{2} + \frac{p}{\rho} - \Pi = C(t) \tag{3.9}$$

式(3.9)就是势流的动力学条件(dynamic boundary conditions),可以用来确定压力分布。假设流场速度大小为 v,则有

$$|v| = |\nabla \phi| \tag{3.10}$$

联立式(3.9)以及式(3.10)可得到

$$\frac{\partial \phi}{\partial t} + \frac{v^2}{2} + \frac{p}{\rho} - \Pi = C(t) \tag{3.11}$$

式(3.11)即为非定常无旋运动的拉格朗日积分方程,若流体的质量力仅为重力,取 z 轴垂直向上,则 $\Pi = -gz$,将其代入式(3.11)得到

$$\frac{\partial \phi}{\partial t} + \frac{v^2}{2} + \frac{p}{\rho} + gz = C(t) \tag{3.12}$$

对于定常无旋运动,式(3.12)可进一步写作

$$\frac{v^2}{2} + \frac{p}{\rho} + gz = C \tag{3.13}$$

式(3.13)即为重力场作用下定常无旋运动的拉格朗日积分方程。若不考虑重力,其二维形式可表示为

$$\frac{v^2}{2} + \frac{p}{\rho} = C \tag{3.14}$$

式(3.2)以及式(3.9)分别是质量守恒方程以及动量守恒方程。求解时,还必需给出边界条件和初始条件,在数学上,凡是满足 Laplace 方程的函数,称为调和函数。因此,对于一个势流问题的求解,需找出满足该问题边界条件的调和函数,数学上称为边值问题。

对于边值问题,除了要满足上述方程,其速度势还需满足物面条件。对于理想流体,物面条件为不可穿透(impermeable boundary)边界条件(又称可滑移边界条件),即物面上的流体要随物体一起运动,可写作

$$\boldsymbol{V} \cdot \boldsymbol{n} = \boldsymbol{U} \cdot \boldsymbol{n} \Rightarrow \nabla \phi \cdot \boldsymbol{n} = U_n \Rightarrow \frac{\partial \phi}{\partial n} = U_n \tag{3.15}$$

式（3.15）又称为势流的运动学边界条件（kinematic boundary condition）。此外，速度势 ϕ 还需满足无穷远条件和初始条件。物体附近流体的运动会受到物体的扰动，但在无穷远处流体的运动不会受到扰动，因此，无穷远条件可表示为

$$\nabla \phi = \boldsymbol{U}_\infty , p = p_\infty \tag{3.16}$$

$t = 0$ 时刻，速度和压力分别为 $\boldsymbol{U}_0$ 和 p_0，初始条件可写作

$$\nabla \phi \mid_{t=0} = \boldsymbol{U}_0 , p \mid_{t=0} = p_0 \tag{3.17}$$

3.2　二维平面流动

在实际工程中经常会遇到这样的物体，其一个方向上的尺度要远大于另外两个方向上的尺度。比如我们常见的烟囱与电线杆，以及低速飞机的机翼（图 3.1），其长度与宽度的比值即展弦比可达到 8 左右。这类物体可近似看作横截面形状不变的柱体。

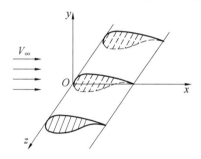

图 3.1　绕机翼的平面流动

取图 3.1 所示的坐标系，将与母线垂直的某平面（横截面）取作 xOy 平面，z 轴与母线平行。对于这样的物体绕流问题，假设来流是均匀的，并且与 z 轴垂直，除了柱体的两端附近区域以外，在柱体周围的大部分区域，流体在柱体母线方向只有微弱的流动，即 z 轴方向的速度分量 w 很小。类似速度，其他物理量（如：压力、密度等）在这个方向也只有很小的变化。因此，可以近似地认为：① 流体运动只是在与 xOy 平面平行的平面内进行，即 $v_z = 0$；② 在与 z 轴平行的直线上所有物理量都相等，即 $\partial(\ )/\partial z = 0$。若同时满足这两个条件，则可得到：垂直于 z 轴的各平面上的流体运动完全一样，只需要考虑其中任一平面上的流体运动便可。同时满足 ① 和 ② 两条件的流体运动称为二维平面流动。平面流动的速度向量 $\boldsymbol{V}$ 只有两个分量 v_x 和 v_y，且所有的物理量只与空间坐标 x 和 y 有关。由第 1 章相关内容可知，对于二维不可压缩流体运动，存在流函数 ψ 满足

$$v_x = \frac{\partial \psi}{\partial y} , v_y = -\frac{\partial \psi}{\partial x} \tag{3.18}$$

流函数具有如下三条性质。

（1）在流平面内，在一条流线上的流函数为一常数，即 $\psi = C$。

（2）通过任意一条曲线 AB 的流量等于该曲线两端点的流函数的差值，即

$$Q_{AB} = \psi_B - \psi_A$$

（3）在平面势流（无旋）中，流函数 ψ 满足 Laplace 方程，即

$$\frac{\partial^2 \psi}{\partial x^2} + \frac{\partial^2 \psi}{\partial y^2} = 0$$

例 3.1 设一平面流动的速度分布为 $v_x = x - 4y, v_y = -y - 4x$。

（1）该平面流动是否存在流函数和速度势函数？

（2）若存在，试求出流函数和速度势函数。

（3）若在流场中 $A(1\ \mathrm{m}, 1\ \mathrm{m})$ 处的绝对压力为 $1.5 \times 10^5\ \mathrm{Pa}$，流体的密度 $\rho = 1.2\ \mathrm{kg/m^3}$，则 $B(3\ \mathrm{m}, 5\ \mathrm{m})$ 处的绝对压力是多少？

解

（1）将速度分布代入不可压缩流体的连续方程和旋转角速度计算公式：

$$\frac{\partial v_x}{\partial x} + \frac{\partial v_y}{\partial y} = 1 - 1 = 0, \omega_z = \frac{1}{2}\left(\frac{\partial v_y}{\partial x} - \frac{\partial v_x}{\partial y}\right) = \frac{1}{2}(-4 + 4) = 0$$

由上式可知：该平面流动为不可压缩流体的无旋流动，流函数和速度势函数同时存在。

（2）由 $v_x = \dfrac{\partial \psi}{\partial y}$ 得到

$$\psi = \int v_x \mathrm{d}y + f(x) = \int(x - 4y)\mathrm{d}y + f(x) = xy - 2y^2 + f(x)$$

对上式两边求 x 偏导：

$$\frac{\partial \psi}{\partial x} = y + f'(x) = -v_y = y + 4x \Rightarrow f(x) = 2x^2 + C$$

进一步得到流函数 ψ 可表示为

$$\psi = 2x^2 + xy - 2y^2 + C$$

由 $v_x = \dfrac{\partial \phi}{\partial x}$ 得到

$$\phi = \int v_x \mathrm{d}x + g(y) = \int(x - 4y)\mathrm{d}x + g(y) = \frac{1}{2}x^2 - 4xy + g(y)$$

对上式两边求 y 偏导：

$$\frac{\partial \phi}{\partial y} = -4x + g'(y) = v_y = -y + 4x \Rightarrow g(y) = -\frac{1}{2}y^2 + C_1$$

进一步得到速度势 ϕ 可表示为

$$\phi = \frac{1}{2}x^2 - 4xy - \frac{1}{2}y^2 + C_1$$

（3）求 A 和 B 处的合速度 v。由于 $v^2 = v_x^2 + v_y^2$，得到

$$v_A^2 = (1 - 4 \times 1)^2 + (-1 - 4 \times 1)^2 = 34$$

$$v_B^2 = (3 - 4 \times 5)^2 + (-5 - 4 \times 3)^2 = 578$$

由拉格朗日积分方程式（3.14）可得到

$$p_A + \frac{1}{2}\rho v_A^2 = p_B + \frac{1}{2}\rho v_B^2$$

进一步得到

$$p_B = p_A + \frac{1}{2}\rho(v_A^2 - v_B^2) = 1.5 \times 10^5 + \frac{1}{2} \times 1.2 \times (34 - 578) = 149\ 674\ (\text{Pa})$$

例 3.2　已知流场 $\begin{cases} v_x = 2xy \\ v_y = a - y^2 \end{cases}$，试分析判断该平面流动：

(1) 是否满足连续性方程？

(2) 是恒定流还是非恒定流？

(3) 是有旋流还是无旋流？

解

(1) 因为 $\dfrac{\partial v_x}{\partial x} + \dfrac{\partial v_y}{\partial y} = 2y - 2y = 0$，因此满足连续性方程。

(2) 由于所给速度场与时间 t 无关，因此为恒定流。

(3) 由于 $\omega_z = \dfrac{1}{2}\left(\dfrac{\partial v_y}{\partial x} - \dfrac{\partial v_x}{\partial y}\right) = -x \neq 0$，因此为有旋流。

3.3　几种简单平面势流

3.3.1　均匀流

如图 3.2 所示，设所有流体质点均具有与 x 轴平行的均匀速度 V_∞，由直角坐标系下速度势、流函数与速度之间的关系，可得到

$$V_x = \frac{\partial \phi}{\partial x} = \frac{\partial \psi}{\partial y} = V_\infty, \quad V_y = \frac{\partial \phi}{\partial y} = -\frac{\partial \psi}{\partial x} = 0 \tag{3.19}$$

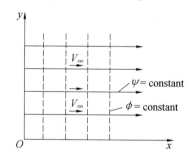

图 3.2　均匀流

由式 (3.19) 可进一步得到速度势 ϕ 和流函数 ψ 的表达式为

$$\phi = V_\infty x, \quad \psi = V_\infty y \tag{3.20}$$

由等势线表达式 $\phi = \text{constant}$ 得到 $x = \text{constant}$，如图 3.2 中虚线所示，等势线为垂直于 x 轴的直线簇；由流线（流函数等值线）表达式 $\psi = \text{constant}$ 得到 $y = \text{constant}$，如图 3.2 中实线所示，流线为垂直于 y 轴的直线簇。

3.3.2　点源和点汇

如图 3.3 所示，流体从一点沿径向直线均匀地向外流出的流动，称为点源 (source)，这

个点称为源点;流体从周围向一点沿径向直线均匀地向内流进的流动,称为点汇(sink),这个点称为汇点。不论是点源还是点汇,流场中只有径向速度,没有周向速度($V_\theta = 0$)。

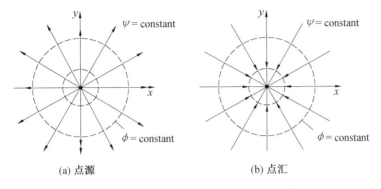

图 3.3 点源和点汇的等势线以及流函数

对于二维源汇,根据流体的连续性原理,在极坐标中流体流过任意单位高度圆柱面的体积流量 Q(也称为源流或汇流的强度)都相等,有

$$V_r \cdot 2\pi r \cdot 1 = \pm Q \Rightarrow V_r = \pm \frac{Q}{2\pi r}, V_\theta = 0 \tag{3.21}$$

式中,取正号表示二维点源的径向速度;取负号表示二维点汇的径向速度。

对于三维源汇,在球坐标中流体流过任意半径 r 球表面的体积流量 Q(也称为源流或汇流的强度)都相等,有

$$V_r \cdot 4\pi r^2 = \pm Q \Rightarrow V_r = \pm \frac{Q}{4\pi r^2}, V_\theta = 0, V_z = 0 \tag{3.22}$$

极坐标下速度势、流函数与速度之间的关系可表示为

$$V_r = \frac{\partial \phi}{\partial r} = \frac{\partial \psi}{r \partial \theta}, V_\theta = \frac{\partial \phi}{r \partial \theta} = -\frac{\partial \psi}{\partial r} \tag{3.23}$$

对于二维问题,既存在速度势 ϕ,又存在流函数 ψ,结合式(3.21)和式(3.23)可得到二维点源的速度势和流函数可表示为

$$\phi = \frac{Q}{2\pi} \ln r, \psi = \frac{Q}{2\pi} \theta \tag{3.24}$$

二维点汇的速度势和流函数可表示为

$$\phi = -\frac{Q}{2\pi} \ln r, \psi = -\frac{Q}{2\pi} \theta \tag{3.25}$$

根据以上内容可得到:对于二维源汇,等势线为不同半径的同心圆(图 3.3 中虚线);流线为不同极角的径线(图 3.3 中实线)。

对于三维问题,只存在速度势 ϕ,不存在流函数 ψ,结合式(3.22)和式(3.23)可得到三维点源的速度势可表示为

$$\phi = -\frac{m}{4\pi r} \tag{3.26}$$

三维点汇的速度势可表示为

$$\phi = \frac{m}{4\pi r} \tag{3.27}$$

3.3.3 点涡

如图 3.4 所示,二维点涡(设点涡强度为 Γ)的诱导速度只有周向速度,没有径向速度,可表示为

$$V_\theta = \frac{\Gamma}{2\pi r}, V_r = 0 \tag{3.28}$$

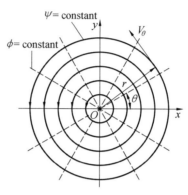

图 3.4　点涡

结合式(3.23)以及式(3.28),得到点涡的速度势和流函数可表示为

$$\phi = \frac{\Gamma}{2\pi}\theta, \psi = -\frac{\Gamma}{2\pi}\ln r \tag{3.29}$$

由式(3.29)可看出:点涡的等势线为一簇射线(图 3.4 中虚线),流线为一簇同心圆(图 3.4 中实线)。

3.4　平面简单无旋流动的叠加

前面介绍了几种简单的平面二维无旋流动,但工程实际中经常会遇到更为复杂的无旋流动形式。对于这些复杂的无旋流动形式,可看作由简单的平面二维流动通过线性叠加而成的复合平面流动。由第 1 章内容可知速度势和流函数都是调和函数,满足 Laplace 方程,加上运动学条件及其他条件都是线性算子,因此速度势和流函数均满足线性叠加原理(linear superposition):几个简单有势流动叠加得到的新的有势流动,其速度势和流函数分别等于原有几个有势流动的速度势和流函数的代数和,速度分量也是原有速度分量的代数和。势流的线性叠加原理的意义为:将简单的势流叠加起来,可得到新的复杂流动的速度势和流函数,可以用来求解复杂流动。

1. 线性叠加原理的证明

设有两个平面势流,其速度势为 ϕ_1 和 ϕ_2,则有

$$\frac{\partial^2 \phi_1}{\partial x^2} + \frac{\partial^2 \phi_1}{\partial y^2} = 0, \frac{\partial^2 \phi_2}{\partial x^2} + \frac{\partial^2 \phi_2}{\partial y^2} = 0 \tag{3.30}$$

两个速度势之和将代表一个新的不可压缩流体平面势流的速度势:

$$\phi = \phi_1 + \phi_2 \tag{3.31}$$

因为

$$\frac{\partial^2 \phi}{\partial x^2} + \frac{\partial^2 \phi}{\partial y^2} = \frac{\partial^2 (\phi_1 + \phi_2)}{\partial x^2} + \frac{\partial^2 (\phi_1 + \phi_2)}{\partial y^2} = \left(\frac{\partial^2 \phi_1}{\partial x^2} + \frac{\partial^2 \phi_1}{\partial y^2} \right) + \left(\frac{\partial^2 \phi_2}{\partial x^2} + \frac{\partial^2 \phi_2}{\partial y^2} \right) = 0$$

$$\tag{3.32}$$

速度势叠加结果代表一新的复合平面流动,其速度分量为

$$\begin{cases} u_x = \dfrac{\partial \phi}{\partial x} = \dfrac{\partial \phi_1}{\partial x} + \dfrac{\partial \phi_2}{\partial x} = u_{x1} + u_{x2} \\[2mm] u_y = \dfrac{\partial \phi}{\partial y} = \dfrac{\partial \phi_1}{\partial y} + \dfrac{\partial \phi_2}{\partial y} = u_{y1} + u_{y2} \end{cases} \tag{3.33}$$

同样可证明,新的复合流动的流函数也满足

$$\psi = \psi_1 + \psi_2 \tag{3.34}$$

下面举几个典型的叠加案例。

2. 二维点汇与二维点源的叠加

如图 3.5 所示,将位于点 $A(-a,0)$ 强度为 Q 的点汇,与位于点 $B(a,0)$ 等强度的点源叠加。求叠加后某点 $P(x,y)$ 的速度势和流函数。

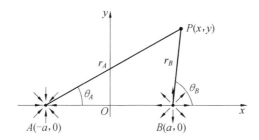

图 3.5　点汇和点源叠加

(1)速度势求解。

令 ϕ_1 和 ϕ_2 分别为点汇与点源的速度势,点 A 是点汇,在点 P 处产生的速度势为

$$\phi_1 = -\frac{Q}{2\pi} \ln r_A \tag{3.35}$$

式中,r_A 为点 A 与点 P 之间的距离。

点 B 是点源,在点 P 处产生的速度势为

$$\phi_2 = \frac{Q}{2\pi} \ln r_B \tag{3.36}$$

式中,r_B 为点 B 与 P 点之间的距离。

由式(3.35)和式(3.36)可得到叠加后的速度势为

$$\phi = \phi_1 + \phi_2 = \frac{Q}{2\pi} [\ln(r_B) - \ln(r_A)] = \frac{Q}{2\pi} \ln \frac{r_B}{r_A} = \frac{Q}{2\pi} \ln \frac{[(x-a)^2 + y^2]^{1/2}}{[(x+a)^2 + y^2]^{1/2}} =$$

$$\frac{Q}{4\pi} \ln \frac{y^2 + (x-a)^2}{y^2 + (x+a)^2} = \frac{Q}{4\pi} \ln \left[1 + \frac{-4ax}{y^2 + (x+a)^2} \right] \tag{3.37}$$

令速度势为常数,即 $\phi = \mathrm{constant}$,可得到等势线方程为

$$\frac{-4ax}{y^2 + (x+a)^2} = \mathrm{constant} \tag{3.38}$$

由式(3.38)可看出:等势线为原点在 x 轴上的圆线簇(图 3.6 中虚线)。

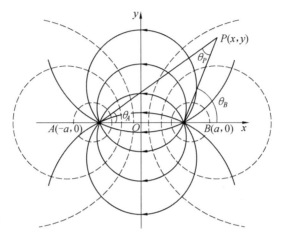

图 3.6　二维点汇和二维点源叠加后得到的速度势和流函数

(2)流函数求解。

令 ψ_1 和 ψ_2 分别为点汇与点源的流函数,点 A 是点汇,在点 P 处产生的流函数为

$$\psi_1 = -\frac{Q}{2\pi}\theta_A \tag{3.39}$$

如图 3.6 所示,式(3.39)中 θ_A 为 x 轴正轴转到 AP 的角度,点 B 是点源,在点 P 处产生的流函数为

$$\psi_2 = \frac{Q}{2\pi}\theta_B \tag{3.40}$$

如图3.6所示,式(3.40)中 θ_B 为 x 轴正轴转到 BP 的角度,由式(3.39)和式(3.40)得到叠加后的流函数为

$$\psi = \psi_1 + \psi_2 = \frac{Q}{2\pi}(\theta_B - \theta_A) = \frac{Q}{2\pi}\theta_P = \frac{Q}{2\pi}\arctan\frac{2ay}{x^2 + y^2 - a^2} \tag{3.41}$$

式中,θ_P 为 AP 与 BP 之间的夹角。

令流函数等于常数,即 $\psi =$ 常数,得到流线方程为

$$\frac{2ay}{x^2 + y^2 - a^2} = \mathrm{constant} = \frac{1}{C_2} \Rightarrow x^2 + y^2 - a^2 - 2C_2ay = 0 \tag{3.42}$$

由式(3.42)可看出:流线的图像是经过源点 $(a,0)$ 与汇点 $(-a,0)$ 的圆线簇(图 3.6 中实线)。

3. 二维点汇与二维点源叠加的特殊形式 —— 二维偶极子流

当二维点汇与二维点源的叠加中源点和汇点无限接近(即 $a \to 0$)时,流量则为无限增大,若强度 Q 与距离 $2a$ 的乘积趋于一个有限值,即满足

$$\lim_{\substack{a \to 0 \\ Q \to \infty}} Q \cdot 2a = M \tag{3.43}$$

则称该流动为偶极子流(doublet flow),式(3.43)中 M 称为偶极子矩。

(1)二维偶极子流速度势求解。

解法 1(利用泰勒级数表达式):

数学中,当 ε 为微量时,有

$$\ln(1 + \varepsilon) = \varepsilon - \frac{\varepsilon^2}{2!} + \frac{\varepsilon^3}{3!} - \cdots \approx \varepsilon$$

将该式代入式(3.36)并求极限,可得二维偶极子流的速度势为

$$\phi = \lim_{\substack{a \to 0 \\ Q \to \infty}} \left\{ \frac{Q}{4\pi} \ln \left[1 + \frac{-4xa}{(x+a)^2 + y^2} \right] \right\} \approx \lim_{\substack{a \to 0 \\ Q \to \infty}} \left[-\frac{Q}{4\pi} \frac{4xa}{(x+a)^2 + y^2} \right] \tag{3.44}$$

联立式(3.44)以及式(3.43),进一步得到

$$\phi = -\frac{M}{2\pi} \frac{x}{(x^2 + y^2)} = -\frac{M}{2\pi} \frac{\cos\theta}{r} \tag{3.45}$$

解法 2(利用求导表达式):

数学中,有

$$\frac{f(x_1, y) - f(x_2, y)}{x_1 - x_2} = \frac{\partial}{\partial x} f(x, y)$$

令 $f(x, y) = \ln\sqrt{x^2 + y^2}, x_1 = x - a, x_2 = x + a$,可得到

$$\frac{\ln\sqrt{(x-a)^2 + y^2} - \ln\sqrt{(x+a)^2 + y^2}}{(x-a) - (x+a)} = \frac{\partial}{\partial x} \ln\sqrt{x^2 + y^2} = \frac{x}{x^2 + y^2} \tag{3.46}$$

式(3.46)可写为

$$\ln\sqrt{(x-a)^2 + y^2} - \ln\sqrt{(x+a)^2 + y^2} = -2a \frac{x}{x^2 + y^2} \tag{3.47}$$

将式(3.47)代入式(3.37)并与式(3.43)联立,可进一步得到

$$\phi = \lim_{\substack{a \to 0 \\ Q \to \infty}} \frac{Q}{2\pi} (\ln\sqrt{(x-a)^2 + y^2} - \ln\sqrt{(x+a)^2 + y^2}) =$$

$$\lim_{\substack{a \to 0 \\ Q \to \infty}} \frac{Q}{2\pi} (-2a) \cdot \frac{x}{x^2 + y^2} = -\frac{M}{2\pi} \frac{x}{x^2 + y^2} =$$

$$-\frac{M}{2\pi} \frac{\cos\theta}{r} \tag{3.48}$$

对速度势求偏导数,可得到二维偶极子流的速度分布,表示为

$$V_r = \frac{\partial\phi}{\partial r} = \frac{M}{2\pi} \frac{\cos\theta}{r^2}, V_\theta = \frac{\partial\phi}{r\partial\theta} = \frac{M}{2\pi} \frac{\sin\theta}{r^2} \tag{3.49}$$

(2)二维偶极子流流函数求解。

若 θ 为小量,得到 $\tan\theta \approx \theta$,即 $\arctan\theta \approx \theta$,结合式(3.41),得到

$$\psi = \lim_{\substack{a \to 0 \\ Q \to \infty}} \frac{Q}{2\pi} \arctan \frac{2ay}{x^2 + y^2 - a^2} = \lim_{\substack{a \to 0 \\ Q \to \infty}} \frac{Q}{2\pi} \cdot \frac{2ay}{x^2 + y^2 - a^2} =$$

$$\lim_{\substack{a \to 0 \\ Q \to \infty}} Q \cdot 2a \cdot \frac{y}{2\pi(x^2 + y^2 - a^2)} = \frac{M}{2\pi} \cdot \frac{y}{x^2 + y^2} = \frac{M}{2\pi} \cdot \frac{\sin\theta}{r} \tag{3.50}$$

令式(3.48)中等势线 ϕ 为常数 C_1,得等势线方程:

$$\left(x + \frac{M}{4\pi C_1}\right)^2 + y^2 = \left(\frac{M}{4\pi C_1}\right)^2 \tag{3.51}$$

由式(3.51)可看出:等势线的图像为圆心在 $\left(-\dfrac{M}{4\pi C_1}, 0\right)$ 点上,半径为 $\left|\dfrac{M}{4\pi C_1}\right|$,并与 y 轴在原点相切的圆簇(图 3.7 中虚线)。

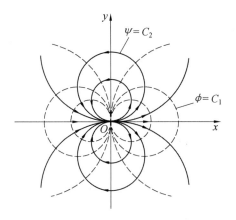

图 3.7　二维偶极子流速度势以及流函数

令式(3.50)中流线 ψ 为常数 C_2,得到流线方程:

$$x^2 + \left(y - \frac{M}{4\pi C_2}\right)^2 = \left(\frac{M}{4\pi C_2}\right)^2 \tag{3.52}$$

由式(3.52)可看出:流线图像为圆心在 $\left(0, \dfrac{M}{4\pi C_2}\right)$ 点上,半径为 $\left|\dfrac{M}{4\pi C_2}\right|$,并与 x 轴在原点相切的圆簇(图 3.7 中实线)。

4. 三维点源与三维点汇叠加的特殊形式 —— 三维偶极子流

若在 A 点$(-a, 0, 0)$ 处放置一强度为 Q 的三维点汇,在 B 点$(a, 0, 0)$ 处放置一强度为 Q 的三维点源,求当 $a \to 0$ 时,由三维点汇和三维点源所组成的三维偶极子流的速度势。

令 ϕ_1 和 ϕ_2 表示三维点汇和点源的速度势,可表示为

$$\phi = \phi_1 + \phi_2 = \frac{Q}{4\pi r_A} - \frac{Q}{4\pi r_B} = \frac{Q}{4\pi}\left[\frac{1}{\sqrt{(x+a)^2 + y^2 + z^2}} - \frac{1}{\sqrt{(x-a)^2 + y^2 + z^2}}\right] \tag{3.53}$$

对式(3.53)求极限,得到

$$\lim_{\substack{a \to 0 \\ Q \to \infty}} \phi = \lim_{\substack{a \to 0 \\ Q \to \infty}} \frac{Q}{4\pi}\left[\frac{1}{\sqrt{(x+a)^2 + y^2 + z^2}} - \frac{1}{\sqrt{(x-a)^2 + y^2 + z^2}}\right] \tag{3.54}$$

数学中,有

$$\frac{f(x_1,y)-f(x_2,y)}{x_1-x_2}=\frac{\partial}{\partial x}f(x,y)$$

令

$$f(x,y)=\frac{1}{\sqrt{x^2+y^2+z^2}},x_1=x+a,x_2=x-a$$

进一步得到

$$\frac{\dfrac{1}{\sqrt{(x+a)^2+y^2+z^2}}-\dfrac{1}{\sqrt{(x-a)^2+y^2+z^2}}}{(x+a)-(x-a)}=\frac{\partial}{\partial x}\left(\frac{1}{\sqrt{x^2+y^2+z^2}}\right) \quad (3.55)$$

式(3.55)可进一步写作

$$\frac{1}{\sqrt{(x+a)^2+y^2+z^2}}-\frac{1}{\sqrt{(x-a)^2+y^2+z^2}}=2a\cdot\left[-\frac{x}{(x^2+y^2+z^2)^{3/2}}\right]$$

$$(3.56)$$

将式(3.56)代入式(3.54),并与式(3.53)联立,得到速度势:

$$\lim_{\substack{a\to 0 \\ Q\to\infty}}\phi=\lim_{\substack{a\to 0 \\ Q\to\infty}}\frac{Q}{4\pi}2a\left[-\frac{x}{r^3}\right]=-\frac{M}{4\pi}\frac{x}{r^3} \quad (3.57)$$

5. 点汇和点涡的叠加 —— 螺旋流

若将位于坐标原点的点汇(强度为 Q),与同样位于坐标原点的点涡叠加,旋涡强度为 Γ,求叠加后的速度势和流函数。

令 ϕ_1 和 ϕ_2,ψ_1 和 ψ_2 分别为点汇与点涡的速度势和流函数,由前面分析可知,点汇的速度势和流函数可表示为

$$\phi_1=-\frac{Q}{2\pi}\ln r,\psi_1=-\frac{Q}{2\pi}\theta$$

点涡的速度势和流函数可表示为

$$\phi_2=\frac{\Gamma}{2\pi}\theta,\psi_2=-\frac{\Gamma}{2\pi}\ln r$$

根据线性叠加原理,点汇与点涡叠加后的速度势和流函数表示为

$$\phi=\phi_1+\phi_2=-\frac{1}{2\pi}(Q\ln r-\Gamma\theta),\psi=\psi_1+\psi_2=-\frac{1}{2\pi}(Q\theta+\Gamma\ln r) \quad (3.58)$$

令式(3.58)中的速度势和流函数为常数,得到的等势线和流线方程分别为

$$r=C_1 e^{\frac{\Gamma}{Q}\theta},r=C_2 e^{-\frac{Q}{\Gamma}\theta} \quad (3.59)$$

由式(3.59)可看出:等势线和流线是两组相互正交的对数螺旋线(等势线如图3.8中虚线所示;流线如图 3.8 中实线所示),点汇和点涡叠加的流动又称为螺旋流(spiral flow)。

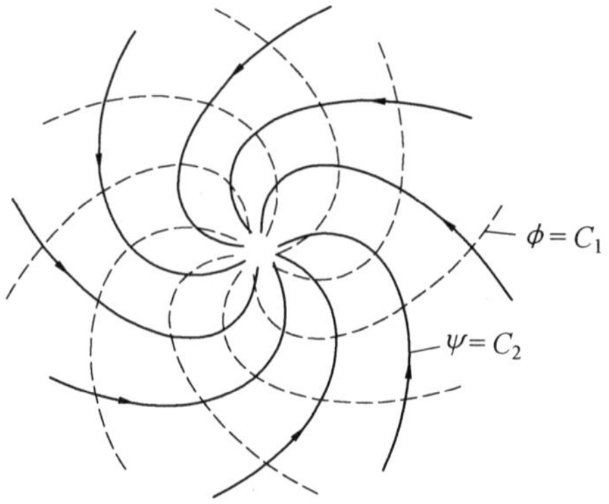

图 3.8　螺旋流速度势和等势线

3.5　物体绕流的势流流动

在 3.4 节中讨论的都是无限域的势流叠加问题,即在流场中没有物体存在。如果流场中存在物体,根据势流运动的基本控制方程可知,还需要满足运动学条件,即物面条件。若简单势流叠加后的速度势和流函数能满足物面条件,那么这种通过叠加得到的速度势和流函数就是物体绕流势流流动的速度势和流函数。下面来看几个经典的需要满足物面条件的叠加案例。

1. 二维均匀流与二维点源的叠加 —— 绕二维半无限长物体的势流流动
(rankine half-body)

(1)叠加后的速度势和流函数的一般表达式形式。

假设二维均匀流方向沿 x 方向,在 y 方向没有分速度,即 $u=U,v=0$,由式(3.20)可得到二维均匀流速度势和流函数可表示为

$$
\begin{cases}
\phi_1 = Ux = Ur\cos\theta \\
\psi_1 = Uy = Ur\sin\theta
\end{cases}
\tag{3.60}
$$

假设二维点源强度为 m,诱导的速度只有径向速度,没有周向速度,即 $V_r = m/2\pi r$,$V_\theta = 0$,基于式(3.24)可得到二维点源的速度势和流函数可表示为

$$
\begin{cases}
\phi_2 = \dfrac{m}{2\pi}\ln r \\[2mm]
\psi_2 = \dfrac{m}{2\pi}\theta
\end{cases}
\tag{3.61}
$$

如图 3.9 所示,二维均匀流和二维点源叠加后得到的速度势 ϕ 和流函数 ψ 可表示为

$$
\begin{cases}
\phi = \phi_1 + \phi_2 = Ur\cos\theta + \dfrac{m}{2\pi}\ln r \\[2mm]
\psi = \psi_1 + \psi_2 = Ur\sin\theta + \dfrac{m}{2\pi}\theta
\end{cases}
\tag{3.62}
$$

由式(3.62)中速度势 ϕ 表达式,可进一步得到速度分布为

$$
V_r = \frac{\partial\phi}{\partial r} = U\cos\theta + \frac{m}{2\pi r},\ V_\theta = \frac{1}{r}\frac{\partial\phi}{\partial\theta} = -U\sin\theta
\tag{3.63}
$$

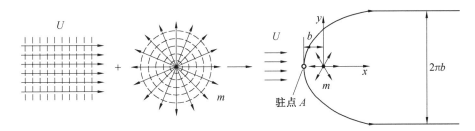

图 3.9   二维均匀流与二维点源叠加

由式(3.62)中流函数 ψ 表达式,进一步得到流线方程为

$$\psi = Ur\sin\theta + \frac{m}{2\pi}\theta = C \tag{3.64}$$

式(3.64)中常数 C 取不同值代表不同的流线,其中物面流线的一部分为该流场绕流物体的轮廓线。

(2) 根据物面条件进一步推导速度势和流函数。

如图 3.9 所示,物面流线的左半支是负 x 轴的一部分($\theta = \pi$),驻点 $A(-b,0)$ 的速度为零。

$$V_{r,\theta=\pi} = \left(U\cos\theta + \frac{m}{2\pi r}\right)_{\theta=\pi} = -U + \frac{m}{2\pi b} = 0 \Rightarrow m = 2\pi Ub \tag{3.65}$$

将 $m = 2\pi Ub$ 代入式(3.62)中速度势 ϕ 表达式可得到

$$\phi = Ur\cos\theta + Ub\ln r \tag{3.66}$$

由于整个物面的流函数值为一固定常数,因此整个物面上的流函数值可由 A 点(驻点)的流函数值确定,A 点处 $\theta = \pi$,代入流线方程得到

$$\psi_{A,\theta=\pi} = \left(Ur\sin\theta + \frac{m}{2\pi}\theta\right)\Big|_{\theta=\pi} = \frac{m}{2} \tag{3.67}$$

联立式(3.64)和式(3.67),得到物面流线方程为

$$Ur\sin\theta + \frac{m}{2\pi}\theta = \frac{m}{2} \Rightarrow r = \frac{m}{2\pi U} \cdot \frac{\pi - \theta}{\sin\theta} = b\frac{\pi - \theta}{\sin\theta} \tag{3.68}$$

再由 $y = r\sin\theta$ 以及 $m = 2\pi Ub$ 得到上支流线方程为

$$y = (r\sin\theta)\big|_{\theta=0} = \pi b = \frac{m}{2U} \tag{3.69}$$

下支流线方程为

$$y = (r\sin\theta)\big|_{\theta=2\pi} = -\pi b = -\frac{m}{2U} \tag{3.70}$$

由前面分析可知,驻点位置和物面上下流线都与点源强度成正比,与均匀流速度成反比:速度越大或点源强度越小,驻点位置离原点越近,半无限体越细长;速度越小或点源强度越大,驻点位置离原点越远,半无限长体越粗宽。

2. 三维均匀流与三维点源的叠加 —— 绕三维半无限长物体的势流流动 (rankine half-body)

(1) 叠加后的速度势和流函数的一般表达式形式。

假设三维均匀流沿 x 方向,在 y 方向以及 z 方向均没有分速度,即 $u = U$,$v = w = 0$,设

三维均匀流的速度势为 ϕ_1，其可表示为

$$\begin{cases} u = U, v = 0, w = 0 \\ u = \dfrac{\partial \phi_1}{\partial x}, v = \dfrac{\partial \phi_1}{\partial y}, w = \dfrac{\partial \phi_1}{\partial z} \end{cases} \Rightarrow \phi_1 = Ux \tag{3.71}$$

假设三维点源的体积流量为 m，其速度势为 ϕ_2，其可表示为

$$\begin{cases} V_r = \dfrac{m}{4\pi r^2} \\ V_r = \dfrac{\partial \phi_2}{\partial r} \end{cases} \Rightarrow \phi_2 = -\dfrac{m}{4\pi r} = -\dfrac{m}{4\pi\sqrt{x^2 + y^2 + z^2}} \tag{3.72}$$

如图 3.10 所示，叠加后的速度势可表示为

$$\phi = \phi_1 + \phi_2 = Ux - \dfrac{m}{4\pi\sqrt{x^2 + y^2 + z^2}} \tag{3.73}$$

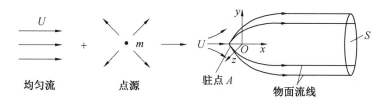

图 3.10　均匀流与点源叠加

（2）速度场、驻点以及流管。

由速度势表达式即式（3.73）可得到速度场，表示为

$$u = \dfrac{\partial \phi}{\partial x} = U + \dfrac{m}{4\pi} \cdot \dfrac{x}{(x^2 + y^2 + z^2)^{3/2}} \tag{3.74}$$

驻点 A（坐标为 $x = x_A$，$y = 0$ 以及 $z = 0$）的速度为 0，即

$$U + \dfrac{m}{4\pi} \cdot \dfrac{x_A}{|x_A|^3} = 0 \Rightarrow x_A = -\sqrt{\dfrac{m}{4\pi U}} \tag{3.75}$$

当 $x \to \infty$ 时，$u \to U$，在物面形成一个流管，设流管横截面面积为 S，根据质量守恒得到流管流量为 m，则有 $U \cdot S = m$，进一步得到 $S = m/U$。

3. 三维均匀流与三维点源以及三维点汇的叠加 —— 绕三维封闭物体的势流流动（rankine closed-body）

如图 3.11 所示，要想得到封闭的物面，就必须保证在物面上的源汇强度为零，即

$$\sum_{\text{in body}} m = 0 \tag{3.76}$$

因此，可采用均匀流与相同强度的点源、点汇叠加达到目的。

（1）叠加后的速度势。

设三维均匀流沿 x 方向，速度大小为 U，得到速度势 $\phi_1 = Ux$。

设三维点源的体积流量为 m，所处位置为 $(-a, 0, 0)$，速度势为 ϕ_2，其可表示为

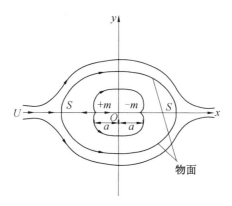

图 3.11 三维均匀流与三维点源以及三维点汇的叠加

$$\begin{cases} V_r = \dfrac{m}{4\pi r^2} \\ V_r = \dfrac{\partial \phi_2}{\partial r} \end{cases} \Rightarrow \phi_2 = -\dfrac{m}{4\pi r} = -\dfrac{m}{4\pi \sqrt{(x+a)^2 + y^2 + z^2}} \tag{3.77}$$

三维点汇的体积流量为 m,所处位置为 $(a,0,0)$,速度势为 ϕ_3,其可表示为

$$\begin{cases} V_r = -\dfrac{m}{4\pi r^2} \\ V_r = \dfrac{\partial \phi_3}{\partial r} \end{cases} \Rightarrow \phi_3 = \dfrac{m}{4\pi r} = \dfrac{m}{4\pi \sqrt{(x-a)^2 + y^2 + z^2}} \tag{3.78}$$

将三维均匀流、三维点源以及三维点汇三个速度势进行叠加,得到

$$\phi = \phi_1 + \phi_2 + \phi_3 = Ux - \frac{m}{4\pi} \left(\frac{1}{\sqrt{(x+a)^2 + y^2 + z^2}} - \frac{1}{\sqrt{(x-a)^2 + y^2 + z^2}} \right) \tag{3.79}$$

(2) 速度场以及物体半径。

对式(3.79)中速度势 ϕ 求偏导得到 x 方向分速度,表示为

$$u = \frac{\partial \phi}{\partial x} = U + \frac{m}{4\pi} \left[\frac{x+a}{((x+a)^2 + y^2 + z^2)^{3/2}} - \frac{x-a}{((x-a)^2 + y^2 + z^2)^{3/2}} \right] \tag{3.80}$$

$u = 0$ 时的点称为驻点,驻点 S 的速度为

$$u \mid_{x = x_S, y = z = 0} = U + \frac{m}{4\pi} \left[\frac{1}{(x_S + a)^2} - \frac{1}{(x_S - a)^2} \right] = 0 \Rightarrow$$

$$(x_S^2 - a^2)^2 = \left(\frac{m}{\pi U} \right) a x_S \tag{3.81}$$

由式(3.80)可知,在 $x = 0$ 面上的速度分布为

$$u \mid_{x=0} = U + \frac{m}{4\pi} \cdot \frac{2a}{(a^2 + y^2 + z^2)^{3/2}} = U + \frac{m}{4\pi} \cdot \frac{2a}{(a^2 + R^2)^{3/2}} \tag{3.82}$$

式中,$R^2 = x^2 + y^2$,物体的半径 R_0 可以由下式确定:

$$m = \int_0^{R_0} \mathrm{d}m = 2\pi \int_0^{R_0} u \mid_{x=0} R \mathrm{d}R \tag{3.83}$$

物面流线如图 3.11 所示,物面所围区域称为兰金封闭物体。

4. 二维均匀流与二维偶极子流的叠加 —— 绕二维圆柱的势流流动(circle)

(1) 叠加后的速度势。

假设二维均匀流速度大小为 U,速度方向从左向右,那么速度势 ϕ_1 可表示为

$$\phi_1 = Ux = Ur\cos\theta \tag{3.84}$$

由式(3.48)知,二维偶极子流的速度势为 $-\dfrac{M}{2\pi}\dfrac{\cos\theta}{r}$。需要引起注意的是:在前面偶极子流的速度势分析中,点汇在左,点源在右。这里,为了描述从左至右方向的绕流流动,在已知均匀流向右的前提下,组成的偶极子流的点源需在左,组成偶极子流的点汇需在右,因此偶极子速度势与前面得到的速度势差一个负号,假设偶极子强度为 μ,其速度势 ϕ_2 可表示为

$$\phi_2 = \frac{\mu}{2\pi} \cdot \frac{\cos\theta}{r} \tag{3.85}$$

由式(3.84)和式(3.85)可得到二维均匀流和二维偶极子叠加后的速度势,表示为

$$\phi = \phi_1 + \phi_2 = Ur\cos\theta + \frac{\mu\cos\theta}{2\pi r} = \cos\theta\left(Ur + \frac{\mu}{2\pi r}\right) \tag{3.86}$$

由速度势表达式即式(3.86)可进一步得到径向速度 V_r:

$$V_r = \frac{\partial\phi}{\partial r} = \cos\theta\left(U - \frac{\mu}{2\pi r^2}\right) \tag{3.87}$$

假设圆柱半径 $r=a$,由圆柱表面($r=a$)$V_r=0$ 可得到 $\mu=2\pi Ua^2$,将 μ 代入速度势表达式(3.86),得到

$$\phi = U\cos\theta\left(r + \frac{a^2}{r}\right) \tag{3.88}$$

(2) 圆柱体表面的速度和压力分布。

根据理想流体的物面不可穿透边界条件,圆柱表面的径向速度均为 $0(V_r=0)$,圆柱体表面的周向速度 V_θ 可由速度势表达式即式(3.88)得到:

$$V_\theta = \frac{\partial\phi}{r\partial\theta} = -U\sin\theta\left(1 + \frac{a^2}{r^2}\right) \tag{3.89}$$

由式(3.89)可进一步得到圆柱表面($r=a$)上的速度分布为 $-2U\sin\theta$,如图 3.12 所示。

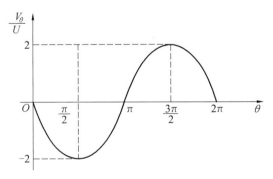

图 3.12　圆柱表面速度分布示意图

在无穷远处(速度为 U、压力为 p_∞)与物面上(速度为 $-2U\sin\theta$、压力为 p)建立

Bernoulli 方程,得到

$$\frac{U^2}{2}+\frac{p_\infty}{\rho}=\frac{(-2U\sin\theta)^2}{2}+\frac{p}{\rho}\Rightarrow p=p_\infty+\frac{\rho U^2}{2}(1-4\sin^2\theta) \tag{3.90}$$

工程上为了处理问题方便起见,通常会引入一个无量纲压力系数:

$$C_p=\frac{p-p_\infty}{\frac{1}{2}\rho U^2}=1-4\sin^2\theta \tag{3.91}$$

压力系数在物面上的分布如图 3.13 所示。

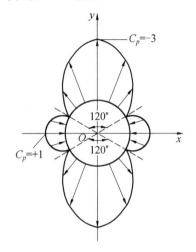

图 3.13 C_p 的分布

如图 3.14 所示,前后驻点(A 点和 B 点)的速度、压力系数以及压力分布可表示为

$$V_r=V_\theta=0, C_{p\max}=1, p_{\max}=p_\infty+\frac{1}{2}\rho U^2 \tag{3.92}$$

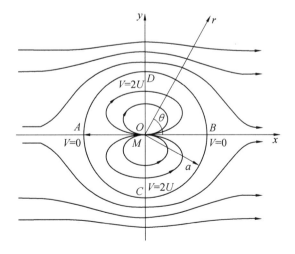

图 3.14   均匀流和偶极子流的叠加

下边缘点以及上边缘点(C 点和 D 点)的速度、压力系数以及压力分布可表示为

$$V_r = 0, V_{\theta,\max} = 2U, C_{p\min} = -3, p_{\min} = p_\infty - \frac{3}{2}\rho U^2 \tag{3.93}$$

由式(3.90)可知:圆柱面上的压力作用是对称的,即作用在其上的压力是平衡的。

5. 三维均匀流与三维偶极子流的叠加 —— 绕三维球的势流流动(sphere)

(1)叠加后的速度势。

假设三维均匀流速度向右,大小为 U,则其速度势可表示为

$$\phi_1 = Ux = Ur\cos\theta \tag{3.94}$$

三维偶极子流的速度势可表示为

$$\phi_2 = \frac{\mu}{4\pi} \cdot \frac{x}{r^3} = \frac{\mu\cos\theta}{4\pi r^2} \tag{3.95}$$

式中,μ 为偶极子矩。

三维均匀流与三维偶极子流叠加后得到的速度势可表示为

$$\phi = \phi_1 + \phi_2 = Ur\cos\theta + \frac{\mu\cos\theta}{4\pi r^2} \tag{3.96}$$

由速度势表达式可进一步得到速度场表达式为

$$V_r = \frac{\partial\phi}{\partial r} = \cos\theta\left(U - \frac{\mu}{2\pi r^3}\right) \tag{3.97}$$

假设圆球半径 $r=a$,由理想流体物面不可穿透边界条件可知:圆球表面($r=a$)径向速度 $V_r=0$。将其代入式(3.97)得到 $\mu = 2\pi Ua^3$,将 μ 代入速度势方程式(3.96)可得到绕三维球的势流流动的速度势

$$\phi = U\cos\theta\left(r + \frac{a^3}{2r^2}\right) \tag{3.98}$$

(2)圆球表面的速度和压力分布。

由式(3.98)可进一步得到流场的速度分布为

$$V_\theta = \frac{\partial\phi}{r\partial\theta} = -U\sin\theta\left(1 + \frac{a^3}{2r^3}\right) \tag{3.99}$$

由式(3.99)可进一步得到圆球表面($r=a$)的速度分布为

$$V_\theta\mid_{r=a} = -\frac{3}{2}U\sin\theta \tag{3.100}$$

圆球表面的速度分布如图 3.15 所示。

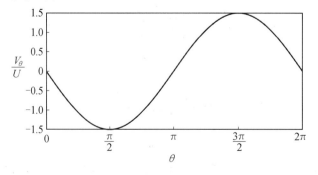

图 3.15　圆球表面速度分布

在无穷远处(速度为 U、压力为 p_∞)与球表面上(速度为 $-2U\sin\theta$、压力为 p)建立 Bernoulli 方程,可得到圆球表面压力分布:

$$\frac{U^2}{2}+\frac{p_\infty}{\rho}=\frac{(-3U\sin\theta/2)^2}{2}+\frac{p}{\rho}\Rightarrow p=p_\infty+\frac{1}{2}\rho U^2\left(1-\frac{9}{4}\sin^2\theta\right) \quad (3.101)$$

由式(3.101)可看出:圆球上压力沿 x 轴呈对称分布(即大小相等,方向相反),因此,作用在圆球上压力的合力为 0。由前面分析可知:绕二维圆柱和三维圆球的势流流动,由于物体表面的压力分布均是对称的,结构上既无阻力也无升力。

对于均匀来流绕任何物体势流流动,只要流场是对称的和定常的,物体都不会受到流体任何作用力,即流体作用在物体上的阻力和升力均为 0,这个现象称为达朗贝尔佯谬。这与常识不符合,产生这一佯谬的原因是没有考虑流体的黏性。而实际工程中,流体均具有黏性,即使是黏性很小的流体,在靠近物体表面的区域内的黏性力也不能忽略,在黏性力的作用下,紧贴物体表面的一层(称为边界层)内流体会在圆柱下游某处发生分离而形成尾涡区。这样,圆柱体前后表面的压力分布将不再相同,形成压差阻力,这里不作阐述,将在黏流理论部分进行详细阐述。

3.6 势流绕流的有环流流动

如图 3.16 所示,势流的有环流流动可由势流的无环流流动与点涡叠加得到。

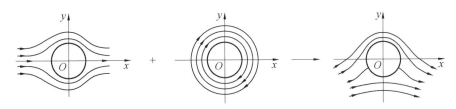

图 3.16 无环流流动与点涡叠加

分析步骤如下。

(1)有环流圆柱绕流的速度势和流函数。

由前面部分无环流流动以及点涡的速度势和流函数,可以得到有环流流动的速度势和流函数:

$$\begin{cases} \phi=U\cos\theta\left(r+\dfrac{a^2}{r}\right)-\dfrac{\Gamma}{2\pi}\theta \\[3mm] \psi=U\sin\theta\left(r-\dfrac{a^2}{r}\right)+\dfrac{\Gamma}{2\pi}\ln r \end{cases} \quad (3.102)$$

由图 3.16 可看出,叠加后的环流流动是不对称流动:上部和环流方向一致,速度加快,压力下降;而下部和环流方向相反,速度减慢,压力升高。这样便会产生升力(lift force)。

(2)有环流圆柱绕流的速度分布。

由式(3.102)中速度势表达式可得到叠加后的径向速度以及周向速度:

$$\begin{cases} V_r = \dfrac{\partial \phi}{\partial r} = U\cos\theta\left(1 - \dfrac{a^2}{r^2}\right) \\[2mm] V_\theta = \dfrac{1}{r}\dfrac{\partial \phi}{\partial \theta} = -U\sin\theta\left(1 + \dfrac{a^2}{r^2}\right) - \dfrac{\Gamma}{2\pi r} \end{cases} \tag{3.103}$$

可依据式(3.103)验证上述流动是否为圆柱绕流流动,即验证速度势是否满足圆柱物面条件和无穷远处条件。① 当 $r=a$ 时,有 $V_r=0$,满足物面条件;② 当 $r=\infty$ 时,远场速度的大小为 U,满足无穷远处不受扰动的条件。由式(3.103)可得到圆柱表面上的速度分布 $(r=a)$:

$$V_r = 0, \quad V_\theta = -2U\sin\theta - \dfrac{\Gamma}{2\pi a} \tag{3.104}$$

由式(3.104)可进一步得到圆柱上驻点(即 $V_\theta=0$)位置为

$$\sin\theta = -\dfrac{\Gamma}{4\pi a U} \tag{3.105}$$

根据速度环量 Γ 与 $4\pi a U$ 之间的关系,圆柱上驻点位置分布可分为以下几类。

① 如图 3.17(a)所示,当 $\Gamma < 4\pi a U$ 时,有 2 个驻点,随着 Γ 增大,驻点向圆柱下方中间位置移动。

② 如图 3.17(b)所示,当 $\Gamma = 4\pi a U$ 时,有 1 个驻点。

③ 如图 3.17(c)所示,当 $\Gamma > 4\pi a U$ 时,驻点不在圆柱表面上,通过求解驻点方程可得两个驻点,一个在圆柱内部,另一个在圆柱外部。

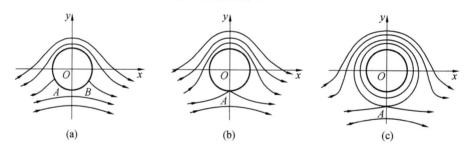

$$\text{(a)} \qquad\qquad \text{(b)} \qquad\qquad \text{(c)}$$

图 3.17 圆柱上驻点位置分布

(3)求有环圆柱绕流的结构表面压力分布。

依据 Bernoulli 方程在无穷远处(无穷远处压力为 p_∞;无穷远处速度为 U)以及圆柱体表面上(圆柱表面上压力为 p;圆柱表面上速度为 V_θ)建立表达式:

$$p + \dfrac{1}{2}\rho V_\theta{}^2 = p_\infty + \dfrac{1}{2}\rho U^2 \tag{3.106}$$

联立式(3.104)以及式(3.106)可得到圆柱表面压力分布为

$$p = p_\infty + \dfrac{1}{2}\rho\left[U^2 - \left(2U\sin\theta + \dfrac{\Gamma}{2\pi a}\right)^2\right] \tag{3.107}$$

(4)求作用在结构上的流体力。

如图 3.18 所示,圆柱表面压力在 x 方向的分量为阻力,微元阻力 $\mathrm{d}F_D$ 可表示为

$$\mathrm{d}F_D = \mathrm{d}F_x = -pa\,\mathrm{d}\theta \times \cos\theta \tag{3.108}$$

联立式(3.107)以及式(3.108)可得到作用在圆柱上的阻力为

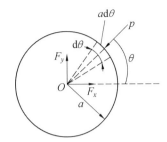

图 3.18 圆柱受力示意图

$$F_D = -\int_0^{2\pi} pa\cos\theta d\theta = -\int_0^{2\pi} \left\{ p_\infty + \frac{1}{2}\rho\left[U^2 - \left(2U\sin\theta + \frac{\Gamma}{2\pi a}\right)^2\right]\right\} a\cos\theta d\theta \tag{3.109}$$

对式（3.109）最右边项进行分解合并，合并为常数项和带 θ 项：

$$F_D = -\int_0^{2\pi} \left[\left(p_\infty + \frac{1}{2}\rho U^2 - \frac{1}{2}\rho\frac{\Gamma^2}{4\pi^2 a^2}\right) - 2\rho U^2\sin^2\theta - \frac{\rho\Gamma U\sin\theta}{\pi a}\right] a\cos\theta d\theta = 0 \tag{3.110}$$

圆柱表面压力在 y 方向的分量为升力，微元升力 dF_L 可表示为

$$dF_L = dF_y = -pa d\theta \times \sin\theta \tag{3.111}$$

由式（3.111）可得到作用在圆柱上的升力为

$$\begin{aligned}
F_L &= -\int_0^{2\pi} \left\{p_\infty + \frac{1}{2}\rho\left[U^2 - \left(2U\sin\theta + \frac{\Gamma}{2\pi a}\right)^2\right]\right\} a\sin\theta d\theta = \\
&\quad -a\left(p_\infty + \frac{1}{2}\rho U^2 - \frac{1}{2}\rho\frac{\Gamma^2}{4\pi^2 a^2}\right)\int_0^{2\pi}\sin\theta d\theta + \\
&\quad a\int_0^{2\pi}\left(2\rho U^2\sin^2\theta + \frac{\rho\Gamma U\sin\theta}{\pi a}\right)\sin\theta d\theta = \\
&\quad a\int_0^{2\pi}\frac{\rho\Gamma U\sin\theta}{\pi a}\sin\theta d\theta = \rho\Gamma U
\end{aligned} \tag{3.112}$$

由式（3.112）可看出：理想流体绕圆柱体有环流的流动中，在垂直于来流方向上，流体作用在单位长度的圆柱体上的升力等于流体的密度、来流速度和速度环量的乘积。

对二维和三维均匀流 U 和环量为 Γ 的有环流流动中的物体受到的升力，式（3.112）均成立，即有环流的流动中，在垂直于来流方向上，流体作用在单位长度的物体上的升力等于流体的密度、来流速度和环量的乘积，称为库塔—茹可夫斯基（Kutta—Joukowski）公式。其矢量表达式为

$$\boldsymbol{F}_L = \rho\boldsymbol{U} \times \boldsymbol{\Gamma} \tag{3.113}$$

在以上讨论中，绕圆柱体的速度环量是由叠加点涡后的环流所产生的。马格努斯（Magnus）曾通过实验观测到：处于平行流动中的圆柱体，当圆柱体绕轴发生旋转时，圆柱体将会受到与来流方向垂直的侧向力。这一现象称为马格努斯效应。利用这个效应可设计旋筒风帆装置，用风力来驱动船舶。这一效应还可以用来解释为什么旋转球体（如足球、乒乓球、网球等）在空中飞行时随球体旋转方向不同可形成不同的弧形轨迹。

例 3.3 已知某流场中流函数可表示为 $\psi = 100r\sin\theta\left(1 - \frac{25}{r^2}\right) + \frac{628}{2\pi}\ln r$。试求：

（1）驻点位置；

（2）绕物体的环量；

（3）无穷远处的速度；

（4）作用在物体上的力。

解 将题中给出的流函数表达式与流函数通用表达式即式(3.102)中流函数进行对比，得到流速 $U = 100$、圆柱体半径 $a = 25$。

（1）由流函数 ψ 表达式可得到周向速度 V_θ：

$$V_\theta = -\frac{\partial \psi}{\partial r} = -100\sin\theta\left(1 + \frac{25}{r^2}\right) - \frac{628}{2\pi r}$$

驻点位置处 $V_\theta = 0$，则可求出驻点对应的位置：

$$V_\theta\mid_{r=5} = -100\sin\theta\left(1 + \frac{25}{r^2}\right) - \frac{628}{2\pi r}\bigg|_{r=5} = 0 \Rightarrow \sin\theta_s = -\frac{628}{2\,000\pi} \approx -0.1$$

进一步得到 θ_s：

$$\theta_{s1} = -5°44', \quad \theta_{s2} = -174°16'$$

（2）绕物体（$r = 5$ 时）的环量可表示为

$$\Gamma' = \int_0^{2\pi} V_\theta r \mathrm{d}\theta = \int_0^{2\pi}\left(-200\sin\theta - \frac{628}{10\pi}\right) \times 5\mathrm{d}\theta = -628$$

（3）无穷远处速度 $U = 100$。

（4）作用在物体上的力大小可表示为

$$F_L = \rho U\Gamma = 62\,800\rho$$

3.7 附加质量及附加惯性力

物体在无界流场内的直线运动可分为两大类，第一大类为匀速直线运动，此时固结于物体上的坐标系为惯性系，绕物体绕流为定常流动；第二大类为非匀速运动，此时固结于物体上的坐标系为非惯性系，绕物体绕流为非定常流动。第一大类问题可由 3.5 节中内容求得物体上的压力分布、合力以及力矩等；而第二大类问题则不可由 3.5 节中内容求得物体上压力分布、合力以及力矩等。这里讨论物体做非匀速直线运动的问题。此时，推动物体的外力不仅要为增加物体动能而做功，还要为增加物体周围流体的动能而做功。假设质量为 M 物体的运动加速度为 $\boldsymbol{a}$，施加在物体上的外力 $\boldsymbol{F}$ 则需要大于 $M\boldsymbol{a}$，可表示为

$$\boldsymbol{F} = (M + m)\boldsymbol{a} \tag{3.114}$$

式(3.114)中 m 称为附加质量，式(3.114)可写成另一种表达式形式：

$$\boldsymbol{F} + \boldsymbol{F}_I = M\boldsymbol{a} \tag{3.115}$$

式中，$\boldsymbol{F}_I = -m\boldsymbol{a}$。

$\boldsymbol{F}_I$ 的物理意义为周围流体给物体的反作用力，称为附加惯性力（又称附加质量力）。$\boldsymbol{F}_I$ 的方向与物体加速度 $\boldsymbol{a}$ 方向相反：物体做加速运动时，附加质量力为阻力；物体做减速运动时，附加质量力为推力。下面将讨论附加质量的计算。

如图 3.19 所示，在边界为 B 的物体外围，建立一个半径足够大的空间域 τ，体积 τ 内流体的动能可表示为

$$T = \iiint_{\tau} \frac{1}{2} \rho V^2 \mathrm{d}\tau = \frac{\rho}{2} \iiint_{\tau} V^2 \mathrm{d}\tau \tag{3.116}$$

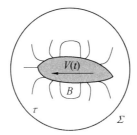

图 3.19 物体以及足够大球面构成的封闭区域

式(3.116)中 V^2 可表示为

$$V^2 = \left(\frac{\partial \phi}{\partial x}\right)^2 + \left(\frac{\partial \phi}{\partial y}\right)^2 + \left(\frac{\partial \phi}{\partial z}\right)^2 =$$

$$\frac{\partial}{\partial x}\left(\phi \frac{\partial \phi}{\partial x}\right) + \frac{\partial}{\partial y}\left(\phi \frac{\partial \phi}{\partial y}\right) + \frac{\partial}{\partial z}\left(\phi \frac{\partial \phi}{\partial z}\right) - \phi\left(\frac{\partial^2 \phi}{\partial x^2} + \frac{\partial^2 \phi}{\partial y^2} + \frac{\partial^2 \phi}{\partial z^2}\right) \tag{3.117}$$

对于理想流体势流流动,速度势 ϕ 满足 Laplace 方程,即 $\nabla^2 \phi = 0$,式(3.117)可进一步写为

$$V^2 = \frac{\partial}{\partial x}\left(\phi \frac{\partial \phi}{\partial x}\right) + \frac{\partial}{\partial y}\left(\phi \frac{\partial \phi}{\partial y}\right) + \frac{\partial}{\partial z}\left(\phi \frac{\partial \phi}{\partial z}\right) \tag{3.118}$$

将式(3.118)代入式(3.116),得到

$$T = \frac{1}{2} \rho \iiint_{\tau} V^2 \mathrm{d}\tau = \frac{\rho}{2} \iiint_{\tau} \left[\frac{\partial}{\partial x}\left(\phi \frac{\partial \phi}{\partial x}\right) + \frac{\partial}{\partial y}\left(\phi \frac{\partial \phi}{\partial y}\right) + \frac{\partial}{\partial z}\left(\phi \frac{\partial \phi}{\partial z}\right)\right] \mathrm{d}\tau \tag{3.119}$$

用 Gauss 定理,将式(3.119)中流体动能体积分表达形式转化为面积分表达形式:

$$T = \frac{\rho}{2} \iint_{\Sigma} \left[\phi \frac{\partial \phi}{\partial x} \cos(n,x) + \phi \frac{\partial \phi}{\partial y} \cos(n,y) + \phi \frac{\partial \phi}{\partial z} \cos(n,z)\right] \mathrm{d}S +$$

$$\frac{\rho}{2} \iint_{B} \left[\phi \frac{\partial \phi}{\partial x} \cos(n,x) + \phi \frac{\partial \phi}{\partial y} \cos(n,y) + \phi \frac{\partial \phi}{\partial z} \cos(n,z)\right] \mathrm{d}S \tag{3.120}$$

式(3.120)中有向曲面定义如下:Σ 为外边界曲面,曲面方向向外;B 为内边界曲面,曲面方向向里(图 3.19)。

若定义方向导数表示为

$$\frac{\partial \phi}{\partial x} \cos(n,x) + \frac{\partial \phi}{\partial y} \cos(n,y) + \frac{\partial \phi}{\partial z} \cos(n,z) = \frac{\partial \phi}{\partial n} \tag{3.121}$$

将式(3.121)代入式(3.120)得到

$$T = \frac{\rho}{2} \iint_{\Sigma} \phi \frac{\partial \phi}{\partial n} \mathrm{d}S + \frac{\rho}{2} \iint_{B} \phi \frac{\partial \phi}{\partial n} \mathrm{d}S \tag{3.122}$$

式(3.122)中,当外部球形界面半径 r 趋于 ∞ 时,Σ 上流体的运动速度趋于零,式(3.122)中流体动能可进一步写为

$$T = \frac{\rho}{2} \iint_{B} \phi \frac{\partial \phi}{\partial n} \mathrm{d}S \tag{3.123}$$

假设速度势 $\phi = V\phi_0$,其中 ϕ_0 为单位速度所对应的速度势,表示为

$$\phi = \phi(x,y,z,t) = V(t) \cdot \phi_0(x,y,z) \tag{3.124}$$

将式(3.124)代入式(3.123),得到

$$T = \frac{\rho}{2} \iint_B (V(t)\phi_0(x,y,z)) \frac{\partial(V(t)\phi_0(x,y,z))}{\partial n} dS =$$

$$\frac{1}{2} \left[\rho \iint_B \phi_0(x,y,z) \frac{\partial(\phi_0(x,y,z))}{\partial n} dS \right] V^2(t) \tag{3.125}$$

式(3.125)的中括号里面相当于质量,设其为附加质量 m,可表示为

$$m = \rho \iint_B \phi_0 \frac{\partial \phi_0}{\partial n} dS \tag{3.126}$$

式(3.126)中的附加质量表达式是考虑物体沿 x 一个方向做加速运动得到的。若物体做六自由度运动,则可得到一般性的附加质量表达式:

$$m_{ji} = \rho \iint_B \phi_i n_j dS = \rho \iint_B \phi_i \frac{\partial \phi_j}{\partial n} dS (i,j=1,2,3,4,5,6) \tag{3.127}$$

式中,ϕ_i 为物体以速度 $U_i=1$ 运动时的速度势。下标 i 和 j 的含义:物体在 i 方向做加速运动时,在 j 方向上产生附加惯性力的虚拟质量 / 附加质量(图 3.20)。

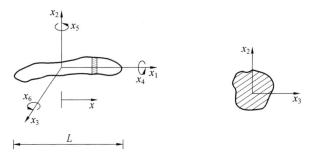

图 3.20　附加质量

由式(3.127)可看出:附加质量与物体形状(n_j)、物体运动方向(ϕ_i)以及流体密度(ρ)均有关。

由图 3.21 可看出:附加质量与物体形状(n_j)以及物体运动方向(ϕ_i)紧密相关。附加质量与流体的密度成正比,密度越大,附加质量就越大;反之,附加质量就越小。比如:物体在空气中做非定常运动时,其附加质量比在液体中的附加质量要小得多,与物体自身的质量相比也是一个很小的量,因此一般情况下在空气中可不考虑附加质量的影响。由式(3.127)可看出:对于 6 自由度运动,共有 $6 \times 6 = 36$ 个附加质量。附加质量是一个 6 阶对称矩阵,简单证明如下:

$$m_{ji} = \rho \iint_B \phi_i \frac{\partial \phi_j}{\partial n} dS = \rho \iint_B \phi_i (\nabla \phi_j \cdot \boldsymbol{n}) dS = \rho \oiint_{B+\infty} \phi_i (\nabla \phi_j \cdot \boldsymbol{n}) dS =$$

$$\rho \nabla \cdot (\phi_i \cdot \nabla \phi_j) dV = \rho (\nabla \phi_i \cdot \nabla \phi_j + \phi_i \cdot \nabla^2 \phi_j) dV =$$

$$\rho (\nabla \phi_i \cdot \nabla \phi_j) dV = m_{ij} \tag{3.128}$$

在工程中,为了使用方便,把附加质量 m_A 与物体在流体中所占据空间 V 的流体质量的比值,称为附加质量系数 C_m(added mass coefficient),表示为

$$C_m = \frac{m_A}{\rho V} \tag{3.129}$$

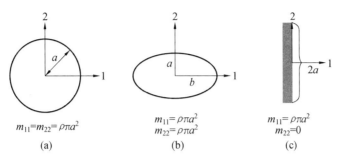

图 3.21　不同形状以及不同运动方向下的附加质量

例 3.4　求二维圆柱体的附加质量系数。

现在来考虑一个半径 $r=a$ 的圆柱在静止流体中,以 $U(t)$ 在 x 方向向右做加速运动。

解法 1　(1) 求解速度势。

如果把坐标系固定在空间 (O,x,y) 上,那么问题的控制方程为

$$\begin{cases} \nabla^2\phi=0 \\ V_r\mid_{r=a}=\dfrac{\partial\phi}{\partial r}\Big|_{r=a}=\boldsymbol{U}\cdot\boldsymbol{n}=U(t)\cos\theta \\ \nabla\phi\to0,\mid x\mid\to\infty \\ \nabla\phi=\boldsymbol{U}_0,t=0 \end{cases}$$

上面的问题实际上就是一个运动二维偶极子流,因此其速度势可表示为

$$\phi=-\frac{M}{2\pi}\frac{\cos\theta}{r}$$

利用物面条件($r=a$ 时,径向速度 V_r 为 $U(t)\cos\theta$),可以确定偶极子矩 M:

$$V_r\mid_{r=a}=\frac{\partial\phi}{\partial r}\Big|_{r=a}=-\frac{\partial}{\partial r}\Big(\frac{M}{2\pi}\frac{\cos\theta}{r}\Big)\Big|_{r=a}=\frac{M}{2\pi}\frac{\cos\theta}{a^2}=U(t)\cos\theta$$

由上式可进一步得到偶极子矩 $M=2\pi a^2 U(t)$,将其代回速度势表达式,得到

$$\phi=-\frac{U(t)a^2\cos\theta}{r}$$

(2) 求作用在物体上的作用力。

将速度势表达式代入拉格朗日积分方程,并在圆柱表面作压力积分,可得到

$$F_x=\iint_B p_{r=a}n_x\mathrm{d}S=-\rho\iint_B\Big(\frac{\partial\phi}{\partial t}+\frac{\mid\nabla\phi\mid^2}{2}\Big)_{r=a}n_x\mathrm{d}S$$

F_x 表达式中 $\partial\phi/\partial t$ 可表示为

$$\frac{\partial\phi}{\partial t}\Big|_{r=a}=-\dot{U}(t)\frac{a^2\cos\theta}{r}\Big|_{r=a}=-\dot{U}(t)a\cos\theta$$

F_x 表达式中速度势 $\nabla\phi$ 可表示为

$$\nabla\phi\mid_{r=a}=\boldsymbol{V}\mid_{r=a}=\Big(\frac{\partial\phi}{\partial r},\frac{\partial\phi}{r\partial\theta}\Big)\Big|_{r=a}=(U(t)\cos\theta,U(t)\sin\theta)$$

由上式可进一步得到

$$\mid\nabla\phi\mid^2\mid_{r=a}=U^2(t)$$

F_x 表达式中微面积元 $\mathrm{d}S$ 以及方向角 n_x 可表示为

$$\iint_B \mathrm{d}S = \int_0^{2\pi} a\mathrm{d}\theta, n_x = -\cos\theta$$

将 $\partial\phi/\partial t$、$\nabla\phi$、$\mathrm{d}S$ 以及 n_x 代入 F_x 表达式,得到

$$F_x = -\dot{U}(t)\left[\rho\pi a^2\right] = -\dot{U}(t)\cdot m_A$$

由上式得到二维圆柱体的附加质量为

$$m_A = \rho\pi a^2$$

进一步可得到二维圆柱体的附加质量系数 C_m:

$$C_m = \frac{m_A}{\rho\pi a^2} = 1$$

解法 2　由圆柱的速度势表达式可得到绕二维圆柱的单位速度所对应的速度势:

$$\phi = -\frac{M}{2\pi}\frac{\cos\theta}{r} = -\frac{U(t)a^2\cos\theta}{r} \Rightarrow \phi_0 = -\frac{a^2\cos\theta}{r}$$

对上式求偏导得到

$$\frac{\partial\phi_0}{\partial n} = -\frac{\partial\phi_0}{\partial r} = -\frac{a^2\cos\theta}{r^2}$$

将上面两式代入附加质量表达式即式(3.126),得到

$$m_A = \rho\iint_B \phi_0\,\frac{\partial\phi_0}{\partial n}\mathrm{d}S = \rho\iint_B \left[\left(-\frac{a^2\cos\theta}{r}\right)\left(-\frac{a^2\cos\theta}{r^2}\right)\right]\Bigg|_{r=a}\mathrm{d}S =$$

$$\rho\int_0^{2\pi} a\cos^2\theta\cdot a\mathrm{d}\theta = \rho\pi a^2$$

进一步可得到二维圆柱的附加质量系数 C_m 为 1。

例 3.5　求三维圆球的附加质量系数。

现在来考虑一个半径 $r=a$ 的圆球在静止流体中,以 $U(t)$ 在 x 方向做加速运动。

解法 1　(1)求解速度势。

如果把坐标系固定在空间 (O,x,y) 上,那么问题的控制方程可表示为

$$\begin{cases} \nabla^2\phi = 0 \\ V_r\mid_{r=a} = \dfrac{\partial\phi}{\partial r}\bigg|_{r=a} = \boldsymbol{U}\cdot\boldsymbol{n} = U(t)\cos\theta \\ \nabla\phi \to 0, \mid x\mid \to \infty \\ \nabla\phi = \boldsymbol{U}_0, t=0 \end{cases}$$

该问题实际上就是一个运动三维偶极子流,其速度势可写作

$$\phi = -\frac{M}{4\pi}\frac{x}{r^3} = -\frac{M}{4\pi}\frac{\cos\theta}{r^2}$$

利用物面条件($r=a$ 时,径向速度 V_r 为 $U(t)\cos\theta$),可以确定偶极子矩 M:

$$\frac{\partial\phi}{\partial r}\bigg|_{r=a} = -\frac{\partial}{\partial r}\left(\frac{M}{4\pi}\frac{\cos\theta}{r^2}\right)\bigg|_{r=a} = \frac{M}{2\pi}\frac{\cos\theta}{a^3} = U(t)\cos\theta$$

由上式可进一步得到偶极子矩 $M = 2\pi a^3 U(t)$,将其代回速度势表达式,得到

$$\phi = -\frac{U(t)a^3}{2}\frac{\cos\theta}{r^2}$$

(2)求作用在物体上的作用力。

将速度势表达式代入拉格朗日积分方程,并在圆柱表面作压力积分,可得到

$$F_x = \iint_B p \mid_{r=a} n_x \mathrm{d}S = -\rho \iint_B \left(\frac{\partial \phi}{\partial t} + \frac{\mid \nabla \phi \mid^2}{2} \right)_{r=a} n_x \mathrm{d}S$$

F_x 表达式中 $\partial \phi / \partial t$ 可表示为

$$\frac{\partial \phi}{\partial t} \bigg|_{r=a} = -\dot{U}(t) \frac{a^3 \cos \theta}{2r^2} \bigg|_{r=a} = -\frac{1}{2} \dot{U}(t) a \cos \theta$$

F_x 表达式中速度势 $\nabla \phi$ 可表示为

$$\nabla \phi \mid_{r=a} = \boldsymbol{V} \mid_{r=a} = \left(\frac{\partial \phi}{\partial r}, \frac{\partial \phi}{r \partial \theta}, \frac{\partial \phi}{r \sin \theta \partial \phi} \right) \bigg|_{r=a} = \left(U(t) \cos \theta, \frac{U(t) \sin \theta}{2}, 0 \right)$$

由上式可进一步得到

$$\mid \nabla \phi \mid^2 \mid_{r=a} = U^2(t) \cos^2 \theta + \frac{1}{4} U^2(t) \sin^2 \theta$$

如图 3.22 所示,F_x 表达式中微面积元 $\mathrm{d}S$ 以及方向角 n_x 可表示为

$$\iint_B \mathrm{d}S = \int_0^\pi a \mathrm{d}\theta (2\pi a \sin \theta), n_x = -\cos \theta$$

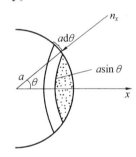

图 3.22 微元面积以及方向角

将 $\partial \phi / \partial t$、$\nabla \phi$、$\mathrm{d}S$ 以及 n_x 代入 F_x 表达式,得到

$$F_x = -\dot{U}(t) \left[\rho \frac{2}{3} \pi a^3 \right] = -\dot{U}(t) \cdot m_A$$

由上式得到三维圆球的附加质量为

$$m_A = \rho \frac{2\pi a^3}{3}$$

进一步可得到三维圆球的附加质量系数 C_m 为

$$C_m = \frac{m_A}{\frac{4}{3} \pi a^3} = \frac{1}{2}$$

解法 2 由圆球的速度势表达式可得到绕二维圆球的单位速度所对应的速度势:

$$\phi = -\frac{M}{4\pi} \frac{\cos \theta}{r^2} = -\frac{U(t) a^3}{2} \frac{\cos \theta}{r^2} \Rightarrow \phi_0 = -\frac{a^3 \cos \theta}{2r^2}$$

对上式求偏导得到

$$\frac{\partial \phi_0}{\partial n} = -\frac{\partial \phi_0}{\partial r} = -\frac{a^3 \cos \theta}{r^3}$$

将上面两式代入附加质量表达式即式(3.126),得到

$$m_A = \rho \iint_B \phi_0 \frac{\partial \phi_0}{\partial n} \mathrm{d}S = \rho \iint_B \left[\left(-\frac{a^3 \cos\theta}{2r^2} \right) \left(-\frac{a^3 \cos\theta}{r^3} \right) \right] \Big|_{r=a} \mathrm{d}S =$$

$$\rho \iint_B \frac{a}{2} \cos^2\theta \, \mathrm{d}S = \rho \int_0^\pi \frac{a}{2} \cos^2\theta \cdot a \mathrm{d}\theta \cdot 2\pi a \sin\theta =$$

$$\rho \pi a^3 \int_0^\pi \cos^2\theta \sin\theta \mathrm{d}\theta = \frac{2}{3} \rho \pi a^3$$

进一步可得到二维圆柱的附加质量系数 C_m 为 $1/2$。

3.8* 　势流叠加的镜像法

当流场边界离物体很远时，物体的运动或绕物体的流动可以看作在无界流场中进行。但若流场中存在的固壁离物体较近，则固壁对物体运动的影响是不可忽略的。当固壁形状比较特殊（比如为直壁）时，可采用几个简单势流进行镜像组合满足物面条件，这种方法称为势流叠加的镜像法（method of images）。

3.8.1　固定平板附近点源流动

如图 3.23 所示，点源附近有一个固定平板，点源流动在平板处必须对称地顺着平板向两侧流去。平板的阻挡使得流动不能自由地流向壁面，同时整个流场也会受到固定平板的影响，其流场与无平板的情况是不同的。在理想流体中，一条流线的作用相当于一个平板。要产生图 3.23 中与 x 轴重合的流线，可以在 x 轴下方对称地布置一个等强度的点源，这个点源称为原来那个点源的镜像。点源和它的镜像的叠加得到的总速度势可表示为

$$\phi = \phi_1 + \phi_2 = \frac{Q}{2\pi} \left[\ln\sqrt{x^2 + (y-a)^2} + \ln\sqrt{x^2 + (y+a)^2} \right] \tag{3.130}$$

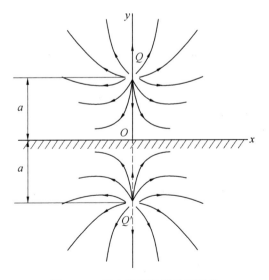

图 3.23　固定平板附近点源流动

由式(3.130)可得到

$$\frac{\partial \phi}{\partial y} = \frac{Q}{2\pi} \left[\frac{y-a}{x^2+(y-a)^2} + \frac{y+a}{x^2+(y+a)^2} \right] \tag{3.131}$$

由式(3.131)可以很方便地得到$(\partial \phi / \partial y)|_{y=0}=0$,即在固壁处($y=0$)满足壁面不可穿透边界条件。

3.8.2 固定平板附近点涡流动

如图 3.24 所示,若某一点涡附近存在一个固定平板,平板作用如同在平板另一侧对称分布一个反向旋转的等强度的点涡。这两个点涡的叠加得到的总速度势可表示为

$$\phi = \phi_1 + \phi_2 = \frac{\Gamma}{2\pi} \left[\arctan \frac{y-a}{x} - \arctan \frac{y+a}{x} \right] \tag{3.132}$$

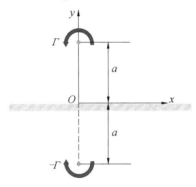

图 3.24 固定平板附近点涡流动

由式(3.132)可得到

$$\frac{\partial \phi}{\partial y} = \frac{\Gamma}{2\pi} \left[\frac{x}{x^2+(y-a)^2} - \frac{x}{x^2+(y+a)^2} \right] \tag{3.133}$$

由式(3.131)可以很方便地得到

$$\left(\frac{\partial \phi}{\partial y} \right) \Big|_{y=0} = 0, \quad \left(\frac{\partial \phi}{\partial y} \right) \Big|_{y=0} = 0$$

其满足固壁边界条件。

3.8.3 绕固定平板附近二维圆柱绕流

如图 3.25 所示,在二维平面内的一个圆柱附近布置一个固定平板,平板作用如同在平板另一侧对称分布一个几何尺寸相同的圆柱。这两个圆柱绕流叠加后得到的总速度势可表示为

$$\phi = Ux \left[1 + \frac{a^2}{x^2+(y-b)^2} + \frac{a^2}{x^2+(y+b)^2} \right] \tag{3.134}$$

由式(3.132)可得到

$$\frac{\partial \phi}{\partial y} = Ux \left[-\frac{2a^2(y-b)}{(x^2+(y-b)^2)^2} - \frac{2a^2(y+b)}{(x^2+(y+b)^2)^2} \right] \tag{3.135}$$

由式(3.135)很容易得到当圆柱与平板距离 b 大于圆柱半径 a 时,$(\partial \phi / \partial y)|_{y=0}=0$,

满足固壁边界条件。

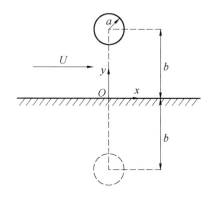

图 3.25　绕固定平板附近二维圆柱绕流

习　　题

3.1　已知不可压缩流体平面流动的速度势为 $\phi=x^3-3xy^2$，求其流动的流函数。

3.2　已知不可压缩流体平面流动的速度势为 $\phi=x^2-y^2+x$，求其流动的流函数。

3.3　在 $(a,0),(-a,0)$ 处放置等强度点源；在 $(0,a),(0,-a)$ 处放置与点源等强度的点汇。证明：通过这四点的圆周是一条流线。

3.4　如题 3.4 图所示，在速度为 v_∞ 的直匀流中，在原点处放置一个流量为 Q 的源，从而形成一个物体头部绕流的组合流场，求：

（1）沿 x 轴的压力分布；

（2）驻点位置；

（3）过驻点的流线。

3.5　如题 3.5 图所示，在点 $(a,0)$ 和点 $(-a,0)$ 上放置等强度的点源。

（1）证明：圆周 $x^2+y^2=a^2$ 上任意一点的速度都与 y 轴平行，且此速度大小与 y 成反比；

（2）证明：y 轴是一条流线。

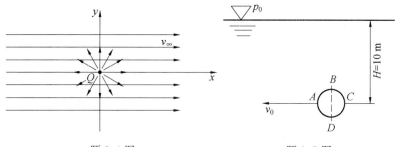

题 3.4 图　　　　　　　　　　　题 3.5 图

3.6　直径为 2 m 的圆柱在水下 10 m 深处以速度 $v_0=10$ m/s 做水平运动，水面大气压 $p_0=101\,325$ N/m²，水密度 $\rho=1\,000$ kg/m³，不考虑波浪影响，试计算 A、B、C、D 四点的压力。

第4章 水波理论

本章将利用势流理论来研究船舶与海洋工程中的一个重要流动问题 —— 水波问题。将水看作不可压缩理想流体,那么在重力这种有势力作用下产生的水波运动,将满足第2章介绍的旋涡不生不灭定理,即若初始时刻流体运动是无旋的,则这种运动将永远是无旋的。因此,可采用理想无旋流体的势流理论对忽略黏性影响的水波问题展开研究,通过求解得到流动问题的基本解,进一步分析得出水波流动问题的机理。

4.1 水波现象和数学描述

当流体处于静止状态时,自由面是水平的。当流体质点受到某种扰动而离开平衡位置时,重力(或表面张力)作为恢复力将使流体质点回到原来的平衡位置,但由于惯性,流体质点在回到平衡位置时,不会停下而是继续运动,这样重力又将发挥恢复力作用,如此往来,流体质点会反复振荡,在自由面上形成水波。引起水波的扰动源有风、潮汐、地震、流场中的障碍物、运动物体(如船舶)等。图 4.1 中,(a) 为风生波,(b) 为船舶运动形成的船舶兴波。

 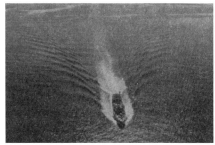

(a) 风生波   (b) 船舶兴波

图 4.1   风生波以及船舶兴波

如图 4.1 所示,风、船舶等水面运动结构物形成的这种波浪主要出现在水的表面(对表面附近的流动影响最大),因此称为表面波。此外,大部分水波问题的恢复力是重力,因此水波一般又称为表面重力波。水波按照传播方向,可分为纵波(行波)和横波(驻波)。

如图 4.2 所示,波浪的主要特征参数有:① 波高 H:波峰与相邻波谷之间的垂直距离。② 波长 λ:相邻两波峰(或两波谷)之间的水平距离。③ 波浪周期 T。还可以定义波幅 A,它是波峰到静水面的垂直距离,在规则波浪中,波幅 A 等于波高 H 的一半,即 $A = H/2$。此外,还可以定义波数 k、波浪圆频率 ω 以及波浪频率 f,表示如下:

$$k = \frac{2\pi}{\lambda}, \omega = 2\pi f = \frac{2\pi}{T} \tag{4.1}$$

在描述波剖面时,通常还用到另外一个重要参数:静水深 d。描述波剖面的无量纲参数通常有三个,分别为波陡(H/λ)、相对波高(H/d)以及相对水深(d/λ)。

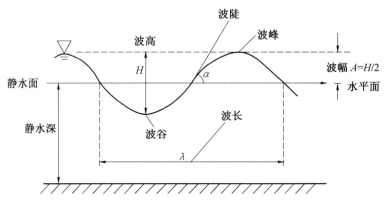

图 4.2 波浪特征示意图

4.2 水波问题基本控制方程

通常讨论的水波问题,都是基于下面三个假定条件的:理想、不可压、无旋。因此,水波问题是理想不可压缩流体的无旋运动问题,水波问题必须满足不可压势流运动的基本控制方程。对水波问题,需要求解的量除了速度和压力外,还有自由面位置。如图4.3所示,取 xOz 坐标平面与静止时的水面重合,y 轴垂直向上,设波面方程为 $y = \eta(x, z, t)$。

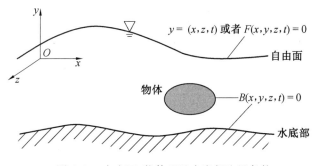

图 4.3 自由面、物体以及水底部边界条件

4.2.1 基本控制方程

与前一章中一般性势流流动一样,物体在波浪中的水波问题同样必须满足势流的控制方程,即存在速度势 ϕ,它满足 Laplace 方程:

$$\nabla^2 \phi = 0 \tag{4.2}$$

式(4.2)结合边界条件便可得到速度势 ϕ,再利用柯西—拉格朗日积分得到压力分布,由上一章内容得到势流流动中压力和速度势之间的关系:

$$\frac{\partial \phi}{\partial t} + \frac{|\nabla \phi|^2}{2} + \frac{p}{\rho} + gy = C(t) \quad (y \leqslant \eta(x, z, t)) \tag{4.3}$$

在无穷远处静水面,有 $p = p_a$ 以及 $y = 0$,且无穷远处速度为0,将其代入式(4.3),

得到

$$C(t) = \frac{p_a}{\rho} \tag{4.4}$$

再将式(4.4)代回式(4.3)中,整理得到

$$\frac{\partial \phi}{\partial t} + \frac{|\nabla \phi|^2}{2} + \frac{p - p_a}{\rho} + gy = 0 \quad (y \leqslant \eta(x, z, t)) \tag{4.5}$$

式(4.5)为水波的动力学条件,在自由面上,有 $y = \eta(x, z, t)$ 以及 $p = p_a$,于是可得到自由面上的动力学条件为

$$\frac{\partial \phi}{\partial t} + \frac{|\nabla \phi|^2}{2} + g\eta = 0 \tag{4.6}$$

Laplace 方程式(4.2)以及动力学条件式(4.5)组成了波浪运动的基本控制方程组。

4.2.2 运动学边界条件

下面介绍运动学边界条件。如图 4.3 所示,水波问题需要满足三个运动学条件,分别为:物面运动学条件、水底运动学条件、自由面运动学条件。

物面运动学条件:在物面上,流体不可以穿透物面,即满足

$$\boldsymbol{V} \cdot \boldsymbol{n} = \boldsymbol{U} \cdot \boldsymbol{n} \Rightarrow \nabla \phi \cdot \boldsymbol{n} = \boldsymbol{U} \cdot \boldsymbol{n} \Rightarrow \frac{\partial \phi}{\partial n} = U_n \tag{4.7}$$

水底运动学条件:流体不可以穿透水底面,即

$$\boldsymbol{V} \cdot \boldsymbol{n} = 0 \cdot \boldsymbol{n} \Rightarrow \nabla \phi \cdot \boldsymbol{n} = 0 \Rightarrow \frac{\partial \phi}{\partial \boldsymbol{n}} = 0 \tag{4.8}$$

假设水底是水平的,水底可表示为 $y = -h$,则式(4.8)中水底运动学条件可进一步写作

$$\frac{\partial \phi}{\partial \boldsymbol{n}} = \frac{\partial \phi}{\partial y} = 0 \quad (y = -h) \tag{4.9}$$

水底运动学条件也可从另一个角度推导得到,假设水平水底方程可表示为

$$B(x, y, z, t) = y + h = 0 \tag{4.10}$$

由于水底表面的流体质点对时间的变化率为 0,即水底方程的物质导数 DB/Dt 为 0,联立第 1 章中的运动学相关知识,$DB/Dt = 0$ 可写作

$$\frac{\mathrm{D}B}{\mathrm{D}t} = \frac{\partial B}{\partial t} + (\boldsymbol{V} \cdot \nabla)B = \frac{\partial B}{\partial t} + (\nabla \phi \cdot \nabla)B = \frac{\partial B}{\partial t} + \frac{\partial \phi}{\partial x} \cdot \frac{\partial B}{\partial x} + \frac{\partial \phi}{\partial y} \cdot \frac{\partial B}{\partial y} + \frac{\partial \phi}{\partial z} \cdot \frac{\partial B}{\partial z}$$

$$\tag{4.11}$$

将式(4.10)代入式(4.11)可同样得到水底边界条件式(4.9)。自由面是一种特殊的界面,在界面上的流体质点同样不能穿透界面,即自由面上的流体质点的法向速度必须与自由面的法向速度相同,假设自由面方程为 $y = \eta(x, z, t)$,将其写成物面方程形式:

$$F(x, y, z, t) = y - \eta(x, z, t) = 0 \tag{4.12}$$

由于自由面上流体质点的物质导数为 0,$DF/Dt = 0$ 可写作

$$\frac{\mathrm{D}F}{\mathrm{D}t} = \frac{\partial F}{\partial t} + (\boldsymbol{V} \cdot \nabla)F = \frac{\partial F}{\partial t} + (\nabla \phi \cdot \nabla)F = \frac{\partial F}{\partial t} + \frac{\partial \phi}{\partial x} \cdot \frac{\partial F}{\partial x} + \frac{\partial \phi}{\partial y} \cdot \frac{\partial F}{\partial y} + \frac{\partial \phi}{\partial z} \cdot \frac{\partial F}{\partial z}$$

$$\tag{4.13}$$

将式(4.12)代入式(4.13),进一步整理得到

$$\frac{\partial \phi}{\partial y} = \frac{\partial \eta}{\partial t} + \frac{\partial \phi}{\partial x} \cdot \frac{\partial \eta}{\partial x} + \frac{\partial \phi}{\partial z} \cdot \frac{\partial \eta}{\partial z} (y = \eta) \tag{4.14}$$

式(4.14)就是自由面 $y = \eta$ 上的运动学条件。由于自由面位置 $y = \eta$ 和速度势均为未知,因此它是一个非线性方程。令求解更为困难的是,自由面运动学条件要在未知的自由面上满足,而自由面位置本身也是需要求解的。

4.2.3　无穷远处条件以及初始条件

除了基本方程以及运动学条件外,求解式(4.2)中 Laplace 方程,还需给出无穷远处条件以及初始条件。在无穷远处,流体静止,不受扰动,即流体速度以及速度势均为 0,无穷远处速度势、速度以及流场压力可表示为

$$\frac{\partial \phi}{\partial t} = 0, \boldsymbol{V} = \nabla \phi = 0, p = p_a - \rho g y (x = \pm \infty) \tag{4.15}$$

由水波动力学条件式(4.5)可知:压力不是独立求解量,它可由速度势求解得到,只有速度势和自由面位置为独立求解量,因此需给出它们的初始条件。由于 Laplace 方程是边值问题,不需给出全场初始条件,只需给出自由面上的初始条件:

$$\phi(x, \eta, z, 0) = f(x, z), \eta(x, z, 0) = \zeta(x, z) \tag{4.16}$$

至此,我们得到了水波问题的全部方程,主要包括:基本控制方程、边界条件以及初始条件。但是,由于方程中存在非线性项,求解并不简单,需要进行处理。

4.3　Airy 波及其特征

上一节给出的水波基本控制方程,是任何势流水波运动问题都必须满足的方程。求解这组方程是十分困难的,原因如下。

(1) 自由面运动学和动力学条件都是非线性的。

(2) 自由面运动学和动力学条件必须在未知的自由面上满足。

为了避开这些问题,现假设波浪为 Airy(微幅)波,即波幅与波长相比是小量,$A/\lambda \ll 1$,那么:

(1) 非线性的自由面运动学和动力学条件可以线性化。

(2) 自由面上满足的运动学和动力学条件可固定在静水面上满足。

在波浪为 Airy 波的情况下,波面位置 η 变化为小量,波浪中流体质点的运动速度也是小量。因此:

(1) 它们自乘或互乘得到的二阶以上的项可作为高阶小量略去。

(2) 由于 η 是小量,原来在未知的自由面 η 上满足的边界条件可以简化为在静水面 $y = 0$ 上满足。基于这样的简化条件,将式(4.14)中的互乘项给略去,自由面运动学条件可以简化为在静水面 $y = 0$ 上满足:

$$\frac{\partial \phi}{\partial y} = \frac{\partial \eta}{\partial t} \quad (y = 0) \tag{4.17}$$

将式(4.6)中自乘项也略去,自由面动力学条件可以简化为在静水面 $y=0$ 上满足:

$$\frac{\partial \phi}{\partial t} + g\eta = 0 \quad (y=0) \tag{4.18}$$

联立式(4.17)以及式(4.18),可得到

$$\frac{\partial^2 \phi}{\partial t^2} + g\frac{\partial \phi}{\partial y} = 0 \quad (y=0) \tag{4.19}$$

将式(4.5)中自乘项略去,得到流场的动力学条件可以简化为

$$p - p_a = -\rho\frac{\partial \phi}{\partial t} - \rho g y \quad (y \leqslant \eta(x,z,t)) \tag{4.20}$$

如果不考虑初始波是怎么产生的,而且流场中不存在物体,Airy 波的速度势可由下面三个方程联立求解得到。

(1) 控制方程:$\nabla^2 \phi = 0$。

(2) 水底部条件:$\dfrac{\partial \phi}{\partial y} = 0$。

(3) 自由面条件:$\dfrac{\partial^2 \phi}{\partial t^2} + g\dfrac{\partial \phi}{\partial y} = 0$。

假设速度势 ϕ 表示为

$$\phi(x,y,t) = Y(y)\sin(kx - \omega t) \tag{4.21}$$

将速度势 ϕ 代入拉普拉斯方程式(4.2)得到

$$Y'' - k^2 Y = 0 \tag{4.22}$$

常系数齐次常微分方程的通解可设为

$$Y = A_1 e^{ky} + A_2 e^{-ky} \tag{4.23}$$

将式(4.23)代入式(4.21),得到

$$\phi = (A_1 e^{ky} + A_2 e^{-ky})\sin(kx - \omega t) \tag{4.24}$$

将式(4.24)代入水底边界条件式(4.9),得到

$$A_2 = A_1 e^{-2kh} \tag{4.25}$$

因此,速度势可进一步写为

$$\phi = 2A_1 e^{-kh}\frac{(e^{k(h+y)} + e^{-k(h+y)})}{2}\sin(kx - \omega t) = 2A_1 e^{-kh}\cosh k(y+h)\sin(kx - \omega t) \tag{4.26}$$

将式(4.26)代入自由面条件式(4.19),得到

$$A = \frac{2A_1 e^{-kh}\omega \cosh kh}{g} \tag{4.27}$$

联立式(4.26)以及式(4.27),可进一步得到速度势表达式:

$$\phi = \frac{gA}{\omega}\sin(kx - \omega t)\frac{\cosh k(y+h)}{\cosh kh} \tag{4.28}$$

当水深 $h \to \infty$ 时,$e^{-kh} \to 0$ 以及 $e^{-k(y+h)} \to 0$,进一步得到

$$\frac{\cosh k(y+h)}{\cosh kh} = \frac{\dfrac{e^{k(y+h)} + e^{-k(y+h)}}{2}}{\dfrac{e^{kh} + e^{-kh}}{2}} \approx \frac{e^{k(y+h)}}{e^{kh}} = e^{ky} \tag{4.29}$$

将式(4.29)代入式(4.28),得到无限水深 Airy 波的速度势为

$$\phi = \frac{gA}{\omega}\sin(kx - \omega t)\,e^{ky} \tag{4.30}$$

将速度势表达式即式(4.28)代入 Airy 波的自由面动力学条件式(4.18),便得到 Airy 波的波面方程为

$$\eta = -\frac{1}{g}\frac{\partial \phi}{\partial t}\bigg|_{y=0} = A\cos(kx - \omega t) \tag{4.31}$$

将速度势表达式即式(4.28)代入 Airy 波的动力学条件式(4.20),得到 Airy 波的流场压力分布表达式为

$$p - p_a = -\rho g y + \rho g A\cos(kx - \omega t)\,\frac{\cosh k(y+h)}{\cosh kh} \tag{4.32}$$

由式(4.31)可看出:确定 Airy 波的波面方程需要定义三个参数(波幅 A、波数 k 以及波浪圆频率 Ω)。实际上,由于色散关系,k 和 Ω 是相互关联的,因此只有两个参数(波幅 A 以及波数 k)是独立变量。除了波幅、波高、波数、波长、波浪周期以及波浪圆频率这几个重要参数外,还有另外一个重要参数 —— 波速 c,定义为波长 λ 与波浪周期 T 的比值:

$$c = V_p = \frac{\lambda}{T} = \frac{2\pi/k}{2\pi/\omega} = \frac{\omega}{k} \tag{4.33}$$

依据波速 c,波面方程式(4.31)又可表示为

$$\eta = A\cos(kx - \omega t) = A\cos\left[k\left(x - \frac{\omega}{k}t\right)\right] = A\cos\left[k(x - ct)\right] \tag{4.34}$$

将速度势表达式即式(4.28)代入 Airy 波的自由面条件式(4.19),得到

$$\omega^2 = gk\,\frac{\sinh kh}{\cosh kh} = gk\tanh kh \tag{4.35}$$

式(4.35)称为色散关系式,该式反映了波浪圆频率 Ω 与波数 k 之间的关系。由式(4.35)可知:当水深已知时,不同波数的水波将以不同的波浪圆频率进行振荡。

(1)若知道水深 h 和波数 k,很容易求解得到波浪圆频率 Ω,即 $\omega = \sqrt{gk\tanh kh}$。

(2)若知道波浪圆频率 Ω 和水深 h,可通过下面方法求解得到波数 k。

式(4.35)可进一步写成

$$\frac{\omega^2}{gk} = \tanh kh \tag{4.36}$$

若令 $C = \Omega^2 h/g$,式(4.36)可进一步写作

$$\frac{C}{kh} = \tanh kh \tag{4.37}$$

将 kh 看作一个整体,由式(4.37)可得到如下两个函数:

$$f_1(kh) = \frac{C}{kh}, \quad f_2(kh) = \tanh kh \tag{4.38}$$

如图 4.4 所示,使用交点法(即求上面两个函数曲线的交点)便可得到 kh 的值,进一步结合水深 h 的值便可得到波数 k 的值。

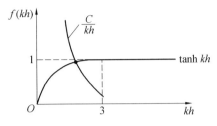

图 4.4 使用图解法求波数 k

4.4 线性浅水波和深水波

在正式介绍线性浅水波以及深水波特征之前,先介绍下 4 个常用函数在深水($kh > 3$)以及浅水($kh \ll 1$)时的函数特征,这 4 个函数在后面推导时会用到。令这 4 个函数分别为 f_0、$f_1(y)$、$f_2(y)$ 以及 $f_3(y)$。

(1)先讨论深水的情况($h > \lambda/2$ 或 $kh > 3$),$e^{-2kh} \approx 0$ 以及 $e^{-k(y+2h)} \approx 0$,因此有下列表达式:

$$f_0 = \tanh kh = \frac{e^{kh} - e^{-kh}}{e^{kh} + e^{-kh}} = \frac{1 - e^{-2kh}}{1 + e^{-2kh}} \approx 1 \tag{4.39}$$

$$f_1(y) = \frac{\cosh k(y+h)}{\cosh kh} = \frac{\dfrac{e^{k(y+h)} + e^{-k(y+h)}}{2}}{\dfrac{e^{kh} + e^{-kh}}{2}} = \frac{e^{ky} + e^{-k(y+2h)}}{1 + e^{-2kh}} \approx e^{ky} \tag{4.40}$$

$$f_2(y) = \frac{\cosh k(y+h)}{\sinh kh} = \frac{\dfrac{e^{k(y+h)} + e^{-k(y+h)}}{2}}{\dfrac{e^{kh} - e^{-kh}}{2}} = \frac{e^{ky} + e^{-(k+2h)}}{1 - e^{-2kh}} \approx e^{ky} \tag{4.41}$$

$$f_3(y) = \frac{\sinh k(y+h)}{\sinh kh} = \frac{\dfrac{e^{k(y+h)} - e^{-k(y+h)}}{2}}{\dfrac{e^{kh} - e^{-kh}}{2}} = \frac{e^{ky} - e^{-k(y+2h)}}{1 - e^{-2kh}} \approx e^{ky} \tag{4.42}$$

(2)再讨论浅水的情况($h < \lambda/25$ 或 $kh \ll 1$),$e^{kh} \approx 1 + kh$,$e^{-kh} \approx 1 - kh$,因此有下列表达式:

$$f_0 = \tanh kh = \frac{e^{kh} - e^{-kh}}{e^{kh} + e^{-kh}} \approx \frac{(1+kh) - (1-kh)}{(1+kh) + (1-kh)} = kh \tag{4.43}$$

$$f_1(y) = \frac{\cosh k(y+h)}{\cosh kh} = \frac{\dfrac{e^{k(y+h)} + e^{-k(y+h)}}{2}}{\dfrac{e^{kh} + e^{-kh}}{2}} \approx \frac{1 + k(y+h) + 1 - k(y+h)}{1 + kh + 1 - kh} = 1 \tag{4.44}$$

$$f_2(y) = \frac{\cosh k(y+h)}{\sinh kh} = \frac{\dfrac{e^{k(y+h)} + e^{-k(y+h)}}{2}}{\dfrac{e^{kh} - e^{-kh}}{2}} \approx \frac{1 + k(y+h) + 1 - k(y+h)}{1 + kh - (1-kh)} = \frac{1}{kh} \tag{4.45}$$

$$f_3(y) = \frac{\sinh k(y+h)}{\sinh kh} = \frac{\dfrac{e^{k(y+h)} - e^{-k(y+h)}}{2}}{\dfrac{e^{kh} - e^{-kh}}{2}} \approx \frac{1 + k(y+h) - [1 - k(y+h)]}{1 + kh - (1 - kh)} = 1 + \frac{y}{h}$$

$$(4.46)$$

将式(4.39)至式(4.46)统一表示,见表4.1。

表 4.1　深水以及浅水情况下四个常用函数特征

f	深水($h > \lambda/2$)	浅水($h < \lambda/25$)
$f_0 = \tanh(kh)$	1	kh
$f_1 = \dfrac{\cosh k(y+h)}{\cosh kh}$	e^{ky}	1
$f_2 = \dfrac{\cosh k(y+h)}{\sinh kh}$	e^{ky}	$\dfrac{1}{kh}$
$f_3 = \dfrac{\sinh k(y+h)}{\sinh kh}$	e^{ky}	$1 + \dfrac{y}{h}$

4.4.1　基本特征

将式(4.35)与表4.1中深水时 f_0 的表达式联立起来,得到深水波中波浪圆频率 Ω 与波数 k 之间的关系:

$$\omega^2 = gk \tag{4.47}$$

深水波中波浪周期 T 与波长 λ 之间的关系:

$$\omega^2 = gk \Rightarrow \left(\frac{2\pi}{T}\right)^2 = g \cdot \frac{2\pi}{\lambda} \Rightarrow T^2 = \frac{2\pi\lambda}{g} \tag{4.48}$$

深水波中波速 c_d(深水波传播速度)与波长 λ 之间的关系:

$$c_d^2 = \frac{g\lambda}{2\pi} \tag{4.49}$$

由式(4.47)、式(4.48)以及式(4.49)可看出:在深水波中,波浪圆频率与波数,波浪周期与波长,波速与波长之间均呈正相关的关系。由于深水中 $h > \lambda/2$,进一步可得到 $\lambda/h < 2$。因此,深水波又称为短波。

将式(4.35)与表4.1中浅水时 f_0 的表达式联立起来,得到浅水波中波浪圆频率 Ω 与波数 k 之间的关系:

$$\omega^2 = ghk^2 \tag{4.50}$$

浅水波中波浪周期 T 与波长 λ 之间的关系:

$$\omega^2 = ghk^2 \Rightarrow \frac{4\pi^2}{T^2} = gh\frac{4\pi^2}{\lambda^2} \Rightarrow T^2 = \frac{\lambda^2}{gh} \tag{4.51}$$

由式(4.50)可得到浅水波中波速 c_s(浅水波传播速度)与波长 λ 之间的关系:

$$c_s^2 = \frac{\omega^2}{k^2} = gh \tag{4.52}$$

由式(4.50)、式(4.51)以及式(4.52)可看出:在浅水波中,波浪圆频率与波数正相关;波浪周期与波长正相关;波速与波长无关。联立色散关系式(4.35)以及波速表达式即式(4.33),可得到一般水深下波速表达式:

$$c^2 = \frac{g \tanh kh}{k} \tag{4.53}$$

对比深水中波速表达式即式(4.49)、浅水中波速表达式即式(4.52)以及一般水深中波速表达式即式(4.53),得到

$$\frac{c}{c_{\mathrm{d}}} = \sqrt{\tanh kh} = \sqrt{\tanh\left(\frac{2\pi h}{\lambda}\right)}, \frac{c}{c_{\mathrm{s}}} = \sqrt{\frac{\tanh kh}{kh}} = \sqrt{\frac{\lambda}{2\pi h} \tanh\left(\frac{2\pi h}{\lambda}\right)} \tag{4.54}$$

将 $2\pi h/\lambda$ 看作一个整体,并将其作为横坐标,可得到 c/c_{d} 以及 c/c_{s} 与 $2\pi h/\lambda$ 的变化关系,如图 4.5 所示。

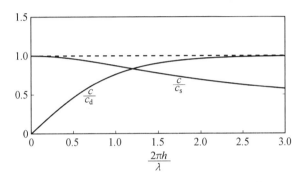

图 4.5   浅水波以及深水波传播速度变化趋势

由图 4.5 可以看出:

(1) 对于浅水,当水深 h 为恒值时,波速 $c_{\mathrm{s}} = \sqrt{gh}$ 也为恒值,随着波长的增加,波速逐渐增加,可得到:长波的传播速度快;短波的传播速度慢。

(2) 对于深水,当波长 λ 为恒值时,波速 $c_{\mathrm{d}} = \sqrt{g\lambda/2\pi}$ 也为恒值,随着水深的增加,波速逐渐增加,可得到:深水波传播速度快;浅水波传播速度慢。

4.4.2   流场中水质点运动速度

联立速度势表达式即式(4.28)以及色散关系式(4.35),可得到流场中 x 方向以及 y 方向的速度 u 和 v:

$$u = \frac{\partial \phi}{\partial x} = A\omega \frac{\cosh k(y+h)}{\sinh kh} \cos(kx - \omega t) \tag{4.55}$$

$$v = \frac{\partial \phi}{\partial y} = A\omega \frac{\sinh k(y+h)}{\sinh kh} \sin(kx - \omega t) \tag{4.56}$$

由式(4.55)以及式(4.56)可得到在 $y=0$(静水面)上的速度:

$$U_0 = A\omega \frac{1}{\tanh kh} \cos(kx - \omega t), V_0 = A\omega \sin(kx - \omega t) \tag{4.57}$$

由 u、v、U_0 以及 V_0 之间的关系,可得到流场中任一点的速度与静水面速度的比值:

$$\frac{u}{U_0} = \frac{\cosh k(y+h)}{\cosh kh}, \frac{v}{V_0} = \frac{\sinh k(y+h)}{\sinh kh} \tag{4.58}$$

（1）对于深水波，依据表 4.1，可进一步将式（4.58）化简为

$$\frac{u}{U_0} \approx \mathrm{e}^{ky}, \frac{v}{V_0} \approx \mathrm{e}^{ky} \tag{4.59}$$

式（4.59）说明：深水波中流场内的速度与 y 的坐标值有关，随着 y 的增加，x 方向以及 y 方向的流场速度均呈指数次方减小（图 4.6）。

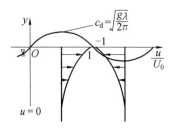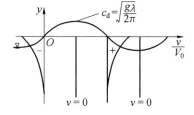

图 4.6　深水波流场速度分布

（2）对于浅水波，依据表 4.1，可进一步将式（4.58）化简为

$$\frac{u}{U_0} \approx 1, \frac{v}{V_0} \approx 1 + \frac{y}{h} \tag{4.60}$$

式（4.60）说明：浅水波中流场内 x 方向速度与 y 的坐标值无关，y 方向速度随着 y 值的增加呈线性递减（图 4.7）。

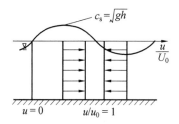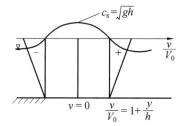

图 4.7　浅水波流场速度分布

4.4.3　流场中水质点运动轨迹

如图 4.8 所示，设水质点 P 的坐标为 $(x_P(t), y_P(t))$，设它的平均位置为 $(\bar{x}_P, \bar{y}_P)$，因此 P 点位置可表示为

$$x_P(t) = \bar{x}_P + x_P{}'(t), y_P(t) = \bar{y}_P + y_P{}'(t) \tag{4.61}$$

图 4.8　水质点绕平衡位置运动

基于二元泰勒级数展开式得到位移和速度的关系：

$$u_P = \frac{\mathrm{d}x_P}{\mathrm{d}t} = u(\bar{x},\bar{y},t) + \frac{\partial u(\bar{x},\bar{y},t)}{\partial x}x' + \frac{\partial u(\bar{x},\bar{y},t)}{\partial y}y' + \cdots \tag{4.62}$$

对式(4.62)进行积分,得到

$$x_P = \bar{x} + \int u(\bar{x},\bar{y},t)\mathrm{d}t = \bar{x} + \int A\omega\,\frac{\cosh k(\bar{y}+h)}{\sinh kh}\cos(k\bar{x}-\omega t)\mathrm{d}t =$$

$$\bar{x} - A\,\frac{\cosh k(\bar{y}+h)}{\sinh kh}\sin(k\bar{x}-\omega t) \tag{4.63}$$

式(4.63)可进一步改写为

$$x_P - \bar{x} = -A\,\frac{\cosh k(\bar{y}+h)}{\sinh kh}\sin(k\bar{x}-\omega t) \tag{4.64}$$

同理可得到

$$v_P = \frac{\mathrm{d}y_P}{\mathrm{d}t} = v(\bar{x},\bar{y},t) + \frac{\partial v(\bar{x},\bar{y},t)}{\partial x}x' + \frac{\partial v(\bar{x},\bar{y},t)}{\partial y}y' + \cdots \tag{4.65}$$

对式(4.65)进行积分,得到

$$y_P = \bar{y} + \int v(\bar{x},\bar{y},t)\mathrm{d}t = \bar{y} + \int A\omega\,\frac{\sinh k(\bar{y}+h)}{\sinh kh}\sin(k\bar{x}-\omega t)\mathrm{d}t =$$

$$\bar{y} + A\,\frac{\sinh k(\bar{y}+h)}{\sinh kh}\cos(k\bar{x}-\omega t) \tag{4.66}$$

式(4.66)可进一步改写为

$$y_P - \bar{y} = A\,\frac{\sinh k(\bar{y}+h)}{\sinh kh}\cos(k\bar{x}-\omega t) \tag{4.67}$$

联立式(4.64)以及式(4.67),得到 P 的运动轨迹：

$$\frac{(x_P-\bar{x})^2}{a^2} + \frac{(y_P-\bar{y})^2}{b^2} = 1 \tag{4.68}$$

式(4.68)中 a 和 b 可表示为

$$a = A\,\frac{\cosh k(\bar{y}+h)}{\sinh kh},\ b = A\,\frac{\sinh k(\bar{y}+h)}{\sinh kh} \tag{4.69}$$

由式(4.68)可看出:水质点的运动轨迹是一个椭圆,随着水深增加,椭圆两个轴长减小(图4.9)。

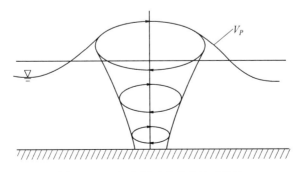

图4.9 一般水深下水质点运动轨迹

（1）对于深水波，依据表 4.1，式（4.69）可进一步写作

$$a = A \frac{\cosh k(\bar{y}+h)}{\sinh kh} = Ae^{k\bar{y}}, b = A \frac{\sinh k(\bar{y}+h)}{\sinh kh} = Ae^{k\bar{y}} \tag{4.70}$$

如图 4.10 所示，水质点的运动轨迹为一个圆，随着水深的增加，圆半径逐渐减小。

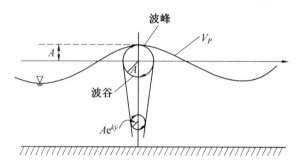

图 4.10　深水波中水质点运动轨迹

（2）对于浅水波，依据表 4.1，式（4.69）可进一步写作

$$a = A \frac{\cosh k(\bar{y}+h)}{\sinh kh} = \frac{A}{kh} = \text{constant}, b = A \frac{\sinh k(\bar{y}+h)}{\sinh kh} = A\left(1 + \frac{y}{h}\right) \tag{4.71}$$

如图 4.11 所示，水质点的运动轨迹为一个椭圆，椭圆的水平轴长保持不变，椭圆的垂直轴长随着水深增加而线性减小。

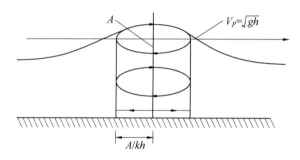

图 4.11　浅水波中水质点运动轨迹

4.4.4　流场压力分布

联立式（4.32）以及式（4.34），进一步得到流场中压力分布表达式为

$$p - p_a = -\rho \frac{\partial \phi}{\partial t} - \rho g y = \rho g \frac{\cosh k(y+h)}{\cosh kh} \eta - \rho g y \tag{4.72}$$

式中，p_a 为静水面处大气压力。

（1）对于深水波，依据表 4.1，可以对式（4.72）进行化简，得到深水波中压力分布为

$$p - p_a = \rho g (\eta e^{ky} - y) \tag{4.73}$$

如图 4.12 所示，对于深水波，动压力部分会随着水深的增加而衰减，动压力只在自由面附近起作用，其他地方还是静水压力分布起作用。

（2）对于浅水波，依据表 4.1，可以对式（4.72）进行化简，得到深水波中压力分布为

$$p - p_a = \rho g (\eta - y) \tag{4.74}$$

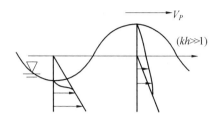

图 4.12　深水波压力分布

如图 4.13 所示,对于浅水波,其压力分布相当于静水压力分布,只是需要以实际的波面高度来计算静水压力。

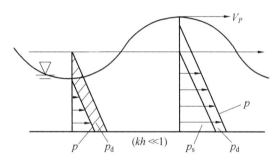

图 4.13　浅水波压力分布

注:p_s 为静水压力;p_d 为动压力。

将前面得到的深水以及浅水中的色散关系、波速、流场速度、水质点椭圆运动轨迹以及流场压力统一表示,见表 4.2。

表 4.2　深水以及浅水情况下几个主要参数的特征

	深水 $h > \lambda/2$	浅水 $h < \lambda/25$
色散关系	$\omega^2 = gk$	$\omega^2 = ghk^2$
波速	$c_d^2 = \dfrac{g}{k} = \dfrac{g\lambda}{2\pi}$	$c_s^2 = gh$
流场速度	$\dfrac{u}{U_0} \approx e^{ky}, \dfrac{v}{V_0} \approx e^{ky}$	$\dfrac{u}{U_0} \approx 1, \dfrac{v}{V_0} \approx 1 + \dfrac{y}{h}$
水质点椭圆运动轨迹 长轴 a 和短轴 b	$a = b = Ae^{ky}$	$a = \text{constant}, b = A\left(1 + \dfrac{y}{h}\right)$
流场压力	$p - p_a = \rho g (\eta e^{ky} - y)$	$p - p_a = \rho g (\eta - y)$

例 4.1　已知深水 Airy 波的波幅 $A = 0.3$ m,波周期 $T = 2$ s,求波浪圆频率、波数、波速、波长,以及最大波倾角。

解　波浪圆频率 Ω 可由波浪周期求解得到:

$$\omega = \frac{2\pi}{T} = \frac{2 \times 3.1415927}{2} = 3.142 \ (\text{s}^{-1})$$

由深水波色散关系式可求得波数 k:

$$\omega^2 = gk \Rightarrow k = \frac{\omega^2}{g} = \frac{(3.142)^2}{9.81} = 1.011 \ (\text{m}^{-1})$$

由波浪圆频率 Ω 以及波数 k 计算公式,可得到波速 c:

$$c = \frac{\omega}{k} = \frac{3.142}{1.011} = 3.107\,8\;(\text{m/s})$$

波长 λ 可由波数 k 求解得到:

$$\lambda = \frac{2\pi}{k} = \frac{2 \times 3.141\,592\,7}{2} = 6.214\,8\;(\text{m})$$

设 Airy 波的波面方程为 $\eta = A\cos(kx - \Omega t)$,则波倾角 α 可表示为

$$\tan\alpha = \frac{\partial\eta}{\partial x} = -Ak\sin(kx - \omega t)$$

由上式可得到最大波倾角正切为 $\tan\alpha_{\max} = 0.3 \times 1.01 = 0.303$,进一步得到 $\alpha_{\max} = 16.86°$。

例 4.2 已知无限深水微幅波的波幅 $A = 0.3$ m,周期为 $T = 2$ s,试求:

(1) 波面的最大倾角 $\alpha_{\max}$。

(2) 水质点振幅减小一半的水深 y。

解 (1) 波浪圆频率 Ω 可由波浪周期求解得到:

$$\omega = \frac{2\pi}{T} = \frac{2 \times \pi}{2} = \pi\;(\text{s}^{-1})$$

由深水波色散关系式可求得波数 k:

$$k = \frac{\omega^2}{g} = \frac{\pi^2}{g}$$

联立波幅 A、波浪圆频率 Ω 以及波数 k 计算公式,可得到波面方程:

$$\eta = A\cos(kx - \omega t) = 0.3\cos\left(\frac{\pi^2}{g}x - \pi t\right)$$

由波面方程可得到倾角正切:

$$\tan\alpha = \frac{\partial\eta}{\partial x} = -0.3\frac{\pi^2}{g}\sin\left(\frac{\pi^2}{g}x - \pi t\right)$$

进一步可得到最大波倾角 $\alpha_{\max}$:

$$\tan\alpha_{\max} = 0.3\frac{\pi^2}{g} \Rightarrow \alpha_{\max} = 16.86°$$

(2) 基于表 4.2,水质点运动轨迹振幅 a 和 b 可表示为

$$a = b = Ae^{ky}$$

当水质点振幅减小到一半的时候,即 $e^{ky} = 0.5$ 时,将前面求得的 k 代入该式,得到

$$e^{ky} = 0.5 \Rightarrow y = -0.689\;\text{m}$$

4.5 波的线性叠加原理

至此我们讨论的波都是线性波,因此也适用线性叠加原理(linear superposition),即简单的线性波浪可以通过叠加得到新的波。

4.5.1 驻波特征

如图 4.14 所示,由两个各参数(波幅 A、波数 k 以及波浪圆频率 Ω)完全相同,但传播

方向相反的 Airy 波线性叠加,就可以得到驻波(standing waves)。

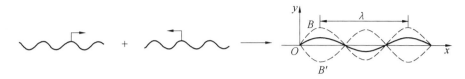

图 4.14 驻波

假设向右传播的 Airy 波的波面方程为

$$\eta_1 = A\cos(kx - \omega t) \tag{4.75}$$

假设向左传播的 Airy 波的波面方程为

$$\eta_2 = A\cos(-kx - \omega t) \tag{4.76}$$

将式(4.75)和式(4.76)进行叠加,便可得到新的波浪:

$$\eta = \eta_1 + \eta_2 = 2A\cos kx \cos \omega t \tag{4.77}$$

由式(4.77)可看出:① 波面方程在 $2A$ 幅度范围内做周期性振动;② 波面与水平面的交点位置不随时间变化,波形不向左右传播,故称为驻波(图 4.15);③ 在 $kx = n\pi + \pi/2$ 处,恒有 $\eta = 0$,这些空间点称为节点或波节(node);④ 在 $kx = n\pi$ 处,波幅 η 最大值可以达到 $2A$,这些空间点称为波腹(antinode)。

将式(4.75)和式(4.76)代入式(4.18),得到向右传播的 Airy 波的速度势可表示为

$$\phi_1 = \frac{gA}{\omega} \frac{\cosh k(y+h)}{\cosh kh} \sin(kx - \omega t) \tag{4.78}$$

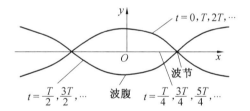

图 4.15 不同时刻下驻波的波面图

向左传播的 Airy 波的速度势可表示为

$$\phi_2 = \frac{gA}{\omega} \frac{\cosh k(y+h)}{\cosh kh} \sin(-kx - \omega t) \tag{4.79}$$

将式(4.78)和式(4.79)进行叠加,可得到总速度势:

$$\phi = \phi_1 + \phi_2 = -\frac{2gA}{\omega} \frac{\cosh k(y+h)}{\cosh kh} \cos kx \sin \omega t \tag{4.80}$$

由速度势表达式即式(4.80)可得到流场的速度场:

$$u = \frac{\partial \phi}{\partial x} = 2A\omega \frac{\cosh k(y+h)}{\sinh kh} \sin kx \sin \omega t$$
$$v = \frac{\partial \phi}{\partial y} = -2A\omega \frac{\sinh k(y+h)}{\sinh kh} \cos kx \sin \omega t \tag{4.81}$$

由式(4.81)所示速度分布可看出:在 $x = 0$(或 $kx = 2n\pi$)处,u 恒等于 0,也就是说在 $x = 0$ 处(或 $x = n\lambda$ 处)相当于一个物面。

如图 4.16 所示,驻波常常发生于有界域(容器、油船）或半无界域(垂直堤岸附近海域）内。

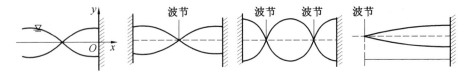

图 4.16 有界域或半无界域中的驻波

也可以换个角度来理解驻波。如图 4.17 所示,如果一个 $\eta_1 = A\cos(kx - \Omega t)$ 的入射波在传播过程中,在 $x = 0$ 处遇到一个垂直壁面后完全反射,得到一个 $\eta_R = A\cos(-kx - \Omega t)$ 的反射波。反射后的波由入射波与反射波叠加组成,即驻波:

$$\eta = \eta_1 + \eta_R = 2A\cos kx \cos \omega t \tag{4.82}$$

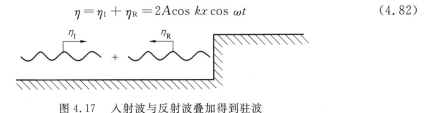

图 4.17 入射波与反射波叠加得到驻波

4.5.2 波群特征

两个波幅和传播方向相同且波数和波浪圆频率非常接近的 Airy 波线性叠加,便可得到波群。这个叠加波的波面方程可表示为

$$\eta_1 = A\cos(k_1 x - \omega_1 t), \eta_2 = A\cos(k_2 x - \omega_2 t) \tag{4.83}$$

式中, $k_1 \approx k_2, \Omega_1 \approx \Omega_2$。

令 δk 和 $\delta \Omega$ 表示为

$$\delta k = k_2 - k_1, \delta \omega = \omega_2 - \omega_1 \tag{4.84}$$

将式(4.83)中两个波浪进行叠加得到

$$\eta_T = \eta_1 + \eta_2 = 2A\cos \frac{1}{2}[(k_2 - k_1)x - (\omega_2 - \omega_1)t] \cdot$$

$$\cos \frac{1}{2}[(k_2 + k_1)x - (\omega_2 + \omega_1)t] \tag{4.85}$$

令平均频率 $\bar{\omega}$、平均波数 $\bar{k}$、调制频率 Ω_m 以及调制波数 k_m 表示为

$$\bar{\omega} = \frac{1}{2}(\omega_2 + \omega_1), \bar{k} = \frac{1}{2}(k_2 + k_1), \omega_m = \frac{1}{2}(\omega_2 - \omega_1), k_m = \frac{1}{2}(k_2 - k_1) \tag{4.86}$$

将式(4.86)代入式(4.85)得到

$$\eta_T = 2A\cos(k_m x - \omega_m t)\cos(\bar{k}x - \bar{\omega}t) \tag{4.87}$$

由式(4.87)可看出:合成波为频率是平均频率、振幅随时间和位置在 $[-2A, 2A]$ 范围内变化的波(图 4.18)。

对式(4.87)中 η_T 做如下运算:

$$|\eta_T|^2 = [2A\cos(k_m x - \omega_m t)]^2 = A^2[2 + 2\cos(\delta kx - \delta \omega t)] \tag{4.88}$$

由式(4.88)可知,当 $\delta kx - \delta \Omega t = (2n+1)\pi$ 时, $|\eta_T|_{min} = 0$；当 $\delta kx - \delta \Omega t = 2n\pi$ 时,

$|\eta_T|_{max}=2|A|$；叠加后波群的波长为 $\lambda_g=2\pi/(\delta k)$；叠加后波群的波周期为 $T_g=2\pi/(\delta\Omega)$。由叠加后的波长和波周期，可得到叠加后波群的波速 V_g：

$$V_g=\frac{\lambda_g}{T_g}=\frac{\delta w}{\delta k}\approx\frac{\mathrm{d}\omega}{\mathrm{d}k} \tag{4.89}$$

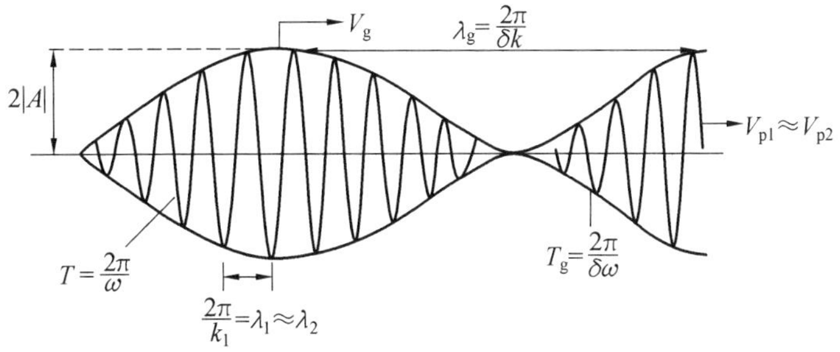

图 4.18　波群

由色散关系式(4.35)可进一步得到

$$\omega=\sqrt{gk}\cdot\sqrt{\tanh kh} \tag{4.90}$$

对式(4.90)求 k 偏导，便可得到波群速度：

$$V_g=\frac{\mathrm{d}\omega}{\mathrm{d}k}=\sqrt{g}\cdot\frac{1}{2\sqrt{k}}\cdot\sqrt{\tanh kh}+\sqrt{gk}\cdot\frac{1}{2\sqrt{\tanh kh}}\cdot\frac{1}{\cosh^2 kh}\cdot h=$$

$$\sqrt{gk\tanh kh}\left(\frac{1}{2k}+\frac{h}{2\tanh kh\cdot\cosh^2 kh}\right)=$$

$$\sqrt{gk\tanh kh}\left(\frac{1}{2k}+\frac{h}{\sinh 2kh}\right)=$$

$$\frac{\omega}{k}\frac{1}{2}\left(1+\frac{2kh}{\sinh 2kh}\right) \tag{4.91}$$

由于单个波浪的传播速度 $V_p=\Omega/k$，式(4.91)又可以进一步表示为

$$V_g=V_p\cdot\frac{1}{2}\left(1+\frac{2kh}{\sinh 2kh}\right)=V_p\cdot C \tag{4.92}$$

式(4.92)反映了波群传播速度 V_g 与单个波浪传播速度 V_p 之间的关系。

(1) 对于深水波($h>\lambda/2$)，由于

$$\frac{2kh}{\sinh 2kh}=\frac{2kh}{(\mathrm{e}^{2kh}-\mathrm{e}^{-2kh})/2}\rightarrow 0$$

有 $C=1/2$，得到

$$V_g=V_p/2$$

(2) 对于浅水波($h<\lambda/25$)，由于

$$\frac{2kh}{\sinh 2kh}=\frac{2kh}{(\mathrm{e}^{2kh}-\mathrm{e}^{-2kh})/2}=\frac{2kh}{[(1+2kh)-(1-2kh)]/2}=1$$

有 $C=1$，得到

$$V_g=V_p$$

(3) 对于一般水深($\lambda/25<h<\lambda/2$)，由于 $1/2\leqslant C\leqslant 1$，得到

$$V_p/2<V_g<V_p$$

4.6 波能及其传播

水波在传播时,水质点会在平衡位置做微小的振动,很明显这种运动具有动能;另外,水质点偏移平衡位置很明显会引起势能的变化。

如图 4.19 所示,假设水域没有波浪,我们考虑的是水深为 h,单位长度为 1、单位宽度也为 1 的范围内的流场,单位面积内水的势能可以通过下面的积分计算得到。将 $y=0$ 设在静水面处,因此势能为负值。则坐标为 y 处、高度为 $\mathrm{d}y$ 水域的势能可表示为

$$\mathrm{d}E_{\mathrm{p}} = \mathrm{d}m \cdot g \cdot y = \rho \mathrm{d}y \cdot 1 \cdot g \cdot y = \rho g y \mathrm{d}y \tag{4.93}$$

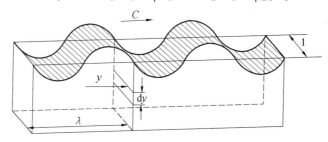

图 4.19 单位长度以及单位宽度流场内的波浪

对式(4.93)进行积分,得到没有波浪时单位面积水的势能可表示为

$$PE_{\text{without wave}} = \int_{-h}^{0} \rho g y \mathrm{d}y = -\frac{1}{2}\rho g h^2 \tag{4.94}$$

对于有波浪的波面(假设波面高度为 η),单位面积水的势能可表示为

$$PE_{\text{with wave}} = \int_{-h}^{\eta} \rho g y \mathrm{d}y = \frac{1}{2}\rho g(\eta^2 - h^2) \tag{4.95}$$

因此,单位面积内由纯波浪引起的势能就等于有波浪时的势能减去无波浪时的势能,即

$$PE_{\text{wave}} = PE_{\text{with wave}} - PE_{\text{without wave}} = \frac{1}{2}\rho g \eta^2 \tag{4.96}$$

如果考虑 Airy 波,其波面方程可表示为 $\eta = A\cos(kx - \Omega t)$,得到单位长度上波的势能为

$$PE_{\text{wave}} = \frac{1}{2}\rho g \eta^2 = \frac{1}{2}\rho g A^2 \cos^2(kx - \omega t) \tag{4.97}$$

可以得到纯波浪在一个波长 λ 内的势能平均值可表示为

$$\overline{PE}_{\text{wave}} = \frac{1}{\lambda}\int_0^\lambda PE_{\text{wave}} \mathrm{d}x = \frac{1}{2\lambda}\rho g A^2 \int_0^\lambda \cos^2(kx - \omega t)\mathrm{d}x =$$
$$\frac{1}{2\lambda}\rho g A^2 \cdot \frac{1}{2}\lambda = \frac{1}{4}\rho g A^2 \tag{4.98}$$

根据动能的定义,只有在有波浪时,波浪才会有动能。假设我们考虑的是单位长度为 1、单位宽度也为 1、水深为 h 的流场,则坐标为 y 处、高度为 $\mathrm{d}y$ 水域的动能可表示为

$$\mathrm{d}E_{\mathrm{k}} = \frac{1}{2}|\boldsymbol{V}|^2 \mathrm{d}m = \frac{1}{2}|\boldsymbol{V}|^2 \rho \mathrm{d}V = \frac{1}{2}|\boldsymbol{V}|^2 \rho \mathrm{d}y \cdot 1 = \frac{1}{2}|\nabla\phi|^2 \rho \mathrm{d}y \tag{4.99}$$

对式(4.99)进行积分得到单位面积水域的动能：

$$KE_{\text{with wave}} = \int_{-h}^{\eta} \left(\frac{1}{2}\rho \mid \nabla\phi \mid^2 \right) \mathrm{d}y \tag{4.100}$$

可以得到在一个波长 λ 内的动能平均值表示为

$$\overline{KE}_{\text{wave}} = \frac{1}{\lambda} KE_{\text{with wave}} = \frac{1}{\lambda}\int_0^{\lambda}\int_{-h}^{\eta} \left(\frac{1}{2}\rho \mid \nabla\phi \mid^2 \right) \mathrm{d}y\mathrm{d}x = \frac{\rho}{2\lambda}\int_0^{\lambda}\int_{-h}^{\eta} (\nabla\phi \cdot \nabla\phi)\mathrm{d}y\mathrm{d}x \tag{4.101}$$

基于格林定理，将面积分转换为线积分，得到

$$\overline{KE}_{\text{wave}} = \frac{\rho}{2\lambda}\int_0^{\lambda}\int_{-h}^{\eta} (\nabla\phi \cdot \nabla\phi)\mathrm{d}y\mathrm{d}x = \frac{\rho}{2\lambda}\oint_s \phi\, \frac{\partial\phi}{\partial n}\mathrm{d}s \tag{4.102}$$

如图 4.20 所示，利用左右两垂直侧面上积分相互抵消和水底部条件，可得到在一个波长内的波能平均值为

$$\overline{KE}_{\text{wave}} = \frac{\rho}{2\lambda}\oint_s \phi\, \frac{\partial\phi}{\partial n}\mathrm{d}s = \frac{\rho}{2\lambda}\int_s \left[\phi\, \frac{\partial\phi}{\partial n} \right]_{y=\eta} \mathrm{d}s \tag{4.103}$$

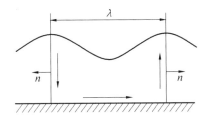

图 4.20　单位波长内的波能

基于 Airy 波的线性化条件，用静水面的速度势来代替波面上的速度势：

$$\phi\mid_{y=0} = \frac{gA}{\omega}\sin(kx - \omega t),\ \frac{\partial\phi}{\partial n}\bigg|_{y=0} = \frac{\partial\phi}{\partial y}\bigg|_{y=0} = A\omega\sin(kx - \omega t) \tag{4.104}$$

将式(4.104)代入式(4.103)，得到

$$\overline{KE}_{\text{wave}} = \frac{\rho}{2\lambda}\int_s \left[\phi\, \frac{\partial\phi}{\partial n} \right]_{y=0} \mathrm{d}s = \frac{\rho gA^2}{2\lambda}\int_0^{\lambda} \left[\sin^2(kx - \omega t) \right]\mathrm{d}x = \frac{\rho gA^2}{4} \tag{4.105}$$

联立式(4.98)和式(4.105)得到 Airy 波单位长度的总波能为

$$\overline{E} = \overline{PE}_{\text{wave}} + \overline{KE}_{\text{wave}} = \frac{\rho gA^2}{4} + \frac{\rho gA^2}{4} = \frac{\rho gA^2}{2} \tag{4.106}$$

可以看出：①Airy 波的势能与动能是相等的，均等于 $\rho gA^2/4$；② 波能与波幅平方成正比，与水深无关。假设水波穿过 y 轴从左向右进行传播，$\mathrm{d}t$ 时间内通过该轴所在截面所转移的能量等于该截面上压力在 x 方向所做的功：

$$\mathrm{d}W = \int_{-h}^{\eta} (p \cdot \mathrm{d}y) \cdot (u\mathrm{d}t) = \int_{-h}^{\eta} pu\mathrm{d}y\mathrm{d}t \tag{4.107}$$

由式(4.107)可得到在一个周期 T 内做的总功为

$$W = \int_0^T \mathrm{d}W = \int_0^T\int_{-h}^{\eta} pu\mathrm{d}y\mathrm{d}t \tag{4.108}$$

由式(4.108)可得到一个周期内单位时间里做的功为

$$\overline{W} = \frac{1}{T}\int_0^T \mathrm{d}W = \frac{1}{T}\int_0^T\int_{-h}^{\eta} pu\mathrm{d}y\mathrm{d}t \tag{4.109}$$

单位时间内所做的功就是单位时间内通过该截面转移的能量,可进一步表示为

$$\overline{W} = \frac{1}{T}\int_0^T\int_{-h}^{\eta} pu\,\mathrm{d}y\mathrm{d}t = \frac{1}{T}\int_0^T\int_{-h}^{\eta}\left[-\rho\left(\frac{\partial\phi}{\partial t}+gy\right)\frac{\partial\phi}{\partial x}\right]\mathrm{d}y\mathrm{d}t \qquad (4.110)$$

对于 Airy 波,存在下式:

$$\frac{\partial\phi}{\partial t} = -gA\frac{\cosh k(y+h)}{\cosh kh}\cos(kx-\omega t), \frac{\partial\phi}{\partial x} = A\omega\frac{\cosh k(y+h)}{\sinh kh}\cos(kx-\omega t)$$

$$(4.111)$$

将式(4.111)代入式(4.110),得到

$$\overline{W} = \frac{1}{T}\int_0^T\int_{-h}^{\eta}\left[-\rho\left(\frac{\partial\phi}{\partial t}+gy\right)\frac{\partial\phi}{\partial x}\right]\mathrm{d}y\mathrm{d}t =$$
$$\left(\frac{1}{2}\rho gA^2\right)\left(\frac{\omega}{k}\right)\left[\frac{1}{2}\left(1+\frac{2kh}{\sinh 2kh}\right)\right] =$$
$$CV_p\overline{E} \qquad (4.112)$$

将式(4.92)代入上式,得到

$$\overline{W} = V_g\overline{E} \qquad (4.113)$$

可以看出:波能是以波群速度 V_g 进行传播的。

4.7　二维船波

4.7.1　船舶兴波阻力

船舶在水面航行时,由于船体表面各点处的压力不同,对水面产生了扰动,水质点偏移平衡位置后,会在重力和惯性力的联合作用下绕平衡位置振动,在船舶后方形成船行波(图 4.1(b))。在船行波传播过程中,横波系和散波系相互干涉,并同压力点一起前进。横波系和散波系相交形成尖角。尖角与压力点间的连线称为尖角线。尖角线与压力点运动方向的夹角为 $19°28'$,该角称为 Kelvin 角。船波就在顶角为 $2\times19°28'$ 的对应的扇形范围内(图 4.21)。

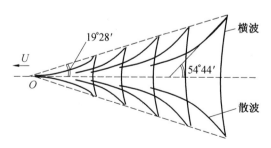

图 4.21　开尔文波

船舶在水面航行时会兴起波浪,由能量平衡原理可知,新增的那部分波浪的能量来源于两个部分。第一部分由已有波浪通过波能传递方式提供;第二部分来自于船舶航行过程中克服兴波阻力所做的功。如图 4.22 所示,当船舶以速度 U 向前航行时,在 t 时间段内兴起的波浪的能量为 $\rho gA^2Ut/2$,这部分能量中由已有波浪以波群速度传来的能量可表

示为

$$\overline{E} \cdot C_{\mathrm{g}} \cdot t = \left(\frac{1}{2}\rho g A^2\right) \cdot \frac{C}{2} \cdot \left(1 + \frac{2kh}{\sinh 2kh}\right) \cdot t \tag{4.114}$$

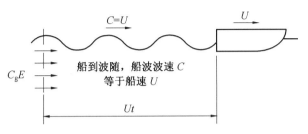

图 4.22 兴波阻力计算

假设船舶航行时受到的兴波阻力为 R_{w}，那么，由船舶克服兴波阻力做功而提供的能量为 $R_{\mathrm{w}}Ut$，列出如下能量平衡方程：

$$\frac{1}{2}\rho g A^2 \cdot Ut = \overline{E} \cdot C_{\mathrm{g}} \cdot t + R_{\mathrm{w}} \cdot Ut \tag{4.115}$$

由于波速 C 等于船速 U，将式（4.114）代入式（4.115），可得到兴波阻力表达式：

$$R_{\mathrm{w}} = \frac{1}{4}\rho g A^2 \left(1 - \frac{2kh}{\sinh 2kh}\right) \tag{4.116}$$

（1）对于深水波（$h > \lambda/2$），由于

$$\frac{2kh}{\sinh 2kh} = \frac{2kh}{(\mathrm{e}^{2kh} - \mathrm{e}^{-2kh})/2} \to 0$$

有 $R_{\mathrm{w}} = \frac{1}{4}\rho g A^2$，即深水中船舶所遭受的兴波阻力是波能的一半，船的兴波阻力与船后的波浪的波幅 A 的平方成正比。显然，波幅 A 与船航行速度、船的形状有关。

（2）对于浅水波（$h < \lambda/25$），由于

$$\frac{2kh}{\sinh 2kh} = \frac{2kh}{(\mathrm{e}^{2kh} - \mathrm{e}^{-2kh})/2} = \frac{2kh}{[(1 + 2kh) - (1 - 2kh)]/2} = 1$$

有 $R_{\mathrm{w}} = 0$。

4.7.2 两个扰源引起的兴波阻力

为了简化问题，考虑平面余弦波，认为船后的波浪 η_{T} 是由一系列船首的兴波（bow wave）和一系列船尾的兴波（stern wave）线性叠加构成。假设船长为 L。现考虑船后的波浪由一个船首波 η_{b} 和一个船尾波 η_{s} 组成，它们都是线性 Airy 波，距离为 l，则有

$$\eta_{\mathrm{b}} = A\cos(kx - \omega t),\ \eta_{\mathrm{s}} = -A\cos[k(x + l) - \omega t] \tag{4.117}$$

由式（4.11）可得到叠加后的波面方程为

$$\eta_{\mathrm{T}} = \eta_{\mathrm{b}} + \eta_{\mathrm{s}} = A[\cos(kx - \omega t) - \cos(kx - \omega t + kl)] =$$
$$A\left\{-2\sin\left[\frac{2(kx - \omega t) + kl}{2}\right]\sin\frac{-kl}{2}\right\} \tag{4.118}$$

由式（4.118）可看出合成波的最大波幅可表示为

$$|\eta_{\mathrm{T}}|_{\max} = A\left|-2\sin\left(\frac{-kl}{2}\right)\right| = 2A\left|\sin\left(\frac{kl}{2}\right)\right| \tag{4.119}$$

从而可以得到船的兴波阻力（由两个扰源产生）为

$$R_w = \frac{1}{4}\rho g\ (\mid \eta_\mathrm{T} \mid_\mathrm{max})^2 = \rho g A^2\ \sin^2\left(\frac{1}{2}kl\right) \tag{4.120}$$

对于深水波，波浪传播速度 C 等于船舶航行速度 U，与波数 k 之间的关系为

$$U = C = \sqrt{\frac{g}{k}} \Rightarrow k = \frac{g}{U^2} \tag{4.121}$$

将式（4.121）代入式（4.120）得到

$$R_w = \rho g A^2\ \sin^2\left(\frac{gl}{2U^2}\right) \tag{4.122}$$

令 Froude 数表示为 $Fr = U/\sqrt{gl}$，式（4.122）可进一步写作

$$\frac{R_w}{\rho g A^2} = \sin^2\left(\frac{1}{2Fr^2}\right) \tag{4.123}$$

式（4.123）的曲线如图 4.23 所示，可以看出，当船航行速度较小时，如果船型设计得好，许多船首波和船尾波可以相互抵消，因而船舶兴波阻力很小。但当船航行速度较大时，船的兴波阻力将不可避免。如果船航行速度 U 大于 $0.56\sqrt{gL}$，船首波和船尾波不能相互抵消，将产生船的兴波阻力。

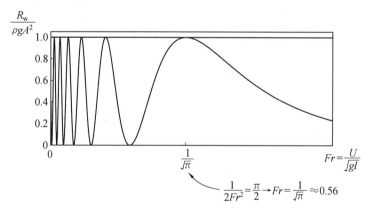

图 4.23　兴波阻力曲线

4.8* 　随机波浪理论基础

前面针对波浪的相关理论均是对波浪进行的确定性描述，而真实海洋中的波浪具有不规则性、随机性。换句话说，在某个点某一时刻对应的波浪是不可以预先加以确定的。从数学角度来说，波浪的出现具有随机特征，需要采用概率统计的方法对其加以描述。以海面的波高为例，在某一点测得的波高是随时间发生变化的，如果我们有足够多的波高测试数据，便可依据这些样本数据估算出波高出现的概率密度以及累积分布函数。

将海面上某点在某一时刻 t 的波高 ξ 看作一随机变量。因为波高的大小是随机的，可以用波高可能出现的数值以及该数值对应的概率分布密度函数来联合加以表示。假设 t_1 时刻出现的波高用 ξ_{t_1} 来表示，ξ_{t_1} 为一个随机变量，t_2 时刻在同一地点出现的波高 ξ_{t_2} 也是

一个随机变量,但是这些不同时刻出现的数值 $\xi_{t_1}, \xi_{t_2}, \cdots, \xi_{t_n}$ 彼此之间是具有联系的。因此,随机变量 ξ 可以看作一个随时间变化的随机函数,即随机过程。

随机过程有很多种,在研究波浪时,我们习惯把波浪看作具有各态历经性的平稳随机过程。这一随机过程的特点是:过程的统计特性不会随着时间和位置的变化而发生变化。也就是说,我们在分析某一海域的波浪特性时,仅需在这个海域的某处使用浪高仪测量一定时间内的数据,对该点进行分析得到的波浪统计特性可以表征整个海域在长时间内的统计特性。

4.8.1 统计学基础知识

假设 X 是一个随机变量,x 是任意实数,函数 $F(x) = P(X \leqslant x)$ 称为随机变量 X 的累积分布函数。若存在非负可积函数 $f(x)$,使得对于任意实数 x,满足

$$F(x) = \int_{-\infty}^{x} f(x) \mathrm{d}x \tag{4.124}$$

则称 $f(x)$ 为概率密度函数。若 $f(x)$ 在任一点 x 上连续,那么累积分布函数可导,便可得到

$$\frac{\mathrm{d}F(x)}{\mathrm{d}x} = f(x) \tag{4.125}$$

随机过程的概率密度函数 $f(x)$ 的物理意义是:某一随机变量落在指定范围内的概率,它与所取范围紧密相关,它具有如下性质:

$$\int_{-\infty}^{\infty} f(x) \mathrm{d}x = 1 \tag{4.126}$$

随机过程的数字特征主要有:平均值 μ_x、方差 σ_x^2 以及不同时刻的相关系数(又称协方差)$\rho_{x_1 x_2}$。如果随机过程是平稳的,相关系数将只与两个时刻(t_1 和 t_2)之间的时间间隔 $\tau = t_2 - t_1$ 有关。因此,两个任意时刻的相关系数将是时间间隔的函数,这三个参数分别表示为

$$\mu_x = E[x(t)] = \langle x(t) \rangle \tag{4.127}$$

$$\sigma_x^2 = E[(x(t) - \mu_x)^2] = \langle x(t) - \mu_x \rangle^2 \tag{4.128}$$

$$\rho_{x_1 x_2} = E[x(t_1) x(t_2)] = \langle x(t_1) x(t_2) \rangle \tag{4.129}$$

式(4.127)至式(4.129)中,$\langle \rangle$ 代表沿时间的统计平均。

再假设平稳随机过程具有各态历经性,那么平均值、方差以及协方差又可分别写为

$$\mu_x = \lim_{T \to \infty} \left[\frac{1}{T} \int_{-\frac{T}{2}}^{\frac{T}{2}} x(t) \mathrm{d}t \right] \tag{4.130}$$

$$\sigma_x^2 = \lim_{T \to \infty} \left\{ \frac{1}{T} \int_{-\frac{T}{2}}^{\frac{T}{2}} [x(t) - \mu_x]^2 \mathrm{d}t \right\} \tag{4.131}$$

$$\rho_{x_1 x_2} = R(\tau) = \lim_{T \to \infty} \left\{ \frac{1}{T} \int_{-\frac{T}{2}}^{\frac{T}{2}} x(t) x(t + \tau) \mathrm{d}t \right\} \tag{4.132}$$

式(4.130)至式(4.132)中,T 为数据记录的总时间长,可以由沿过程某一单个记录的时间进行平均求得。应用各态历经性求出的相关函数,一般称为自相关函数。

4.8.2　波浪的统计性描述

若某一个随机过程是由大量的相互独立的随机因素的综合影响所导致的,而其中每一个单个因素在总的影响里所产生的作用均为微小的,那么此随机过程便服从正态分布。

风作用下生成的波浪的波面升高基本满足这个条件,因此,波面升高瞬时值 ξ 基本服从正态分布(图4.24),可表示为

$$f(\xi) = \frac{1}{\sqrt{2\pi}\,\sigma_\xi} \exp\left[-\frac{(\xi-\mu_\xi)^2}{2\sigma_\xi^2}\right] \tag{4.133}$$

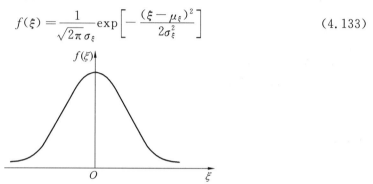

图 4.24　波面升高时瞬时值服从正态分布

根据正态分布的特点可知:若认为波面升高瞬时值(图4.25中实线)服从正态分布,那么其幅值包络线(图4.25中虚线)则服从瑞利分布(这里不作详细证明,感兴趣的读者可参考《概率论》相关章节)。因此,一般采用瑞利分布来计算波浪振幅,当波浪比较规则时,我们可近似地认为波高分布特征与波幅分布特征相同,也服从瑞利分布。那么,波高 H 的概率分布密度函数 $p(H)$ 可表示为

$$p(H) = \frac{2H}{H_{\mathrm{rms}}^2} \exp\left(-\frac{H^2}{H_{\mathrm{rms}}^2}\right) \tag{4.134}$$

式中,H_{rms} 为一段记录时间内波高 H 的均方根值,为

$$H_{\mathrm{rms}}^2 = \overline{H^2} = \int_0^\infty H^2 p(H)\mathrm{d}H \tag{4.135}$$

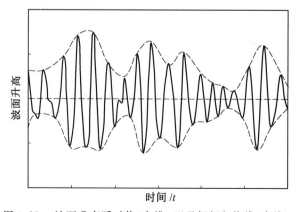

图 4.25　波面升高瞬时值(实线)以及振幅包络线(虚线)

4.8.3 几种常见的特征波高

首先介绍平均波高概念,平均波高 H_0 可定义为

$$H_0 = \int_0^\infty H p(H) \mathrm{d}H \tag{4.136}$$

一般在描述随机波浪时,最常用的是有义波高 H_s(又称三分之一波高),通过在波高分布函数中取最大的前三分之一波高对它们进行平均得到。有时也采用十分之一或更高的统计平均值。如果选取某一特征波高 H',在 H' 以上包含了全体的 $1/n$ 的大波,可表示为

$$\int_{H'}^\infty p(H) \mathrm{d}H = \frac{1}{n} \tag{4.137}$$

对此 $1/n$ 的大波进行平均计算得到的波高值便称为 $1/n$ 波高。这 $1/n$ 最大波的平均值可表示为

$$H_{\frac{1}{n}} = \frac{\int_{H'}^\infty H p(H) \mathrm{d}H}{\int_{H'}^\infty p(H) \mathrm{d}H} = n \int_{H'}^\infty H p(H) \mathrm{d}H \tag{4.138}$$

将式(4.134)代入式(4.136)以及式(4.138),得到

$$H_0 = 0.87 H_{\mathrm{rms}}, \quad H_s = H_{1/3} = 1.42 H_{\mathrm{rms}}, \quad H_{1/10} = 1.80 H_{\mathrm{rms}} \tag{4.139}$$

可进一步得到

$$\frac{H_s}{H_0} = 1.63, \quad \frac{H_{1/10}}{H_s} = 1.27 \tag{4.140}$$

表 4.3 给出了相关专家通过试验或理论方法得到的平均波高 H_0、$1/10$ 波高 $H_{1/10}$、以及有义波高 $H_{1/3}$ 之间的关系。可以看出表 4.3 中平均波高、$1/10$ 波高与有义波高之间的关系基本与式(4.140)吻合,再次证实了瑞利分布模型可以用来描述波高的统计特性。在波浪的统计分析中,与有义波高对应的为有义周期 T_s,有义周期通常定义为前 $1/3$ 大波的平均周期,因此又表示为 $T_{1/3}$。

表 4.3 各特征波高之间的关系

参考文献	数据类型	H_s/H_0	$H_{1/10}/H_s$
Munk(1944)	现场实测数据	1.53	—
Seiwell(1949)	现场实测数据	1.57	—
Wiegel(1949)	现场实测数据	—	1.29
Barber(1950)	理论计算数据	1.61	—
Putz(1950)	现场实测数据	1.63	—
Longuet—Higgins(1952)	理论计算数据	1.60	1.27
Putz(1952)	理论计算数据	1.57	1.29
Darbyshire(1952)	现场实测数据	1.60	—
Hamada 等(1953)	模型试验数据	1.35	—

4.8.4 几种常见的波浪谱

图 4.26 描述了波浪谱密度 $S_\xi(\Omega)$ 与波浪圆频率 Ω 之间的关系,纵坐标 $S_\xi(\Omega)$ 表示波浪谱密度,其量纲为长度$^2\times$时间,横轴 ω 为波浪圆频率,单位为 1/ 时间,二者乘积的量纲为长度^2。图 4.26 中的方块面积可以看成某个频率附近一定范围内所有波浪能量的总和,波浪谱密度曲线与横轴所围起的总面积便是不规则波的总能量。因此,波浪谱密度函数的物理意义是波浪中频率成分与波高成分之间的关系。

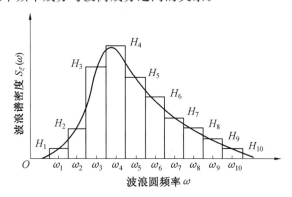

图 4.26 波浪谱密度与波浪圆频率之间的关系

波浪谱的一般形式可写为

$$S_\xi(\omega) = A_0 \omega^{-m} \exp(-B\omega^{-n}) \tag{4.141}$$

式中,参数 A_0、B、m 以及 n 决定波浪谱的形式。根据以上 4 个参数的不同,波浪谱通常有 P－M 谱、ITTC 谱及 ISSC 谱、JONSWAP 谱,以及文氏谱等。这里仅对表达式较为简单的前两种谱进行介绍;针对表达式较为复杂的后两种谱,感兴趣读者可自行去查找相关文献。

1. P－M 谱

根据北大西洋的实测资料,通过筛选,挑出属于充分成长的 54 个谱,又依风速分成 5 组,每组求一平均谱,得到 P－M 谱的一般形式:

$$S_\xi(\omega) = \frac{\alpha g^2}{\omega^5} \exp\left[-\beta \left(\frac{g}{U\omega}\right)^4\right] \tag{4.142}$$

式中,α 为无因次常数,取 8.1×10^{-3};β 为无因次常数,取 0.74;g 为重力加速度,m/s^2,αg^2 取 0.78;U 为海面上 19.5 m 高处的风速,m/s。

2. ITTC 谱及 ISSC 谱

这是国际船模试验池会议(International Towing Tank Conference,ITTC)和国际船舶与海洋结构物会议(International Ship and Shore Structures Congress,ISSC)建议采用的一族波浪谱。该谱在 P－M 谱基础上设计而成,可表示为

$$S_\xi(\omega) = \frac{A_0}{\omega^5} \exp\left(-\frac{B}{\omega^4}\right) \tag{4.143}$$

式中,参数 A_0 与 B 与波浪平均波高及平均频率有关,根据设计波高以及周期,可算出波谱。

ITTC 谱中系数 A_0、B 可表示为

$$A_0 = 0.78, B = \frac{3.11}{h_{1/3}^2} \tag{4.144}$$

ISSC 谱中系数 A_0、B 可表示为

$$A = 173 \frac{h_{1/3}^2}{T_1^4}, B = \frac{691}{T_1^4} \tag{4.145}$$

式中，$h_{1/3}$ 为有义波高。

T_1 可表示为

$$T_1 = \frac{2\pi m_0}{m_1} \tag{4.146}$$

式中，m_0 和 m_1 可统一表示为

$$m_n = \int_0^\infty \omega^n S_\xi(\omega) \mathrm{d}\omega \quad (n=0,1) \tag{4.147}$$

习　　题

4.1　某小船在无限深水的波浪中每分钟摇摆 30 次，求波长 λ、波浪圆频率 Ω、波数 k 以及波形传播速度 c。

4.2　在无限深液体波面上，观察到浮标 1 min 内升降 15 次，升降幅度为 1 m，试求波的周期 T、波浪圆频率 Ω、波数 k、波长 λ、波形传播速度 c 以及波面方程。

4.3　已知表面波自由面形状为 $\eta = A\sin(3x - t)$，如果水深 $h = 2$ m，试求：

(1) 波长 λ。

(2) 波浪圆频率 Ω。

(3) 波浪周期 T。

4.4　水深 $h = 10$ m，自由面上有一沿 x 轴正向传播的平面小振幅波，波长 $\lambda = 30$ m，波幅 $A = 0.1$ m。试求：

(1) 自由面形状。

(2) 波的传播速度。

(3) 平衡位置在水平面以下 0.5 m 处流体质点运动轨迹。

(4) 波系的群速度。

4.5　两个反向行波叠加，其速度势表示为

$$\phi = \frac{Ag}{2\omega} \mathrm{e}^{ky} \left[\sin(kx - \omega t) + \sin(kx + \omega t) \right]$$

试证明该合成波为驻波。

4.6　在深水海域，有一全长为 90 m 的船以等速 V 航行，今有追随在船后并与船航行方向一致的波浪以传播速度 c 追赶该船。它赶过一个船长所需的时间为 16.5 s，而超过一个波长的距离所需时间为 6 s。求波长 λ、速度 c 以及船速 V。

第5章 黏流理论

前面几章我们深入讨论了理想不可压缩流体的有旋运动以及无旋运动。但需要注意的是：理想流体只是一种近似模型，只有当黏性力比惯性力小得多时，我们才可以将真实的黏性流体简化为无黏性的理想流体来处理。这种近似模拟会在数学上带来极大的方便，且在解决某些问题(比如机翼升力、水波运动)时可以得到与实验非常接近的结果。然而，在解决另外一些问题时，采用理想流体这种近似模型得到的结果会与实际差别非常大，甚至会得到与实际情况完全相悖的结论。比如：针对流线型物体的绕流问题，若基于理想流体理论，会得到物体上阻力为零的结论(又称达朗贝尔佯谬)，这很明显与实际是不相符合的。理想流体理论在处理阻力计算问题上失败的根本原因是：忽略了黏性作用的影响。在实际的流动问题中，只要涉及流动分离、复杂流态以及阻力等问题，黏性影响就会变得非常重要，而且必须得加以考虑。本章将讨论黏性流体的运动问题。

5.1 黏性流动现象和流动特征

卡门涡街是黏性流体力学中的重要流动现象。当黏性流体流过钝体结构物时，在结构后缘会形成周期性的交错排列的旋涡组合，这种周期性的旋涡会对结构产生周期性作用力，使结构发生振动；当卡门涡街频率接近结构物的固有频率时，就会发生共振现象。卡门涡街现象广泛存在于工程实际中，如：① 水流流过桥墩；② 风吹过高塔、烟囱以及电线等细长结构；③ 海水流经海洋平台支柱；④ 海流流经立管等细长管线结构；⑤ 圆柱绕流、椭球体绕流以及垂直平板绕流等(图5.1)。

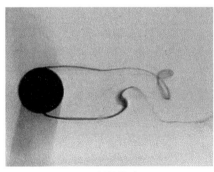 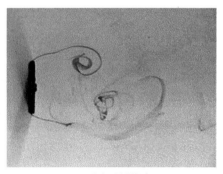

(a) 圆柱绕流   (b) 垂直平板绕流

图 5.1 圆柱绕流以及垂直平板绕流

由卡门涡街中的流动分离和旋涡脱落现象可看出：在这种流动问题中，流体都是有旋的，并且涡量在流场中分布的不均匀性会使涡量在流场中发生扩散。黏性流体的运动概括起来主要有以下三个特性。

（1）黏性流体运动的有旋性（rotational）：由前面章节可知，对于理想流体，流体运动可以是有旋的（比如旋涡理论章节介绍的相关知识），也可以是无旋的（比如势流理论和水波理论章节介绍的相关知识）。由旋涡不生不灭定理可知：对于理想流体，当质量力有势时，在不可压或正压的条件下，若流体在初始时刻运动是无旋的，则在以后各个时刻运动一直保持无旋。初始时刻流动是无旋这种情况，在实际工程中会经常出现。因此，研究理想流体的无旋运动具有非常重要的工程实际意义。当质量力无势或流体斜压时，理想流体是可以产生旋涡的，此时流体运动一般是有旋的，这类有旋运动在气象学研究中会经常出现。可以看出，理想流体的无旋运动以及有旋运动均具有重要的工程实际意义。但是对于黏性流体，流体运动均是有旋的。

（2）机械能的耗散性（dissipation）：在黏性作用下，流体在运动过程中要发生线变形和剪切变形（即变形运动中的线变形运动及角变形运动），由流体内摩擦产生热能而耗散，从而引起能量损耗。损耗掉的机械能转换为热能从而使流体和相邻固壁的温度升高。比如：旋转机械和飞行器的表面都会有温度升高的现象。

（3）黏性流体运动中旋涡的扩散性（diffusion）：旋涡强的地方会向旋涡弱的地方输送涡量，直至涡量相等为止。

黏性流体与理想流体还有一个重要的区别，在理论以及数值分析中会经常用到，即物面条件不同。理想流体的物面条件为可滑移边界条件（slip boundary condition），即在物面上，流体质点速度的法向速度分量等于物体表面速度的法向分量（$V_n = U_n$）。因此，当理想流体绕固定物体流动时，虽然物体在法向上没有速度，但是切线上流体质点会沿着固定物体表面滑动。在这个物面条件作用下，理想流体绕固定物体流动时，流体质点从物体的上游运动到下游过程中均不会脱离物面。黏性流体的物面条件为不可滑移边界条件（no-slip boundary condition），即在物面上，流体质点速度的法向和切向分量分别等于物体表面速度的法向和切向分量（$V_n = U_n$，$V_\tau = U_\tau$）。由于黏性流体质点具有分子间的黏附力，黏附在固壁上的流体质点与固壁一起运动。针对黏性流体流经静止物体以及在静止黏性流体中物体运动这两种情况，均应满足不可滑移边界条件。

此外，若黏性流体在通道内（通道截面可以是圆形，也可以是非圆形）流动，黏性流体流动可分为起始段流动和充分发展流动。这里以圆管内层流流动为例进行介绍，关于层流流动的定义，会在后续部分进行介绍。如图 5.2 所示，均匀来流从一端流入管道，若入口处 a 圆滑过渡，此时在管道入口处整个断面上的速度分布应该是均匀的。当流体进入管道时，基于黏性流体的不可滑移边界条件可知：圆管壁面处的流体速度为零，且在壁面处产生边界层（详见边界层理论），在边界层内，流体速度由中心区域的最高值降至壁面处的零值。随着流体的进一步流动，邻近壁面边界层内的流体速度逐渐变小，但是由于通过每个断面的流量是保持不变的，因此中心区域流速逐渐增加。此时流动可由两部分组成：一部分是核心区，是未受流体黏性影响的速度均匀分布区；而另一部分是核心区外至管壁的环状边界层区域。边界层区域的厚度 δ 沿流动方向逐渐增加，黏性剪切效应不断向核心区扩展，沿流动方向的各断面 b 速度分布不断发生改变，直至流到断面 c，流截面上的速度分布曲线才能达到层流的典型速度分布曲线（抛物线型）。此后，圆管截面上的速度分布随流动距离的增加不再发生变化，此时的流动称为充分发展流动；而在这之前的流动，称为起始段流动。ac 之间的距离称为起始段长度,通常用 l 加以表示。无量纲的起始段长度 l/D 是雷诺数的函数,对于层流,可表示为 $l/D = 0.06Re$(Re 为雷诺数)。

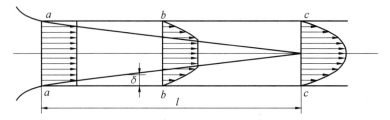

图 5.2 起始段流动以及充分发展段流动

5.2 黏流基本控制方程

如图 5.3 所示,在流场中取一个六面体流体微团,其 3 个边长分别是 $\mathrm{d}x$、$\mathrm{d}y$ 以及 $\mathrm{d}z$,作用于流体微团上的力有质量力、压力以及黏性切应力。

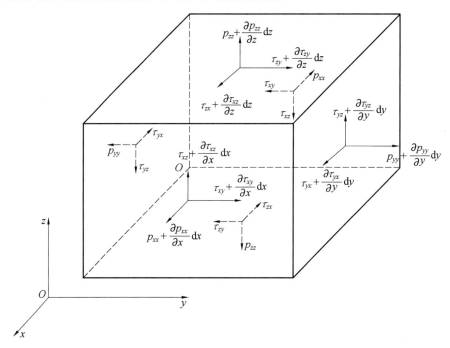

图 5.3 六面体流体微团

该流体微团的应力张量共有 9 个分量,分别记为 p_{xx}、p_{yy}、p_{zz}、τ_{xy}、τ_{xz}、τ_{yx}、τ_{yz}、τ_{zx} 以及 τ_{zy},这 9 个应力分量构成了点的应力张量,可表示成应力张量矩阵形式:

$$\boldsymbol{P} = \begin{bmatrix} p_{xx} & \tau_{xy} & \tau_{xz} \\ \tau_{yx} & p_{yy} & \tau_{yz} \\ \tau_{zx} & \tau_{zy} & p_{zz} \end{bmatrix} \tag{5.1}$$

式中,各应力分量第一个下标表示应力所在的坐标面,第二个下标表示应力的方向。

九个应力分量中,六个切向应力两两相等,即

$$\tau_{xy}=\tau_{yx},\tau_{yz}=\tau_{zy},\tau_{xz}=\tau_{zx} \tag{5.2}$$

可对式(5.2)作简单证明。如图 5.4 所示,取单位厚度的微团,对其力矩平衡关系进行分析。由于表面力是二阶小量,质量力是三阶小量,因此可忽略质量力引起的力矩。通过其形心并平行于 x 轴线的力矩平衡关系为

$$\tau_{yz}\mathrm{d}z\cdot\frac{\mathrm{d}y}{2}+\left(\tau_{yz}+\frac{\partial\tau_{yz}}{\partial y}\mathrm{d}y\right)\mathrm{d}z\cdot\frac{\mathrm{d}y}{2}-\tau_{zy}\mathrm{d}y\cdot\frac{\mathrm{d}z}{2}-\left(\tau_{zy}+\frac{\partial\tau_{zy}}{\partial z}\mathrm{d}z\right)\mathrm{d}y\cdot\frac{\mathrm{d}z}{2}=0$$

$$\tag{5.3}$$

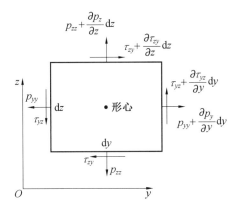

图 5.4　单位厚度的流体微团

略去高阶小量后得 $\tau_{yz}=\tau_{zy}$,同理可以证明另外两式成立,即 $\tau_{xz}=\tau_{zx}$,$\tau_{xy}=\tau_{yx}$。如图 5.2 所示,依据牛顿第二定律,建立 x 方向的平衡方程:

$$-p_{xx}\mathrm{d}y\mathrm{d}z+\left(p_{xx}+\frac{\partial p_{xx}}{\partial x}\mathrm{d}x\right)\mathrm{d}y\mathrm{d}z-\tau_{yx}\mathrm{d}z\mathrm{d}x+\left(\tau_{yx}+\frac{\partial\tau_{yx}}{\partial y}\mathrm{d}y\right)\mathrm{d}z\mathrm{d}x-\tau_{zx}\mathrm{d}y\mathrm{d}x+$$

$$\left(\tau_{zx}+\frac{\partial\tau_{zx}}{\partial z}\mathrm{d}z\right)\mathrm{d}y\mathrm{d}x+\rho\mathrm{d}x\mathrm{d}y\mathrm{d}z\cdot g_x=\rho\mathrm{d}x\mathrm{d}y\mathrm{d}za_x=\rho\mathrm{d}x\mathrm{d}y\mathrm{d}z\frac{\mathrm{D}v_x}{\mathrm{D}t} \tag{5.4}$$

式中,g_x、g_y、g_z 分别表示体积力在 x、y、z 三个方向的分量。

对式(5.4)进行进一步的化简,得到

$$\frac{\mathrm{D}v_x}{\mathrm{D}t}=g_x+\frac{1}{\rho}\left(\frac{\partial p_{xx}}{\partial x}+\frac{\partial\tau_{yx}}{\partial y}+\frac{\partial\tau_{zx}}{\partial z}\right) \tag{5.5}$$

同理可得 y 方向和 z 方向的方程式:

$$\frac{\mathrm{D}v_y}{\mathrm{D}t}=g_y+\frac{1}{\rho}\left(\frac{\partial\tau_{xy}}{\partial x}+\frac{\partial p_{yy}}{\partial y}+\frac{\partial\tau_{zy}}{\partial z}\right)$$

$$\frac{\mathrm{D}v_z}{\mathrm{D}t}=g_z+\frac{1}{\rho}\left(\frac{\partial\tau_{xz}}{\partial x}+\frac{\partial\tau_{yz}}{\partial y}+\frac{\partial p_{zz}}{\partial z}\right) \tag{5.6}$$

式中,g_x、g_y、g_z 分别表示体积力在 x、y、z 三个方向的分量。

式(5.5)以及式(5.6)为应力形式的黏性流体运动微分方程组,并易看出:方程中存在三个速度分量以及六个应力分量,但只有四个独立的方程,即 x、y、z 三个方向的动量守恒方程以及一个连续性方程,方程组不封闭。为了封闭上述方程,需要建立表面力与运动学的关系,即应力与应变率的关系,建立该关系的方程称为本构方程(constitutive equation)。

如图 5.5 所示,把牛顿内摩擦定律推广至一般的平面剪切变形,可表示为

$$\tau_{xy} = \tau_{yx} = \mu \frac{\mathrm{d}\gamma}{\mathrm{d}t} = \mu \left(\frac{\mathrm{d}\gamma_1}{\mathrm{d}t} + \frac{\mathrm{d}\gamma_2}{\mathrm{d}t} \right) = \mu \left(\frac{\partial v_x}{\partial y} + \frac{\partial v_y}{\partial x} \right) = 2\mu \gamma_z \tag{5.7}$$

式中,μ 为流体动力黏性系数;γ_z 为微团绕 z 轴的角变形速率。

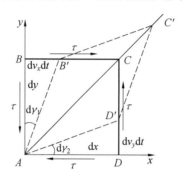

图 5.5 　平面剪切变形

同理可得到 yOz 平面以及 xOz 平面的切应力:

$$\begin{cases} \tau_{yz} = \tau_{zy} = \mu \left(\dfrac{\partial v_y}{\partial z} + \dfrac{\partial v_z}{\partial y} \right) = 2\mu \gamma_x \\[2mm] \tau_{xz} = \tau_{zx} = \mu \left(\dfrac{\partial v_z}{\partial x} + \dfrac{\partial v_x}{\partial z} \right) = 2\mu \gamma_y \end{cases} \tag{5.8}$$

式中,γ_x 和 γ_y 分别表示微团绕 x 轴和 y 轴的角变形速率。

式(5.7) 和式(5.8) 建立了切应力与角变形速度之间的关系,即补充了三个方程。下面推导法向应力与线变形速度之间的关系。黏性流体微团运动中存在角变形、线变形,即在流体微团法线方向有线变形速度,它将使流体中的法向应力有所改变(与理想流体相比),从而产生附加法向应力。将牛顿内摩擦定律推广,得到牛顿流体的本构方程:

$$\begin{cases} p_{xx} = -p + 2\mu \dfrac{\partial v_x}{\partial x} - \dfrac{2\mu}{3} (\nabla \cdot \boldsymbol{v}) = -p + 2\mu\varepsilon_x - \dfrac{2\mu}{3} (\nabla \cdot \boldsymbol{v}) \\[2mm] p_{yy} = -p + 2\mu \dfrac{\partial v_y}{\partial y} - \dfrac{2\mu}{3} (\nabla \cdot \boldsymbol{v}) = -p + 2\mu\varepsilon_y - \dfrac{2\mu}{3} (\nabla \cdot \boldsymbol{v}) \\[2mm] p_{zz} = -p + 2\mu \dfrac{\partial v_z}{\partial z} - \dfrac{2\mu}{3} (\nabla \cdot \boldsymbol{v}) = -p + 2\mu\varepsilon_z - \dfrac{2\mu}{3} (\nabla \cdot \boldsymbol{v}) \end{cases} \tag{5.9}$$

式中,v_x、v_y、v_z 为流体微团线速度在 x、y、z 方向的分量;ε_x、ε_y、ε_z 分别表示沿 x、y、z 方向的线变形速度。

由式(5.9) 可看出:在黏性流体中,同一点任意三个互相垂直的法向应力是不相等的。将式(5.9) 中 p_{xx} 表达式、式(5.7) 中 τ_{yx} 表达式、式(5.8) 中 τ_{zx} 表达式代入式(5.5),可得到 x 方向的动量方程:

$$\frac{\mathrm{D}v_x}{\mathrm{D}t} = g_x + \frac{1}{\rho} \left(\frac{\partial p_{xx}}{\partial x} + \frac{\partial \tau_{yx}}{\partial y} + \frac{\partial \tau_{zx}}{\partial z} \right) = g_x +$$

$$\frac{1}{\rho} \left[-\frac{\partial p}{\partial x} + 2\mu \frac{\partial^2 v_x}{\partial x^2} - \frac{2\mu}{3} \frac{\partial}{\partial x} (\nabla \cdot \boldsymbol{v}) + \mu \left(\frac{\partial^2 v_x}{\partial y^2} + \frac{\partial^2 v_y}{\partial x \partial y} \right) + \mu \left(\frac{\partial^2 v_x}{\partial z^2} + \frac{\partial^2 v_z}{\partial x \partial z} \right) \right] =$$

$$g_x - \frac{1}{\rho} \frac{\partial p}{\partial x} + \nu \nabla^2 v_x + \nu \frac{\partial}{\partial x} \left(\frac{\partial v_x}{\partial x} + \frac{\partial v_y}{\partial y} + \frac{\partial v_z}{\partial z} \right) - \frac{2}{3} \nu \frac{\partial}{\partial x} (\nabla \cdot \boldsymbol{v}) =$$

$$g_x - \frac{1}{\rho}\frac{\partial p}{\partial x} + \nu\,\nabla^2 v_x + \frac{\nu}{3}\frac{\partial}{\partial x}(\nabla\cdot\boldsymbol{v}) \tag{5.10}$$

式中,ν 为流体运动黏性系数。

同理可得到 y 方向以及 z 方向的动量方程:

$$\begin{cases}\dfrac{\mathrm{D}v_y}{\mathrm{D}t} = g_y - \dfrac{1}{\rho}\dfrac{\partial p}{\partial y} + \nu\,\nabla^2 v_y + \dfrac{\nu}{3}\dfrac{\partial}{\partial y}(\nabla\cdot\boldsymbol{v}) \\[2mm] \dfrac{\mathrm{D}v_z}{\mathrm{D}t} = g_z - \dfrac{1}{\rho}\dfrac{\partial p}{\partial z} + \nu\,\nabla^2 v_z + \dfrac{\nu}{3}\dfrac{\partial}{\partial z}(\nabla\cdot\boldsymbol{v})\end{cases} \tag{5.11}$$

式(5.10)以及式(5.11)就是直角坐标系下 N－S 方程的动量方程,对于不可压缩流体,由于 $\nabla\cdot v=0$,上面两式可进一步写作

$$\begin{cases}\dfrac{\partial v_x}{\partial t} + v_x\dfrac{\partial v_x}{\partial x} + v_y\dfrac{\partial v_x}{\partial y} + v_z\dfrac{\partial v_x}{\partial z} = g_x - \dfrac{1}{\rho}\dfrac{\partial p}{\partial x} + \nu\left(\dfrac{\partial^2 v_x}{\partial x^2} + \dfrac{\partial^2 v_x}{\partial y^2} + \dfrac{\partial^2 v_x}{\partial z^2}\right) \\[2mm] \dfrac{\partial v_y}{\partial t} + v_x\dfrac{\partial v_y}{\partial x} + v_y\dfrac{\partial v_y}{\partial y} + v_z\dfrac{\partial v_y}{\partial z} = g_y - \dfrac{1}{\rho}\dfrac{\partial p}{\partial y} + \nu\left(\dfrac{\partial^2 v_y}{\partial x^2} + \dfrac{\partial^2 v_y}{\partial y^2} + \dfrac{\partial^2 v_y}{\partial z^2}\right) \\[2mm] \dfrac{\partial v_z}{\partial t} + v_x\dfrac{\partial v_z}{\partial x} + v_y\dfrac{\partial v_z}{\partial y} + v_z\dfrac{\partial v_z}{\partial z} = g_z - \dfrac{1}{\rho}\dfrac{\partial p}{\partial z} + \nu\left(\dfrac{\partial^2 v_z}{\partial x^2} + \dfrac{\partial^2 v_z}{\partial y^2} + \dfrac{\partial^2 v_z}{\partial z^2}\right)\end{cases} \tag{5.12}$$

对于不可压缩流体,其连续性方程可表示为

$$\frac{\partial v_x}{\partial x} + \frac{\partial v_y}{\partial y} + \frac{\partial v_z}{\partial z} = 0 \tag{5.13}$$

式(5.12)以及式(5.13)构成了不可压缩牛顿流体的 N－S 方程,可以简写成矢量表达式形式:

$$\begin{cases}\nabla\cdot\boldsymbol{v} = 0 \\[2mm] \dfrac{\mathrm{D}\boldsymbol{v}}{\mathrm{D}t} = \dfrac{\partial\boldsymbol{v}}{\partial t} + (\boldsymbol{v}\cdot\nabla)\boldsymbol{v} = \boldsymbol{g} - \dfrac{1}{\rho}\,\nabla p + \nu\,\nabla^2\boldsymbol{v}\end{cases} \tag{5.14}$$

N－S 方程也可以用 Einstein 指标法表示,连续性方程可表示为

$$\begin{cases}\dfrac{\partial u_i}{\partial x_i} = 0 \\[2mm] \dfrac{\partial u_i}{\partial t} + u_j\dfrac{\partial u_i}{\partial x_j} = g_i - \dfrac{1}{\rho}\dfrac{\partial p}{\partial x_i} + \nu\dfrac{\partial^2 u_i}{\partial x_j^2}\end{cases} \tag{5.15}$$

式(5.15)中动量方程左边 2 项分别为局部加速度以及变位加速度;右边 3 项分别为体积力、压力梯度以及黏性扩散项。由上述 N－S 方程表达式可看出:方程中存在三个速度分量以及一个压力,方程封闭。方程组为偏微分方程,求解时还需给定初始条件以及边界条件,边界条件可分为以下几类。

(1)不可滑移边界条件。

如图 5.6 所示,与物面接触的流体质点速度等于物体物面的运动速度,即

$$\boldsymbol{V}_{\text{fluid}} = \boldsymbol{V}_{\text{solid}} \tag{5.16}$$

(2)两种流体接触面边界条件。

如图 5.7 所示,在两种流体交界面上速度和应力(法向应力以及切向应力)要保持连续:

$$\boldsymbol{V}_A = \boldsymbol{V}_B,\ p_A = p_B,\ \mu_A\left.\frac{\mathrm{d}u}{\mathrm{d}y}\right|_A = \mu_B\left.\frac{\mathrm{d}u}{\mathrm{d}y}\right|_B \tag{5.17}$$

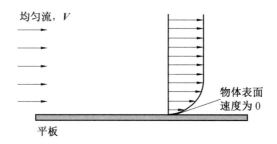

图 5.6　不可滑移边界条件

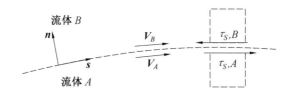

图 5.7　两种流体接触面边界条件

（3）自由面边界条件。

如图 5.8 所示，自由面边界条件是两种流体接触面条件的特例。由于 $\mu_{\text{air}} \ll \mu_{\text{water}}$，可忽略空气上的切应力：

$$u_{\text{air}} = u_{\text{water}}, p_{\text{air}} = p_{\text{atmosphere}}, \mu_{\text{water}} \frac{\mathrm{d}u}{\mathrm{d}y}\bigg|_{\text{water}} = 0 \tag{5.18}$$

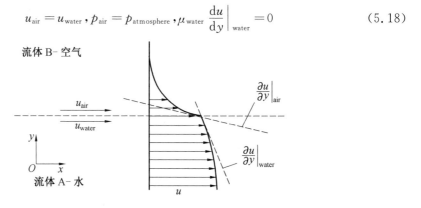

图 5.8　自由面边界条件

（4）对称边界条件。

如图 5.9 所示，对称边界条件可表示为

$$\frac{\partial u}{\partial y} = 0, v = 0 \tag{5.19}$$

对于封闭的方程组，原则上来说，可以根据联立基本控制方程、边界条件以及初始条件得到相应的解。但是对于黏性不可压缩流体方程组，解的存在和唯一性问题是一个很难的课题，迄今为止还没有完全解决，只在一些简单情况下才可以得到精确解（又称解析解）。大多数情况下，都需要对 N－S 方程进行简化，再设法求得近似解（又称数值解）。比如对于工程中的结构绕流问题，采用边界层近似便是一种非常有效的方法（详见第 6 章——边界层理论基础）。随着计算机的发展和应用，采用计算流体动力学

(Computational Fluid Dynamics,CFD) 方法来求解 N−S 方程也是一种非常有效的解决方法(详见第 8 章 —— 计算流体动力学基础)。

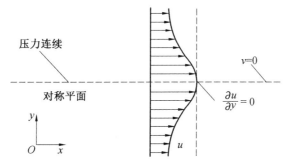

图 5.9 对称边界条件

5.3 N−S方程的近似处理

完整的 N−S 方程求解非常困难,主要有以下原因。

(1)由于对流项 $v\cdot\nabla v$ 是非线性项,因此 N−S 方程是非线性方程,非线性项的存在让求解变得十分困难;黏性项 $\nu\nabla^2 v$ 使得 N−S 方程类型变得不确定,可以是扩散型方程,也可以是对流型方程,还可以是对流 — 扩散型方程。因此,其数学特性和物理现象都相对于理想模型更为复杂。

(2)压力与速度强耦合,而且在 N−S 方程中,压力的贡献是压力梯度,而速度的贡献是时间导数、一阶导数、二阶导数,因此压力场和速度场特性完全不同。速度场会随时间对流扩散来影响压力场;压力场则不需时间就可以迅速影响速度场;压力场和速度场的耦合匹配具有奇异性。

为了求解 N−S 方程,可以根据 N−S 方程中各项的贡献大小和重要程度,来取舍和保留最主要的项。可以通过方程的无因次化(dimensionless)来判断各项的重要性。如图 5.10 所示,考虑一个非定常的物体绕流问题,这个问题的特征尺度(characteristic scales)量有:长度 L、时间 T、速度 U,以及压力 P。

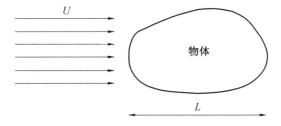

图 5.10 非定常物体绕流问题

令

$$v^* = \frac{v}{U}, t^* = \frac{t}{T}, x^* = \frac{x}{L}, p^* = \frac{p}{P}, g^* = \frac{g}{g} \tag{5.20}$$

利用式(5.20)中的无因次物理量,可将式(5.14)中N-S方程改写为无因次的形式:

$$\left(\frac{L}{UT}\right)\frac{\partial \boldsymbol{v}^*}{\partial t^*} + \boldsymbol{v}^* \cdot \nabla^* \boldsymbol{v}^* = -\left(\frac{P}{\rho U^2}\right)\nabla^* p^* + \left(\frac{gL}{U^2}\right)\boldsymbol{g}^* + \left(\frac{\nu}{UL}\right)\nabla^{*2}\boldsymbol{v}^* \quad (5.21)$$

值得注意的是,式(5.21)中哈密顿算子∇^*以及拉普拉斯算子∇^{*2}均为无量纲形式:

$$\nabla^* = \frac{\partial}{\partial x^*}\boldsymbol{i} + \frac{\partial}{\partial y^*}\boldsymbol{j} + \frac{\partial}{\partial z^*}\boldsymbol{k} = \frac{\partial}{\partial\left(\frac{x}{L}\right)}\boldsymbol{i} + \frac{\partial}{\partial\left(\frac{y}{L}\right)}\boldsymbol{j} + \frac{\partial}{\partial\left(\frac{z}{L}\right)}\boldsymbol{k} = L\nabla$$

$$\nabla^{*2} = \frac{\partial^2}{\partial x^{*2}}\boldsymbol{i} + \frac{\partial^2}{\partial y^{*2}}\boldsymbol{j} + \frac{\partial^2}{\partial z^{*2}}\boldsymbol{k} = \frac{\partial^2}{\partial\left(\frac{x}{L}\right)^2}\boldsymbol{i} + \frac{\partial^2}{\partial\left(\frac{y}{L}\right)^2}\boldsymbol{j} + \frac{\partial^2}{\partial\left(\frac{z}{L}\right)^2}\boldsymbol{k} = L^2\nabla^2$$

$$(5.22)$$

无因次化后得到的式(5.21)中各项的重要性可由各项前面的无因次系数大小来确定。式(5.21)括号内的4项分别表示4个重要的无因次参数(Strouhal(施鲁特哈尔)数、Euler数、Froude(弗劳德)数以及Reynolds数):

$$\frac{L}{UT} = \text{Strouhal 数}, \frac{P}{\rho U^2} = \text{Euler 数}$$

$$\frac{gL}{U^2} = \frac{1}{(\text{Froude 数})^2}, \frac{\nu}{UL} = \frac{1}{\text{Reynolds 数}}$$

$$(5.23)$$

式(5.23)中,Strouhal数表征非定常项和惯性项之比;Euler数表征压力和惯性力之比;Froude数表征重力和惯性力之比;Reynolds数表征惯性力和黏性力之比。

由于一般均认为水是不可压缩流体,因此在船舶与海洋工程中,Euler数并不常用;Reynolds数、Froude数以及Strouhal数均是非常重要的无因次系数。Reynolds数和Froude数与船舶阻力关系最为密切;Strouhal数与卡门涡街紧密相关,如涡激振动、涡激运动、船舶螺旋桨推进等问题均和Strouhal数有关。根据上面四个无因次量中的Reynolds数和Strouhal数,可以对某些特定情况下的N-S方程进行如下简化处理。

(1) 大Reynolds数。

雷诺数的大小反映了黏性的影响:雷诺数小说明黏性作用大;雷诺数大说明黏性作用小。因此,与黏性有关的流动均是由雷诺数决定的。当$Re \gg 1$时,理论上来说,可忽略黏性项的影响,此时N-S方程可简化为理想流体的Euler方程:

$$\frac{\partial \boldsymbol{v}}{\partial t} + \boldsymbol{v} \cdot \nabla \boldsymbol{v} = -\frac{1}{\rho}\nabla p + \boldsymbol{g} \quad (5.24)$$

(2) 小Reynolds数。

当$Re \ll 1$时,说明非线性项作用不明显,可以忽略非线性惯性力项。这种情况下,N-S方程可简化为

$$\frac{\partial \boldsymbol{v}}{\partial t} = -\frac{1}{\rho}\nabla p + \boldsymbol{g} + \nu\nabla^2\boldsymbol{v} \quad (5.25)$$

(3) 小Strouhal数。

根据定义,Strouhal数反映的是流动的非定常特性,Strouhal数越小,说明非定常特性越不明显。当$St \ll 1$时,可忽略N-S方程非定常项,流动方程可看作准定常流动:

$$\boldsymbol{v} \cdot \nabla \boldsymbol{v} = -\frac{1}{\rho}\nabla p + \boldsymbol{g} + \nu\nabla^2\boldsymbol{v} \quad (5.26)$$

利用式(5.21)中的几个无因次系数,根据 N－S 方程各项对流动的重要程度,对方程进行近似处理,由此可以得到问题的解析解。

5.4 几种简单黏性流动

完整求解 N－S 方程是非常困难的,但对于一些简单流动,可以根据因次分析以及物理特征进行简化,得到简单形式的流体流动控制方程,然后进行解析求解。下面讨论几种简单黏性流动情况。为了简化问题,所考虑的均是定常流动问题。

5.4.1 平面二维 Poiseuille－Couette 流动

如图 5.11 所示,考虑两个无限长平行平板间的定常流动,在下板上建立直角坐标系,x 轴位于下板表面,y 轴垂直下板向上。

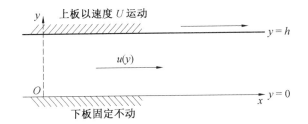

图 5.11 二维平面 Poiseuille－Couette 流动

两个平板间的流动可由三个动力带动,分别为:① 上板的运动;② 沿 x 方向的压力梯度 $\partial p/\partial x$;③ 重力。由于上面平板沿水平方向做匀速运动,假设流场速度只沿 x 方向流动,则得到 y 方向的速度分量为 0,即 $v=0$;再联合连续性方程 $\partial u/\partial x + \partial v/\partial y=0$,得到 $\partial u/\partial x=0$。可看出 u 与 x 无关,又由于是定常流动,得到 u 与 t 也无关,因此 u 只能与 y 有关,表示为

$$u=u(y),v=0 \tag{5.27}$$

由于是平面二维流动,先写出二维直角坐标系下的一般 N－S 动量方程形式:

$$\begin{cases} \dfrac{\partial u}{\partial t} + u\dfrac{\partial u}{\partial x} + v\dfrac{\partial u}{\partial y} = -\dfrac{1}{\rho}\dfrac{\partial p}{\partial x} + g_x + \nu\left(\dfrac{\partial^2 u}{\partial x^2}+\dfrac{\partial^2 u}{\partial y^2}\right),x \text{ 方向} \\ \dfrac{\partial v}{\partial t} + u\dfrac{\partial v}{\partial x} + v\dfrac{\partial v}{\partial y} = -\dfrac{1}{\rho}\dfrac{\partial p}{\partial y} + g_y + \nu\left(\dfrac{\partial^2 v}{\partial x^2}+\dfrac{\partial^2 v}{\partial y^2}\right),y \text{ 方向} \end{cases} \tag{5.28}$$

由于流动是定常流动,因此 $\partial u/\partial t = \partial v/\partial t=0$;又由于 $\partial u/\partial x =0$,可进一步得到 $\partial^2 u/\partial x^2=0$,且 $v=0$,那么平面二维流动 N－S 方程可简化为

$$\begin{cases} 0=-\dfrac{1}{\rho}\dfrac{\partial p}{\partial x} + g_x + \nu\dfrac{\partial^2 u}{\partial y^2},x \text{ 方向} \\ 0=-\dfrac{1}{\rho}\dfrac{\partial p}{\partial y} + g_y,y \text{ 方向} \end{cases} \tag{5.29}$$

对式(5.29)中 x 方向动量方程进行 2 次积分,得到

$$u=\frac{1}{2\mu}\frac{\partial p}{\partial x}\cdot y^2 - \frac{\rho}{2\mu}g_x\cdot y^2 + P(x)\cdot y + Q(x) \tag{5.30}$$

由前面分析可知:速度 u 只与 y 有关,与 x 无关,可令 $P(x)=C_1$,$Q(x)=C_2$,可进一步得到

$$u=\frac{y^2}{2\mu}\left(\frac{\partial p}{\partial x}-\rho g_x\right)+C_1 y+C_2 \tag{5.31}$$

积分常数 C_1 和 C_2 可通过物面边界条件(上下平板的不可滑移边界条件)计算得到,下板和上板的物面条件可表示为

$$u(y=0)=0,u(y=h)=U \tag{5.32}$$

联立式(5.31)以及式(5.32),得到

$$C_1=\frac{1}{h}\left[U-\frac{h^2}{2\mu}\left(\frac{\partial p}{\partial x}-\rho g_x\right)\right],C_2=0 \tag{5.33}$$

再将 C_1 和 C_2 代回式(5.31),得到

$$u=\left(-\frac{\partial p}{\partial x}+\rho g_x\right)\cdot\frac{h^2}{2\mu}\left(\frac{y}{h}-\frac{y^2}{h^2}\right)+U\cdot\frac{y}{h} \tag{5.34}$$

式(5.34)所表示的流体流动由两部分组成,第一部分流动为泊肃叶流动,这部分流动与压力梯度有关;第二部分流动为库埃特流动,这部分流动由平板间线性分布的速度引起。基于速度分布,便可求出下述各物理量。

剪切力:

$$\tau=\mu\frac{\mathrm{d}u(y)}{\mathrm{d}y}=\left(-\frac{\partial p}{\partial x}+\rho g_x\right)\left(\frac{h}{2}-y\right)+\mu\frac{U}{h} \tag{5.35}$$

单位宽度流量:

$$Q=\int_0^h u(y)\mathrm{d}y=\int_0^h\left[\left(-\frac{\partial p}{\partial x}+\rho g_x\right)\cdot\frac{h^2}{2\mu}\left(\frac{y}{h}-\frac{y^2}{h^2}\right)+U\cdot\frac{y}{h}\right]\mathrm{d}y=$$

$$\left(-\frac{\partial p}{\partial x}+\rho g_x\right)\frac{h^3}{12\mu}+\frac{hU}{2} \tag{5.36}$$

基于流量得到的平均流速:

$$\bar{u}=\frac{Q}{h}=\left(-\frac{\partial p}{\partial x}+\rho g_x\right)\frac{h^2}{12\mu}+\frac{U}{2} \tag{5.37}$$

由式(5.34)可得到

$$\frac{u(y)}{U}=-\frac{\partial p}{\partial x}\cdot\frac{h^2}{2\mu U}\left(\frac{y}{h}-\frac{y^2}{h^2}\right)+\frac{y}{h} \tag{5.38}$$

式(5.38)可进一步写作

$$\begin{cases}\dfrac{u(y)}{U}=P\cdot\left(\dfrac{y}{h}-\dfrac{y^2}{h^2}\right)+\dfrac{y}{h}\\[2mm] P=-\dfrac{\partial p}{\partial x}\dfrac{h^2}{2\mu U}\end{cases} \tag{5.39}$$

图 5.12 给出了流场中速度分布 u/U 与压力梯度 P 的关系。当 $P>0$ 时,流动为顺压流动,此时流场速度均为正;当 $P<0$ 时,流动为逆压流动,此时流场可能出现倒流,最容易出现倒流的是靠近下平板的区域,倒流是否出现取决于逆压梯度和剪切强度的大小,若逆压梯度占优势,则出现倒流。在实际工程中,各种工业管道流动更为常见(即上平板运动速度为 0)。因此,管道中以泊肃叶流动为主。

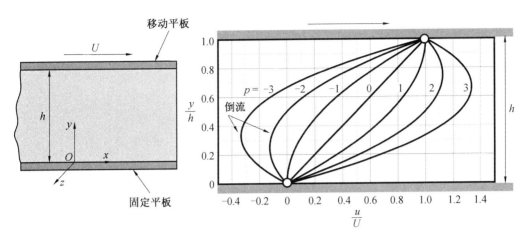

图 5.12 速度分布与压力梯度的关系

例 5.1 如图 5.13 所示,两固定平板间距离 h 为 8 cm,动力黏性系数 $\mu=0.1$ Pa·s 的油在平板中做层流运动,最大流速 $v_{\max}=1.5$ m/s,试求:

(1) 单位宽度上的流量。

(2) 平板上壁面处的速度梯度和切应力。

(3) 离中心线 2 cm 处的流体速度及 $l=25$ m 的前后压差。

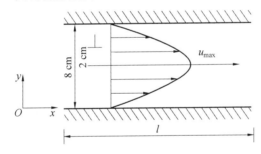

图 5.13 两固定平板间流体定常流动

解 (1) 由式(5.34)得到不考虑质量力时两固定平板之间最大流速为

$$u_{\max}=u\left(y=\frac{h}{2}\right)=-\frac{\partial p}{\partial x}\cdot\frac{h^2}{8\mu}$$

由式(5.36)得到不考虑质量力时两固定平板之间流量为

$$Q=-\frac{\partial p}{\partial x}\frac{h^3}{12\mu}$$

联立上面两式得到

$$Q=\frac{2}{3}u_{\max}h=0.08\ \text{m}^3/\text{s}$$

(2) 由式(5.34)得到不考虑质量力时两固定平板之间的速度分布为

$$u(y)=-\frac{\partial p}{\partial x}\frac{h^2}{2\mu}\left(\frac{y}{h}-\frac{y^2}{h^2}\right)$$

将上式与 $u_{\max}$ 的表达式联立,得到

$$u(y) = 4u_{\max}\left(\frac{y}{h} - \frac{y^2}{h^2}\right)$$

由上式进一步得到平板上表面的切应力：

$$\tau = -\mu \left.\frac{\mathrm{d}u(y)}{\mathrm{d}y}\right|_{y=h} = 7.5\ \mathrm{Pa}$$

（3）离中心线 2 cm 处的流体速度可表示为

$$u(y)\mid_{y=0.06} = 4v_{\max}\left(\frac{y}{h} - \frac{y^2}{h^2}\right) = \frac{3}{4}v_{\max} = 1.125\ \mathrm{m/s}$$

由 $u_{\max} = -\dfrac{\partial p}{\partial x}\cdot\dfrac{h^2}{8\mu} = 1.5$ 得到 $\dfrac{\partial p}{\partial x} = -\dfrac{12\mu}{h^2}$，进一步得到 $l = 25$ m 的前后压差为

$$\frac{12\mu}{h^2}\cdot 25 = \frac{300\mu}{h^2} = \frac{300\times 0.1}{0.08^2} = 4\ 687.5\ \mathrm{Pa}$$

例 5.2　如图 5.14 所示，相距 0.02 m 的平行平板内充满 $\mu = 0.1$ Pa·s 的油，下板不动，上板以速度 $U = 1$ m/s 运动，在 $x = 80$ m 处从 17.8×10^4 Pa 降到 9.8×10^4 Pa，试求：

（1）$u = u(y)$ 的速度分布。

（2）单位宽度上的流量。

（3）上下板的剪切应力。

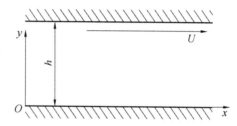

图 5.14　上板移动但下板不动时两平板间流体定常流动

解　（1）由式（5.34）得到不考虑质量力时两平板之间的流速分布为

$$u(y) = -\frac{1}{2\mu}\frac{\partial p}{\partial x}\cdot(hy - y^2) + U\cdot\frac{y}{h}$$

由题设条件得到压力梯度为

$$-\partial p/\partial x = \frac{17.8\times 10^4 - 9.8\times 10^4}{80} = 1\ 000\ (\mathrm{Pa/m})$$

将 $\mu = 0.1, -\partial p/\partial x = 1\ 000, h = 0.02$ 以及 $U = 1$ 代入速度分布表达式得到

$$u(y) = -5\ 000y^2 + 150y$$

（2）由式（5.36）得到不考虑质量力时两平板之间的流量分布为

$$Q = -\frac{\partial p}{\partial x}\frac{h^3}{12\mu} + \frac{hU}{2}$$

将 $\mu = 0.1, -\partial p/\partial x = 1\ 000, h = 0.02$ 以及 $U = 1$ 代入流量分布表达式得到

$$Q = 0.016\ 67\ \mathrm{m}^3/\mathrm{s}$$

（3）根据第（1）部分求得的速度分布表达式，可得到剪切应力：

$$\tau = \mu\frac{\mathrm{d}u(y)}{\mathrm{d}y} = 0.1(150 - 10\ 000y)$$

根据上式得到下板切应力为

$$\tau\mid_{y=0}=0.1(150-10\,000y)\mid_{y=0}=15\ (\mathrm{Pa})$$

上板切应力为

$$\tau\mid_{y=0.02}=0.1(150-10\,000y)\mid_{y=0.02}=-5\ (\mathrm{Pa})$$

5.4.2 圆管 Poiseuille 流动

如图 5.15 所示,考虑流体在半径为 R 的直圆管内流动,采用圆柱坐标系进行分析。由于是轴对称流动,所以流动速度在横断面上不随角度变化,即 $\partial/\partial\theta=0$;而且,流动是单向流动,流动的驱动由沿圆管的压力梯度 $\mathrm{d}p/\mathrm{d}z$ 引起,因此流动速度有下面的特征:

$$u_r=u_\theta=0,u_z\neq 0$$

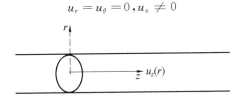

图 5.15 圆管 Poiseuille 流动

列出柱坐标系下不可压缩流体的连续方程:

$$\frac{1}{r}\frac{\partial}{\partial r}(r\cdot u_r)+\frac{1}{r}\frac{\partial u_\theta}{\partial\theta}+\frac{\partial u_z}{\partial z}=0 \tag{5.40}$$

由于 $u_r=u_\theta=0$,进一步得到 $\partial u_z/\partial z=0$,可看出 u_z 与 z 无关,又由于是定常流动,u_z 与 t 以及 θ 均无关,因此,u 只能与 r 有关,表示为

$$u_z=u_z(r) \tag{5.41}$$

列出柱坐标系下不可压缩流体在 z 方向的动量方程:

$$\frac{\partial u_z}{\partial t}+u_r\frac{\partial u_z}{\partial r}+\frac{u_\theta}{r}\frac{\partial u_z}{\partial\theta}+u_z\frac{\partial u_z}{\partial z}=-\frac{1}{\rho}\frac{\partial p}{\partial z}+\nu\left[\frac{1}{r}\frac{\partial}{\partial r}\left(r\frac{\partial u_z}{\partial r}\right)+\frac{1}{r^2}\frac{\partial^2 u_z}{\partial\theta^2}+\frac{\partial^2 u_z}{\partial z^2}\right]+g_z \tag{5.42}$$

式(5.42)可进一步化简为

$$\frac{1}{\rho}\frac{\partial p}{\partial z}=\frac{\nu}{r}\frac{\partial}{\partial r}\left(r\frac{\partial u_z}{\partial r}\right) \tag{5.43}$$

由于 u_z 只与 r 有关,可把偏导数写成全导数形式,式(5.43)可表示为

$$\frac{\mathrm{d}}{\mathrm{d}r}\left(r\frac{\mathrm{d}u_z}{\mathrm{d}r}\right)=\frac{r}{\mu}\frac{\mathrm{d}p}{\mathrm{d}z} \tag{5.44}$$

对上式进行 2 次积分,得到

$$u_z(r)=\frac{r^2}{4\mu}\frac{\mathrm{d}p}{\mathrm{d}z}+C_1\ln r+C_2 \tag{5.45}$$

在 $r=0$ 处,$u_z(r=0)$ 是一个有限值,得到 $C_1=0$,在 $r=R$ 时,$u_z(r=R)=0$,得到

$$C_1=0,C_2=-\frac{R^2}{4\mu}\frac{\mathrm{d}p}{\mathrm{d}z} \tag{5.46}$$

将式(5.46)代回式(5.45)中,得到

$$u_z(r)=-\frac{\mathrm{d}p}{\mathrm{d}z}\frac{1}{4\mu}(R^2-r^2) \tag{5.47}$$

　　由式(5.47)可看出:圆管流速分布呈旋转抛物面分布(图 5.16),圆管中层流可看作许多无限薄同心圆筒层一个套一个地运动。

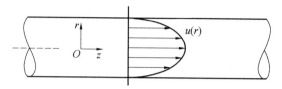

图 5.16　圆管流速分布

圆管流动的最大流速出现在中心轴线上,表示为

$$u_{\max} = u_z(r=0) = -\frac{R^2}{4\mu}\frac{\mathrm{d}p}{\mathrm{d}z} \tag{5.48}$$

　　取半径为 r 处宽度为 $\mathrm{d}r$ 的圆环(设其截面积为 $\mathrm{d}S$,$\mathrm{d}S = 2\pi r \cdot \mathrm{d}r$),此处的流速为 $u_z(r)$,通过环形面积的流量 $\mathrm{d}Q$ 为 $\mathrm{d}Q = u_z(r) \cdot \mathrm{d}S$,进一步得到流量 Q 可表示为

$$Q = \int_0^R \mathrm{d}Q = \int_0^R u_z(r) \cdot 2\pi r \mathrm{d}r \tag{5.49}$$

　　将式(5.47)中速度表达式代入式(5.49)中,得到流量 Q:

$$Q = -\frac{\pi R^4}{8\mu}\frac{\mathrm{d}p}{\mathrm{d}z} \tag{5.50}$$

　　由式(5.50)可以看出:圆管内流量与圆管半径的 4 次方以及压力梯度成正比;与黏性系数成反比。该公式称为泊肃叶定律。

　　基于流量 Q 表达式即式(5.50),得到圆管内平均流速为

$$\bar{u} = \frac{Q}{A} = -\frac{R^2}{8\mu}\frac{\mathrm{d}p}{\mathrm{d}z} = \frac{1}{2}u_{\max} \tag{5.51}$$

管壁上的剪切应力大小为

$$\tau\,|_{r=R} = -\mu\,\frac{\mathrm{d}u_z(r)}{\mathrm{d}r}\bigg|_{r=R} = -\frac{R}{2}\frac{\mathrm{d}p}{\mathrm{d}z} = \frac{4\bar{u}\mu}{R} \tag{5.52}$$

　　假设一个圆管长为 L,则圆管沿程压力差定义为 $\Delta p = -(\mathrm{d}p/\mathrm{d}z)L$;由黏性摩擦引起的沿程水头损失定义为 $h_f = \Delta p/\rho g$,经过简单推导可得到水头损失为

$$h_f = \lambda\,\frac{L}{D}\,\frac{\bar{u}^2}{2g} \tag{5.53}$$

式中,λ 为 Darcy 摩擦系数,表示为 $\lambda = 64/Re$,这里雷诺数用平均流速表示:

$$Re = \frac{\rho D \bar{u}}{\mu} \tag{5.54}$$

　　可以看出:沿程水头损失 / 压力差与雷诺数成反比,与平均流速呈正比。

　　例 5.3　如图 5.17 所示,考虑不可压缩流体在毛细管内的定常层流流动,流量 $Q = 880\ \mathrm{mm}^3/\mathrm{s}$,测得 1 m 长管段压降 $\Delta p = 1\ \mathrm{MPa}$,管径 $D = 0.5\ \mathrm{mm}$,假设流动处于充分发展区域,求流体的黏性系数。

　　解　由式(5.50)得到

$$\mu = \frac{\left(-\dfrac{\mathrm{d}p}{\mathrm{d}z}\right)\pi R^4}{8Q}$$

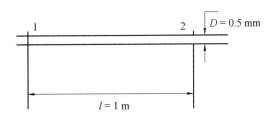

图 5.17 毛细管内定常层流流动

由题设条件可知:压力梯度 $-\mathrm{d}p/\mathrm{d}z=10^6\ \mathrm{Pa/m}$, $R=D/2=2.5\times10^{-4}\ \mathrm{m}$, $Q=880\times10^{-9}\ \mathrm{m}^3/\mathrm{s}$,将这些参数代入上式,得到流体黏性系数:

$$\mu=\frac{10^6\times\pi\times(2.5\times10^{-4})^4}{8\times880\times10^{-9}}=1.74\times10^{-3}\ \mathrm{Pa\cdot s}$$

例 5.4   如图 5.18 所示,在内径为 r_2 的足够长的圆管内,有一外径为 r_1 的同轴圆管,不可压缩流体在两管之间的环形通道内沿轴向流动,流动是定常的,管子水平放置,试求通道中的速度分布。

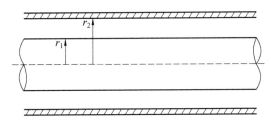

图 5.18 两同轴圆管间隙里的流体定常流动

解   由式(5.45)得到柱坐标系下的速度分布为

$$u_z(r)=\frac{r^2}{4\mu}\frac{\mathrm{d}p}{\mathrm{d}z}+C_1\ln r+C_2$$

这里的待定系数 C_1 和 C_2 可由两个边界条件求解得到。边界条件为 $r=r_1$ 时, $u_z=0$;为 $r=r_2$ 时, $u_z=0$。

$$\begin{cases}\dfrac{r_1^2}{4\mu}\dfrac{\mathrm{d}p}{\mathrm{d}z}+C_1\ln r_1+C_2=0\\[2mm]\dfrac{r_2^2}{4\mu}\dfrac{\mathrm{d}p}{\mathrm{d}z}+C_1\ln r_2+C_2=0\end{cases}\Rightarrow\begin{cases}C_1=\dfrac{1}{4\mu}\dfrac{\mathrm{d}p}{\mathrm{d}z}\dfrac{r_2^2-r_1^2}{\ln(r_1/r_2)}\\[2mm]C_2=-\dfrac{1}{4\mu}\dfrac{\mathrm{d}p}{\mathrm{d}z}\left[r_1^2+\ln r_1\dfrac{r_2^2-r_1^2}{\ln(r_1/r_2)}\right]\end{cases}$$

将式中的 C_1 和 C_2 代回式(5.45)中得到速度分布为

$$u_z(r)=\frac{1}{4\mu}\frac{\mathrm{d}p}{\mathrm{d}z}\left[r^2-r_1^2+\frac{r_2^2-r_1^2}{\ln(r_1/r_2)}\ln\frac{r}{r_1}\right]$$

5.5 层流和湍流

黏性流体的流动状态与 Reynolds 数有关。最典型的两种流动状态为层流和湍流。层流流体运动很有规则,流体进行分层流动、互不掺混,流体质点的运动轨迹是光滑曲线,而且流场稳定;湍流流体运动极不规则,各部分激烈掺混,流体质点的运动轨迹杂乱无章,而且流场极不稳定。此外,层流和湍流在一定区间对应的 Reynolds 数范围内是可以相互转换的,该区间称为转捩区,可具备层流特征,也可具备湍流特征。

如图 5.19 所示,英国物理学家雷诺在 1883 年首次用实验证明了两种流态的存在,并确定了流态的判别方法,可基于流态的某个无因次参数 —— 雷诺数来判别流态。

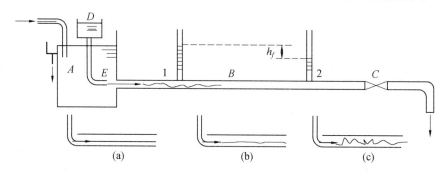

图 5.19　雷诺实验装置原理图

雷诺通过实验发现:① 当玻璃管中流速较小时,可看到带颜色水柱在玻璃管中呈明显的直线形状且很稳定,说明整个管中流体均做平行于管子轴线的运动,流体质点没有纵向运动,不会相互掺混;② 当速度增加到一定程度时,颜色水不再保留完整形态,而是杂乱无章、瞬息变化的状态,有剧烈的相互掺混,质点运动速度不仅在横向,而且在纵向均有不规则的脉动现象。

如图 5.20 所示,雷诺实验结果曲线可分为三部分。①ab 段:当 $v < v_c$ 时,流动为稳定的层流。②ef 段:当 $v > v''$ 时,流动是不规则的湍流。③be 段:当 $v_c < v < v''$ 时,流动可能是层流,也可能是湍流,取决于水流的原来状态。图 5.20 中实验曲线可表示为

$$\lg h_f = \lg k + m \lg v \tag{5.55}$$

式中,h_f 为水头损失;v 为管内流速;m 和 k 为实验参数。

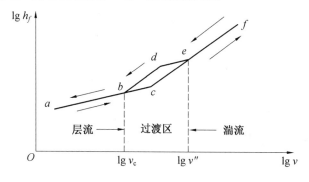

图 5.20　雷诺实验结果曲线

式(5.55) 又可写作

$$h_f = k v^m \tag{5.56}$$

式(5.56) 中,对于层流,$m = 1.0$;对于湍流,$m = 1.75 \sim 2.0$。这里对雷诺实验结果进行总结归纳,层流流动特点如下:① 有序性,水流呈层状流动,各层的质点互不混掺,质点做有序的直线运动;② 黏性占主导作用,遵循牛顿内摩擦定律;③ 能量损失 / 沿程水头损

失与流速的一次方成正比;④ 在雷诺数较小时发生。湍流流动特点如下:① 流体质点不再成层流动,而是呈现不规则紊动,流层间质点相互混掺、无序;② 湍流受黏性和紊动的共同作用,具有耗能性;③ 水头损失与流速的 $1.75 \sim 2$ 次方成正比;④ 在雷诺数较大时发生。雷诺数是决定流动是层流还是湍流的唯一无因次参数。以圆管内流体流动为例,其雷诺数定义为

$$Re = \frac{\overline{V}d}{\nu} \tag{5.57}$$

式中,ν 为流体运动黏性系数;$\overline{V}$ 为圆管横截面平均流速;d 为圆管内径。

对于圆管内流体流动,当 $Re < 2\,000$ 时,流动为层流;当 $Re > 4\,000$ 时,流动为湍流;当 $2\,000 \leqslant Re \leqslant 4\,000$ 时,流动为过渡流。

例 5.5 某段自来水管,$d = 0.1$ m,平均流速 $\overline{V} = 1.0$ m/s,水温 10 ℃,

(1)试判断管中水流流态。

(2)若要保持层流,最大流速是多少?

解 (1)水温为 10 ℃ 时,水的运动黏度为 $\nu = 1.31 \times 10^{-6}$ m²/s,得到管内流体雷诺数为

$$Re = \frac{\upsilon d}{\nu} = \frac{1 \times 0.1}{1.31 \times 10^{-6}} = 76\,336 > Re_c = 4\,000$$

式中,Re_c 为临界雷诺数。

即圆管中水流处在湍流状态。

(2)若保持层流,最大雷诺数不能超过 2 000,即 $Re_c = 2\,000$,进一步得到

$$\upsilon_c = \frac{\nu Re_c}{d} = \frac{1.31 \times 10^{-6} \times 2\,000}{0.1} = 0.03 \text{ m/s}$$

因此,要保持层流,最大流速是 0.03 m/s。

自然界及工程实际中存在的流动多为湍流,层流流动范围很窄。湍流的起因、内部结构等一些最基本的物理本质迄今仍未揭示清楚。针对它的研究远不能像层流那样用解析方法来求解。流体做湍流流动时,运动参数随时间不停地发生变化。如图 5.21 所示,瞬时速度随时间 t 不停地变化,但始终围绕某一"平均值"脉动,这种现象称为脉动现象。如果取足够大的时间间隔 T,瞬时速度在 T 时间内的平均值称为时均速度,可表示为

$$\overline{\upsilon} = \frac{1}{T} \int_0^T \upsilon \mathrm{d}t \tag{5.58}$$

瞬时速度可表示为时均速度和脉动速度之和,即

$$\upsilon = \overline{\upsilon} + \upsilon' \tag{5.59}$$

工程应用中通常采用另外一个参数 —— 湍流度 ε 来表征速度脉动大小的尺度:

$$\varepsilon = \frac{\sqrt{\overline{\upsilon'^2}}}{\overline{\upsilon}} \tag{5.60}$$

湍流度 ε 是脉动速度的均方根值与时均速度值的比值,它能体现流场中湍流脉动的相对强弱。湍流度是风洞的重要性能指标之一。一般情况下,风洞湍流度为 0.005;低湍流度风洞的湍流度可以达到 0.000 2。

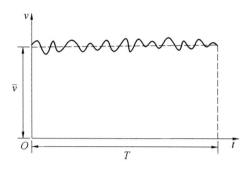

图 5.21 时均速度以及脉动速度

类似速度参数,其他运动参数也可作时均化处理。湍流流动总是非定常的,但从时均意义上分析,可认为其是定常流动。雷诺认为:湍流的瞬时运动也同样满足 N－S 方程。下面介绍 Reynolds 湍流方程。一般情况下的连续性方程为

$$\frac{\partial u}{\partial x} + \frac{\partial v}{\partial y} + \frac{\partial w}{\partial z} = 0 \tag{5.61}$$

将 $u = \bar{u} + u', v = \bar{v} + v', w = \bar{w} + w'$ 代入式(5.61),得到

$$\frac{\partial(\bar{u} + u')}{\partial x} + \frac{\partial(\bar{v} + v')}{\partial y} + \frac{\partial(\bar{w} + w')}{\partial z} = 0 \tag{5.62}$$

对式(5.62)进行时均处理,得到

$$\frac{\partial \overline{(\bar{u} + u')}}{\partial x} + \frac{\partial \overline{(\bar{v} + v')}}{\partial y} + \frac{\partial \overline{(\bar{w} + w')}}{\partial z} = 0 \tag{5.63}$$

由于 $\overline{u'} = \overline{v'} = \overline{w'} = 0$,式(5.63)可进一步写作

$$\frac{\partial \bar{u}}{\partial x} + \frac{\partial \bar{v}}{\partial y} + \frac{\partial \bar{w}}{\partial z} = 0 \tag{5.64}$$

式(5.64)也可以用 Einstein 指标法表示:

$$\frac{\partial \bar{u}_i}{\partial x_i} = 0 \tag{5.65}$$

式(5.64)以及式(5.65)便为 Reynolds 湍流方程的质量守恒方程项,下面推导其动量方程项。式(5.15)中动量方程项可改写为

$$\frac{\partial u_i}{\partial t} + \frac{\partial(u_i u_j)}{\partial x_j} = f_i - \frac{1}{\rho}\frac{\partial p}{\partial x_i} + \nu \nabla^2 u_i \tag{5.66}$$

将 $u_i = \bar{u}_i + u'_i, u_j = \bar{u}_j + u'_j, p = \bar{p} + p'$ 代入式(5.66),得到

$$\frac{\partial(\bar{u}_i + u'_i)}{\partial t} + \frac{\partial[(\bar{u}_i + u'_i)(\bar{u}_j + u'_j)]}{\partial x_j} = f_i - \frac{1}{\rho}\frac{\partial(\bar{p} + p')}{\partial x_i} + \nu \nabla^2(\bar{u}_i + u'_i) \tag{5.67}$$

对式(5.67)进行时均处理,得到

$$\frac{\partial \overline{(\bar{u}_i + u'_i)}}{\partial t} + \frac{\partial \overline{[(\bar{u}_i + u'_i)(\bar{u}_j + u'_j)]}}{\partial x_j} = \overline{f_i} - \frac{1}{\rho}\frac{\partial \overline{(\bar{p} + p')}}{\partial x_i} + \nu \nabla^2\overline{(\bar{u}_i + u')} \tag{5.68}$$

由于 $\overline{u'_i} = \overline{p'} = 0$,式(5.68)可进一步简化为

$$\frac{\partial \overline{u}_i}{\partial t} + \frac{\partial \overline{[(\overline{u}_i + u'_i)(\overline{u}_j + u'_j)]}}{\partial x_j} = f_i - \frac{1}{\rho}\frac{\partial \overline{p}}{\partial x_i} + \nu \nabla^2 \overline{u}_i \tag{5.69}$$

式(5.69)可进一步写作

$$\frac{\partial \overline{u}_i}{\partial t} + \frac{\partial (\overline{u}_i \overline{u}_j + \overline{u'_i u'_j})}{\partial x_j} = f_i - \frac{1}{\rho}\frac{\partial \overline{p}}{\partial x_i} + \nu \nabla^2 \overline{u}_i \tag{5.70}$$

对于不可压缩流体,式(5.70)可进一步写作

$$\frac{\partial \overline{u}_i}{\partial t} + \overline{u}_j \frac{\partial \overline{u}_i}{\partial x_j} = f_i - \frac{1}{\rho}\frac{\partial \overline{p}}{\partial x_i} + \nu \nabla^2 \overline{u}_i - \frac{\partial}{\partial x_j}(\overline{u'_i u'_j}) \tag{5.71}$$

将式(5.71)中 Einstein 求和法则表达式写成分量形式:

$$\begin{cases} \dfrac{\partial \overline{u}}{\partial t} + \overline{u}\dfrac{\partial \overline{u}}{\partial x} + \overline{v}\dfrac{\partial \overline{u}}{\partial y} + \overline{w}\dfrac{\partial \overline{u}}{\partial z} = \\ \qquad f_x - \dfrac{1}{\rho}\dfrac{\partial \overline{p}}{\partial x} + \nu \nabla^2 \overline{u} - \dfrac{1}{\rho}\left[\dfrac{\partial(\rho\,\overline{u'u'})}{\partial x} + \dfrac{\partial(\rho\,\overline{u'v'})}{\partial y} + \dfrac{\partial(\rho\,\overline{u'w'})}{\partial z}\right] \\ \dfrac{\partial \overline{v}}{\partial t} + \overline{u}\dfrac{\partial \overline{v}}{\partial x} + \overline{v}\dfrac{\partial \overline{v}}{\partial y} + \overline{w}\dfrac{\partial \overline{v}}{\partial z} = \\ \qquad f_y - \dfrac{1}{\rho}\dfrac{\partial \overline{p}}{\partial y} + \nu \nabla^2 \overline{v} - \dfrac{1}{\rho}\left[\dfrac{\partial(\rho\,\overline{v'u'})}{\partial x} + \dfrac{\partial(\rho\,\overline{v'v'})}{\partial y} + \dfrac{\partial(\rho\,\overline{v'w'})}{\partial z}\right] \\ \dfrac{\partial \overline{w}}{\partial t} + \overline{u}\dfrac{\partial \overline{w}}{\partial x} + \overline{v}\dfrac{\partial \overline{w}}{\partial y} + \overline{w}\dfrac{\partial \overline{w}}{\partial z} = \\ \qquad f_z - \dfrac{1}{\rho}\dfrac{\partial \overline{p}}{\partial z} + \nu \nabla^2 \overline{w} - \dfrac{1}{\rho}\left[\dfrac{\partial(\rho\,\overline{w'u'})}{\partial x} + \dfrac{\partial(\rho\,\overline{w'v'})}{\partial y} + \dfrac{\partial(\rho\,\overline{w'w'})}{\partial z}\right] \end{cases} \tag{5.72}$$

由式(5.72)可看出:在湍流运动中,除了流体时均运动带来的黏性切应力 $\nu \nabla^2 \overline{u}_i$ 外,还有一项由流体脉动引起的附加切应力。该附加切应力通常称为湍流应力,又称为雷诺应力,通常可表示为如下张量形式。

$$\boldsymbol{R}_{ij} = \begin{pmatrix} -\rho\,\overline{u'u'} & -\rho\,\overline{u'v'} & -\rho\,\overline{u'w'} \\ -\rho\,\overline{v'u'} & -\rho\,\overline{v'v'} & -\rho\,\overline{v'w'} \\ -\rho\,\overline{w'u'} & -\rho\,\overline{w'v'} & -\rho\,\overline{w'w'} \end{pmatrix} \tag{5.73}$$

由于式(5.73)所示为对称张量,因此式中独立变量只存在 6 个。Reynolds 湍流方程依旧是 4 个方程(即一个连续性方程以及 x、y 和 z 三个方向的动量方程),但存在 10 个独立变量:$\overline{u}$、$\overline{v}$、$\overline{w}$、$\overline{p}$、$\overline{u'u'}$、$\overline{u'v'}$、$\overline{u'w'}$、$\overline{v'v'}$、$\overline{v'w'}$、$\overline{w'w'}$。因此,需要补充方程,建立湍流应力与时均速度之间的关系。这方面的理论工作主要沿着两个方向发展。一个方向是湍流的统计理论,其试图利用统计数学的方法和概念来描述流场,探讨流体微团脉动的变化规律,研究湍流内部的结构从而建立湍流运动的封闭方程组,但是该理论的进展程度离解决实际问题还相差甚远。另一个方向是湍流的半经验理论,它是依据一些假设以及实验结果建立雷诺应力与时均速度之间的关系从而封闭方程组。半经验理论虽然在理论上具有很大的局限性以及缺陷性,但在一定条件下往往能够得到与实际符合的较满意的结果,因此在工程技术中得到了广泛的应用。

5.6* 湍流模式理论

为了解决众多的工程实际问题,目前发展了许多较复杂的半经验理论,形成了许多封闭模式。半经验理论又称湍流模式理论。湍流模式理论的核心问题就是建立雷诺应力与时均速度之间的关系。本节我们介绍一个最古老也是最重要的湍流模式理论,它是 1925 年由普朗特提出的,称为普朗特混合长理论。

5.6.1 雷诺应力

这里以湍流的平面平行流动为例,对雷诺应力的产生机理进行详细阐述。如图 5.22 所示,x 轴取在物面上,y 轴垂直向上,x 方向的时均速度分布用 $u=u(y)$ 表示,y 方向的时均速度为零,即 $v=0$。

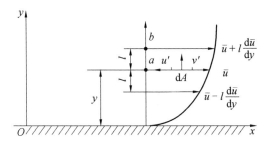

图 5.22 雷诺应力产生机理

假设在流体流动中存在两层流体,分别记为 a 和 b。a 层流体的时均速度为 u,b 层流体的时均速度为 $u+l\mathrm{d}u/\mathrm{d}y$。在某一瞬时,$a$ 层内的流体质点,由于偶然因素,在 $\mathrm{d}t$ 时间内,经微元面积 $\mathrm{d}A$ 以 v' 的横向脉动速度沿 y 轴流入 b 层,其质量可表示为

$$\Delta m = \rho v' \mathrm{d}A\mathrm{d}t \tag{5.74}$$

该部分流体质量到达 b 层以后,会与 b 层的流体混合在一起,具有 b 层的运动参数。由于 a 层和 b 层这两层流体质点在 x 方向的速度是不同的,因此,流体质量 Δm 进入 b 层后将在 x 方向发生速度变化,该变化可看作流体质点在 x 方向产生了纵向脉动速度 u'。新产生的脉动速度 u' 使得混合到 b 层的这部分流体在 x 方向上产生了一个新的脉动性的动量变化 $\rho v'\mathrm{d}A\mathrm{d}t u'$。依据动量定理,该部分动量变化是由流体质量 Δm 进入 b 层后受到的脉动切向力产生。依据牛顿第三定律,流体质量 Δm 对 b 层流体的脉动切向力 F' 可表示为

$$F' = -\rho v'\mathrm{d}Au' \tag{5.75}$$

由式(5.75)进一步得到 a、b 两流层之间的切应力为

$$\tau'_t = -\rho u'v' \tag{5.76}$$

该应力纯粹是由脉动原因产生的附加切应力,也称为雷诺切应力,它的时均值为

$$\tau_t = -\rho \overline{u'v'} \tag{5.77}$$

由图 5.22 可看出:当 $v'>0$ 时,微团由 a 层向 b 层脉动,由于 a 层速度小于 b 层,进入 b 层后会使 b 层的速度降低,得到 b 层的 $u'<0$;反之,当 $v'<0$ 时,微团由 b 层向 a 层脉动,

并使 a 层速度增加,得到 a 层的 $u' > 0$。因此 u' 与 v' 符号始终相反,得到 τ_t' 始终大于 0,即雷诺切应力永远大于 0。

至此,我们知道,在湍流运动中,除了由相邻两流层之间时均流速相对运动所产生的黏性切应力 $\mu \mathrm{d}\bar{u}/\mathrm{d}y$ 以外,还存在一项由脉动流速产生的附加切应力。因此,湍流流动中的总切应力可写作

$$\tau = \tau_1 + \tau_t = \mu \frac{\mathrm{d}\bar{u}}{\mathrm{d}y} - \rho \overline{u'v'} \tag{5.78}$$

5.6.2 普朗特混合长理论

普朗特混合长理论是要建立湍流运动中雷诺应力 τ_t 与时均速度 $\bar{u}$ 之间的关系。在湍流流动中,普朗特引入了一个与分子平均自由程相当的长度 l,并假设在 l 距离以内流体质点不与其他质点相碰。因此,在碰撞前质点会保持自己的动量不变,在走了 l 距离后才和新位置的流体质点掺混,完成动量交换。

依据欧拉法的观点来观察 y 层流体的运动。如图 5.22 所示,当 $y-l$ 层流体质点进入 y 层时,若该流体质点保持原先在 x 方向的速度 $\bar{u} - l\mathrm{d}\bar{u}/\mathrm{d}y$,那么得到的现象是 y 层的流体质点速度突然减小了 $l\mathrm{d}\bar{u}/\mathrm{d}y$;当 $y+l$ 层流体质点进入 y 层时,若该流体质点保持原先在 x 方向的速度 $\bar{u} + l\mathrm{d}\bar{u}/\mathrm{d}y$,那么得到的现象是 y 层的流体质点速度突然增加了 $l\mathrm{d}\bar{u}/\mathrm{d}y$。显而易见,这个突然增加或突然减小的量就是 y 层流体在 x 方向产生的脉动速度 u',表示为

$$u' = l \frac{\mathrm{d}\bar{u}}{\mathrm{d}y} \tag{5.79}$$

式(5.79)便建立了 x 方向脉动速度 u' 与 x 方向时均速度 $\bar{u}$ 以及混合长度 l 之间的关系。当流体质点从 $y+l$ 层或 $y-l$ 层进入 y 层时,它们会以相对速度 $2u'$ 相互接近或者相互离开。由流体连续性原理,它们空出来的空间位置必将引起相邻层的流体质点来补充,于是引起流体在 y 方向的横向脉动速度 v',二者相互关联。因此,u' 与 v' 的大小为同一个数量级,可表示为

$$|v'| = c |u'| \tag{5.80}$$

式中,c 为比例常数。

由前面讨论可知,u' 与 v' 符号始终相反,因此得到

$$\overline{u'v'} = -\overline{|u'||v'|} \tag{5.81}$$

将式(5.79)以及式(5.80)代入式(5.81),得到

$$\overline{u'v'} = -cl^2 \left(\frac{\mathrm{d}\bar{u}}{\mathrm{d}y}\right)^2 \tag{5.82}$$

将式(5.82)中的常数 c 归类到前面引入的尚未确定的距离 l 中去,并代入式(5.77),得到

$$\tau_t = \rho l^2 \left(\frac{\mathrm{d}\bar{u}}{\mathrm{d}y}\right)^2 \tag{5.83}$$

式中,l 为普朗特混合长度,若令 $\mu_t = \rho l^2 \dfrac{\mathrm{d}\bar{u}}{\mathrm{d}y}$,式(5.83)可进一步表示为

$$\tau_t = \mu_t \frac{d\bar{u}}{dy} \qquad (5.84)$$

因此,总湍流切应力又可以写作

$$\tau = \tau_1 + \tau_t = \mu \frac{d\bar{u}}{dy} + \rho l^2 \left(\frac{d\bar{u}}{dy}\right)^2 = \mu \frac{d\bar{u}}{dy} + \mu_t \frac{d\bar{u}}{dy} \qquad (5.85)$$

式中,μ_t 通常定义为湍流黏性系数,它是湍流的一种特性,与平均湍流场、边界的几何条件等诸多因素有关。

虽然普朗特混合长理论在假设条件上是不严格的,在物理模型上也是不真实的,但是该理论却很有用,在解决平板附近湍流以及圆管湍流等问题时,通过适当选择混合长度,均能给出合理的速度分布和可靠的摩擦结果。原因在于:普朗特混合长理论在雷诺应力、湍流脉动速度以及时均速度之间建立起了联系,并保留了一个待定参数由实验确定,从而使这个封闭模式的结果更切合实际。对于工程中经常碰到的壁面剪切湍流,壁面附近的混合长度 l 与距离 y 成正比,即

$$l = \kappa y \qquad (5.86)$$

式中,κ 为卡门常数。

5.6.3　充分发展段圆管湍流

当流体在圆管中做湍流运动时,其速度分布不同于层流。湍流中流体质点相互混掺,互相碰撞,因而产生了流体内部各质点间的动量传递,动量大的质点将动量传给动量小的质点,动量小的质点影响动量大的质点,结果造成断面流速分布的均匀化(图 5.23)。显然雷诺数越大,流体质点相互掺混越剧烈,其速度分布则越均匀。由大量实验测量,可得光滑圆管的湍流流速分布接近指数分布形式。

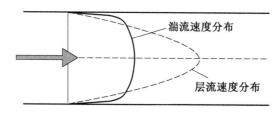

图 5.23　层流速度分布与湍流速度分布对比

如图 5.24 所示,圆管断面湍流速度分布可分为三个区域:黏性底层、过渡区以及湍流核心区。在靠近管壁的一薄层流体中,由于受到壁面的抑制,流体质点的横向脉动受到限制,其速度梯度较大,流动保持层流特性。这一薄层称为黏性底层(又称层流底层)。由于湍流脉动的结果,在离壁面不远处到中心的大部分区域流速分布比较均匀,这部分流体处于明显的湍流运动状态,称为湍流核心区。在黏性底层与湍流核心区之间通常还存在一个范围很小的过渡区,一般可以将过渡区并入湍流核心区来处理。

湍流流动中黏性底层的厚度 δ_0 并不是固定的,它与雷诺数成反比,且与反映壁面凹凸不平程度及摩擦力大小的管道摩擦因子 λ 有关,通过大量的理论和实验,可得到如下经验公式:

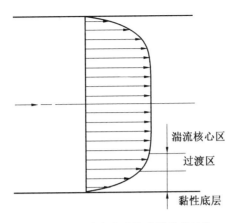

图 5.24 湍流流动的速度分布结构

$$\delta_0 = \frac{32.8d}{Re\sqrt{\lambda}} \tag{5.87}$$

式中，d 为管壁厚度，黏性底层厚度一般只有十分之几毫米，但对流动阻力的影响较大。

圆管壁面不可能是绝对光滑的，都会出现各种不同程度的凹凸不平，这种凹凸不平的平均尺寸 Δ 称为管壁的绝对粗糙度。其与管壁厚度的比值 Δ/d 称为相对粗糙度。

如图 5.25 所示，当 $\delta_0 > \Delta$ 时，管壁的凹凸不平部分淹没在黏性底层中，因此粗糙度对湍流核心区几乎没有影响，流体可以看作在完全光滑的管道中流动，这种情况的管内湍流流动称为"水力光滑"流动（又称光滑圆管流动）；当 $\delta_0 < \Delta$ 时，管壁的凹凸不平部分暴露在黏性底层之外，黏性底层被破坏，湍流的核心区流体冲击凸起部分，会产生旋涡，增大能量损耗。粗糙度的大小会直接影响湍流运动。这种情况的管内湍流流动称为"水力粗糙"流动（又称粗糙圆管流动）。

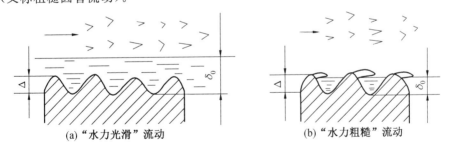

图 5.25 "水力光滑"以及"水力粗糙"流动

下面讨论光滑圆管中湍流流动的速度分布情况。在黏性底层中，由于湍流横向脉动受到限制，因此与黏性切应力 $\mu \dfrac{\mathrm{d}\bar{u}}{\mathrm{d}y}$ 相比，雷诺切应力可以忽略。此外，黏性底层很薄，可以假设速度分度是线性的。因此，层内切应力 τ_1 为常数，等于壁面处切应力 τ_w，写作

$$\mu \frac{\mathrm{d}\bar{u}}{\mathrm{d}y} = \tau_w \tag{5.88}$$

对其进行积分，得到

$$\bar{u} = \frac{\tau_w}{\mu} y + C_1 \tag{5.89}$$

由于 $y=0$ 时，$\bar{u}=0$，得到 $C_1=0$，再将其代回式(5.89)中，得到黏性底层内速度分布为

$$\bar{u}=\frac{\tau_w}{\mu}y=\frac{\tau_w}{\rho}\frac{y}{\nu} \tag{5.90}$$

下面将式(5.90)化成无量纲形式，由量纲分析可知 $\sqrt{\tau_w/\rho}$ 具有速度的量纲，令其为 u^*，并称其为壁面摩擦速度，式(5.90)可进一步写作

$$\frac{\bar{u}}{u^*}=\frac{u^*y}{\nu} \tag{5.91}$$

式(5.91)的左右两边均为无量纲量，令式(5.91)左右两边分别为 u^+ 和 y^+，可表示为

$$u^+=\frac{\bar{u}}{u^*},\ y^+=\frac{u^*y}{\nu} \tag{5.92}$$

在黏性底层以外，随着离壁面距离的增加，黏性切应力将减小，而雷诺切应力将增加。到一定距离后，黏性切应力可忽略不计，联立式(5.83)以及式(5.86)，进一步得到雷诺切应力为

$$\tau_t=\rho\kappa^2y^2\left(\frac{\mathrm{d}\bar{u}}{\mathrm{d}y}\right)^2 \tag{5.93}$$

若假设总的湍流切应力为常数，即黏性底层以外的雷诺切应力等于黏性底层内的黏性切应力，便有

$$\rho\kappa^2y^2\left(\frac{\mathrm{d}\bar{u}}{\mathrm{d}y}\right)^2=\tau_w \tag{5.94}$$

结合 u^* 表达式，式(5.94)可进一步写作

$$\kappa y\frac{\mathrm{d}\bar{u}}{\mathrm{d}y}=u^* \tag{5.95}$$

将式(5.95)与式(5.92)相结合，得到

$$\frac{\mathrm{d}u^+}{\mathrm{d}y^+}=\frac{1}{\kappa y^+} \tag{5.96}$$

对式(5.96)进行积分得到

$$u^+=\frac{1}{\kappa}\ln y^++C_2 \tag{5.97}$$

式中，积分常数 C_2 以及卡门常数 κ 均需要实验确定。根据尼古拉兹光滑圆管的实验结果，可得到 $\kappa=0.4$，$C_2=5.5$。可以看出：完全湍流层的速度分布符合对数规律，因此该层又称为对数层。在实际工程计算中，为方便计算，有时还会采用幂级数形式的经验公式来描述圆管内湍流速度分布，表示为

$$\frac{\bar{u}}{\bar{u}_{\max}}=\left(\frac{y}{R}\right)^n \tag{5.98}$$

式中，R 为圆管半径；$\bar{u}_{\max}$ 为轴线处最大速度；n 为指数，随着雷诺数的不同会发生变化。

当 $Re<10^5$ 时，$n=1/7$；当 $Re>10^5$ 时，n 取 $1/8$、$1/9$ 或 $1/10$。如图 5.26 所示，雷诺数越小，流剖面越接近抛物线；雷诺数越大，流剖面越均匀化；当 $Re=10^6$ 时，轴心处流速趋于平均。

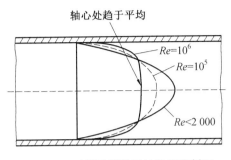

图 5.26 不同雷诺数下的湍流流剖面

5.7 物体在流体中的受力

实验表明:物体在流体中受到的作用力,其大小、方向取决于流速、物体形状、物体相对于流速的方位。一般情况下,物体所受作用力既有水平分力,又有垂直分力。

如图 5.27 所示,一般把水平方向的分力 F_x 称为阻力(又称拖曳力),把垂直方向的分力 F_y 称为升力。若物体形状对称,且相对于流速对称放置,则 $F_y = 0$。如图 5.28 所示,物体阻力包括摩擦阻力(又称黏性阻力)和压差阻力(又称形状阻力)。黏性阻力与物体表面积大小有关;压差阻力与物体的形状有关。当雷诺数很小时,黏性阻力起主导作用;当雷诺数很大时,压差阻力起主导作用。

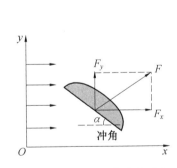

图 5.27 物体在流体中的受力

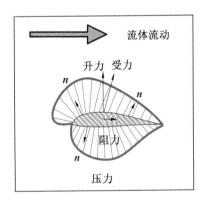

图 5.28 黏性阻力和形状阻力

如图 5.29 所示,以圆柱体为例,分析压差阻力产生的原因。如图 5.29(a) 所示,当流体无黏性时,流动是前后对称的,因此不存在压差阻力;如图 5.29(b) 所示,当流体有黏性时,由于黏性的阻滞作用,圆柱体后方会发生流动分离现象,且会形成旋涡,导致圆柱体前后流动为不对称流动,进一步产生了压差阻力。工程上习惯用无因次的阻力系数 C_D 来代替阻力 F_D,可表示为

$$C_D = \frac{F_D}{\frac{1}{2}\rho V_\infty^2 A} \tag{5.99}$$

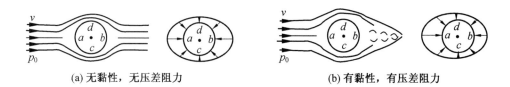

图 5.29   无黏和有黏时压差阻力

绕圆柱或圆球流动的阻力系数与雷诺数的关系可表示为 $C_D = f(Re)$，图 5.30 给出光滑圆球以及光滑圆柱的阻力曲线。由图 5.30 可看出：当 $Re > 2 \times 10^5$ 以后，圆柱体和圆球的阻力系数先后突然出现急剧下降的特征，这一现象称为"阻力危机"(drag crisis)。出现"阻力危机"的原因是：当 $Re > 2 \times 10^5$ 以后，边界层由层流转变为湍流的转捩点逐步提前，一直提前到层流分离点之前，使层流边界层在分离前变成了湍流。由于湍流边界层内流体的动量交换大，推迟了分离，分离点向下游移动了一段距离。其结果是：分离产生的尾迹宽度明显减小，进一步导致压差阻力显著减小，总阻力系数也随之骤然下降出现"危机"现象。

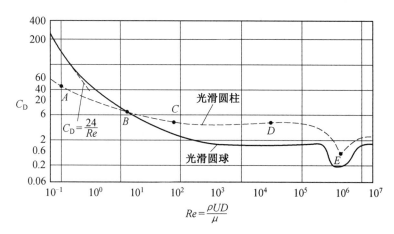

图 5.30   不同雷诺数下光滑圆柱以及光滑圆球的拖曳力系数

图 5.30 中，A、B、C、D 以及 E 代表 5 种典型工况，分别对应了 5 种不同的雷诺数，图 5.31 进一步给出了 5 种典型的绕流状态。由图 5.31 可看出：

①A 点处，$Re < 1$，圆柱前后的流动基本对称，此时几乎没有分离流动引起的压差阻力，圆柱的阻力以黏性阻力为主；

②B 点处，随着雷诺数增加，圆柱后方开始出现上下对称的旋涡，使圆柱前后产生压力差，黏性阻力开始减弱；

③C 点处，$Re > 100$，圆柱后方开始出现充分发展的周期性交替脱落于圆柱体表面并交叉排列的一对旋涡（称为卡门涡街），黏性作用继续减弱，压差阻力占主导；

④D 点处，形成较宽的分离流动区，湍流流动明显，阻力以压差阻力为主，阻力系数基本不随雷诺数发生变化；

⑤E 点处，$Re > 10^5$，流动分离点向下游推移，使流动分离区大幅减小，阻力系数也得到相应的下降。

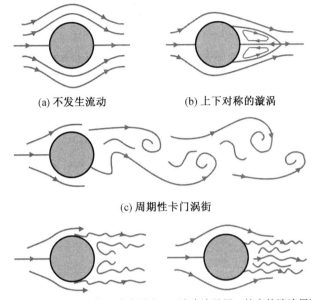

(a) 不发生流动　　　　　(b) 上下对称的漩涡

(c) 周期性卡门涡街

(d) 层流边界层，较宽的湍流尾迹　(e) 湍流边界层，较窄的湍流尾迹

图 5.31　　五种典型的绕流状态

习　　题

5.1　N－S 方程应用时应满足什么条件？ 在哪些条件限制下 N－S 方程存在解析解？

5.2　欧拉方程与 N－S 方程有何异同？

5.3　理想流体压力和黏性流体压力有何差别？

5.4　雷诺应力张量是否具有对称性？ 为什么？

5.5　在下列情况下，试给出 N－S 方程中可以简化的项。

(1) 定常不可压。

(2) 不计黏性。

(3) 不可压流体在 x 方向上的平行流动。

(4) 质量力只有重力，且没有流动。

5.6　如题 5.6 图所示，不可压缩流沿铅直壁面呈液膜状向下流动，液膜厚度 δ 不变，流动是定常层流流动。试求液膜内的速度分布。

5.7　如题 5.7 图所示，设有一具有自由表面的薄层黏性流体的恒定层流，试求流动速度分布。

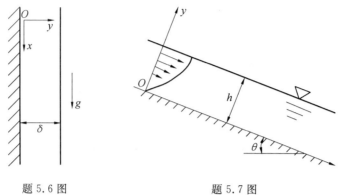

题 5.6 图　　　　　　　　　题 5.7 图

　　5.8　如题 5.8 图所示,两无限大平行平板间有两层不同密度、不同黏度的流体。已知下层流体厚度、密度、和黏性系数分别为 h_1、ρ_1 和 μ_1,上层流体厚度、密度和黏性系数分别为 h_2、ρ_2 和 μ_2。设水平方向无压力差,上平板以速度 V_0 匀速运动,下平板固定不动。

　　(1) 写出平板上以及两介质界面处的边界条件。

　　(2) 求下层流体以及上层流体的速度分布 u_1 和 u_2。

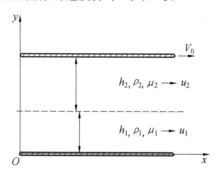

题 5.8 图

第6章 边界层理论基础

黏性流体动力学的 N−S 方程虽然在理论上是完备的,但是由于其数学求解非常困难,使得在很长一段时间内能应用该方程来解决的工程实际问题非常有限。对于船舶海洋以及航空工程中的流体力学问题,由于流体(水和空气)黏性小、结构尺度大,导致雷诺数具有很大的数值。而由前面章节可知,雷诺数的物理意义反映的是惯性力和黏性力的比值。雷诺数越大,意味着与惯性力相比,黏性力是小量。那么是否就意味着在整个流场中都可以忽略掉黏性力呢? 很明显不能。首先,若在整个流场中完全忽略黏性,则 N−S 方程就转变为 Euler 方程,而由前面章节可知:Euler 方程在求解物体在流体中做匀速直线运动时会得到物体所受阻力为零的错误结论(即达朗贝尔佯谬)。此外,Euler 方程的解会直接违背流体在壁面无滑移的条件。那么是否也意味着必须在整个流场中都得考虑流体的黏性呢? 如果这样做,实际上就是直接求解 N−S 方程,鉴于 N−S 方程求解非常困难,这样做很明显也是不合适的。事实上,这个问题一直困扰了科学家们很久。直到 1904 年,在第三届国际数学学会上,普朗特提出了边界层理论,该问题才得到了解决,本章将对边界层理论的基础知识进行简要介绍。

6.1 边界层定义、描述和特征

1904 年,普朗特首先提出边界层(boundary layer)概念。通过实验观察,他发现:对于水和空气等黏度较小的流体,在大雷诺数下绕物体流动时,黏性对流动的影响仅限于紧贴物体壁面的薄层以及物体之后的尾涡区中,而在流动的其他区域内流体的黏性影响很小,完全可以看作理想流体的势流。在这一薄层(边界层)以及尾涡区中,才需要考虑流体黏性的作用。从某种意义上来说,是边界层理论挽救了理想流体动力学理论和黏流理论。

从边界层厚度很小这个前提出发,普朗特率先建立了边界层内黏性流体运动的简化方程,开创了近代流体力学的一个分支 —— 边界层理论。如图 6.1 所示,根据边界层理论,可把大雷诺数下均匀绕流物体表面的流场划分为三个区域,即边界层、外部势流以及尾涡区。在边界层这一薄层区域内,速度梯度 $\partial v_x / \partial y$ 很大,边界层内的流动是有旋流动;在外部势流区域,由于流体的黏性影响很小,可认为外部势流流动为理想流体的无旋势流流动。一般将壁面流速为零处与流速达到来流速度 99% 处之间的距离定义为边界层厚度(boundary layer thickness)δ。

如图 6.2 所示,边界层厚度沿着流体流动方向逐渐增厚,这是由于边界层中流体质点受到摩擦阻力的作用,沿着流体流动方向速度逐渐减小。因此,只有离壁面逐渐远些,也就是边界层厚度逐渐大些,流速才能达到来流速度的 99%。

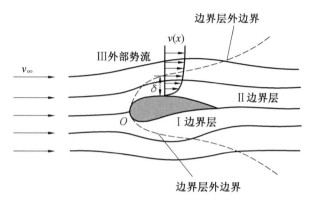

图 6.1 流场区域划分

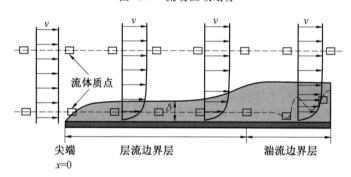

图 6.2 沿流动方向的边界层厚度变化

如图 6.3 所示,在平板的前部边界层呈层流状态,随着流程的增加,边界层的厚度也在增加,层流变为不稳定状态,流体的质点运动变得不规则,流动的不规则最终发展为湍流,这一变化发生在一段很短的长度范围,称为转捩区 / 过渡区,转捩区的开始点称为转捩点。转捩区下游边界层内的流动为湍流状态。

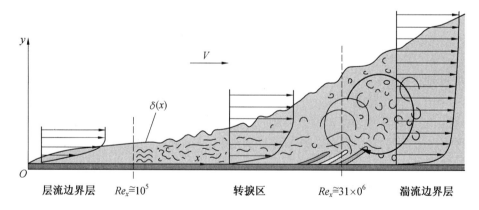

图 6.3 层流边界层、转捩区以及湍流边界层

注:Re_x 为距前缘点 x 处的流体雷诺数

判别边界层是层流还是湍流的准则数仍然是雷诺数,但雷诺数中的特征尺度用与前缘点的距离 x 表示,特征速度取边界层外边界上的速度 V,即雷诺数为 $Re_x = Vx/\nu$。层流

变湍流的临界雷诺数一般为

$$Re_K = \frac{Vx_K}{\nu} = (3.5 \sim 5.0) \times 10^5 \tag{6.1}$$

式中，Re_K 为临界雷诺数；x_K 为临界距离。

如图 6.4 所示，在转捩区和湍流区的壁面附近，由于流体质点的随机脉动受到平板壁面的限制，因此在靠近壁面的更薄的区域内，流动仍保持为层流状态，称为黏性底层。在黏性底层以外的边界层内，流体质点之间的动量变换使得其时均速度分布更为均匀。

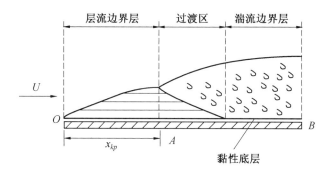

图 6.4 黏性底层

前面所述的边界层厚度通常表示流场中需要考虑黏性影响的范围，除此之外，还可以定义一些其他厚度来表示黏性对流动的其他影响。在边界层流动近似方法中，通常会用到排挤厚度（displacement thickness）δ^* 以及动量厚度（momentum thickness）θ 这两个概念。

如图 6.5 所示，对于黏性流体，边界层内速度从外域的 U 降低为 u，得到单位宽度平板的垂直截面内流量的亏损为 $\int_0^\infty (U-u)\,\mathrm{d}y$，若将其折算成理想流体质量的流量，表示为

$$\rho U\delta^* = \rho \int_0^\infty (U-u)\,\mathrm{d}y \tag{6.2}$$

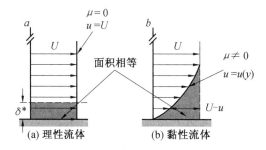

图 6.5 排挤厚度计算

由式（6.2）可得到边界层的排挤厚度 δ^* 为

$$\delta^* = \int_0^\infty \left(1 - \frac{u}{U}\right)\mathrm{d}y \tag{6.3}$$

按前面的定义，边界层厚度 δ 通常取为物面到速度 $u = 0.99U$ 处的距离，式（6.3）中积分上限取 ∞ 与积分上限取 δ 得到的积分值差别很小，因此式（6.3）可进一步表示为

$$\delta^* = \int_0^\delta \left(1 - \frac{u}{U}\right) dy \tag{6.4}$$

如图 6.5 所示,由于黏性影响,单位宽度平板的垂直截面内动量亏损为 $\int_0^\infty \rho u(U - u) dy$,若将其折算成理想流体的动量,表示为

$$\rho U\theta \cdot U = \int_0^\infty \rho u(U - u) dy \tag{6.5}$$

由式(6.5)可得到边界层的动量厚度 θ:

$$\theta = \int_0^\infty \frac{u}{U}\left(1 - \frac{u}{U}\right) dy \tag{6.6}$$

式(6.6)又可写作

$$\theta = \int_0^\delta \frac{u}{U}\left(1 - \frac{u}{U}\right) dy \tag{6.7}$$

由边界层引起的截面动量损失,即黏性摩擦力做的功,可以用来计算物面受到的黏性摩擦力。综上,边界层具有如下基本特征:

① 与物体的特征长度相比,边界层的厚度很小,即 $\delta \ll L$;

② 边界层内沿厚度方向,存在很大的速度梯度;

③ 边界层厚度沿流体流动方向是增加的;

④ 由于边界层很薄,可以近似认为边界层中各截面上的压力等于同一截面上边界层外边界上的压力值(即 $\partial p/\partial y = 0$);

⑤ 在边界层内,黏性力与惯性力是同一数量级;

⑥ 边界层内的流态,也有层流和湍流两种流态。

例 6.1 设边界层内速度分布为 $u = U\left(\dfrac{y}{\delta}\right)^{\frac{1}{7}}$,求位移厚度和动量损失厚度。

解 为方便计算,可令 $\eta = y/\delta$,则速度分布可表示为 $\dfrac{u}{U} = \eta^{\frac{1}{7}}$,微分 $dy = \delta d\eta$,将其代入位移厚度表达式(6.4)可得到

$$\delta^* = \int_0^\delta \left(1 - \frac{u}{U}\right) dy = \delta \int_0^1 (1 - \eta^{\frac{1}{7}}) d\eta = \frac{\delta}{8}$$

代入动量厚度表达式(6.7)可得到

$$\theta = \int_0^\delta \frac{u}{U}\left(1 - \frac{u}{U}\right) dy = \delta \int_0^1 \eta^{\frac{1}{7}}(1 - \eta^{\frac{1}{7}}) d\eta = \frac{7\delta}{72}$$

例 6.2 对于层流边界层,若边界层速度剖面为

$$\frac{u}{U_\infty} = C_0 + C_1 \frac{y}{\delta} + C_2 \frac{y^2}{\delta^2}$$

式中,U_∞ 是边界层外边界上速度,δ 是边界层厚度。试用边界层条件确定常数 C_0、C_1 和 C_2,并求出排挤厚度 δ^* 和动量厚度 θ。

解 根据边界层里的内边界(壁面)以及外边界的速度条件,即 $y = 0$ 时 $u = 0$,$y = \delta$ 时 $u = U_\infty$,得到

$$C_0 = 0, C_1 + C_2 = 1$$

又由于 $y=\delta$ 上，$\tau=\mu \mathrm{d}u/\mathrm{d}y=0$，即

$$\tau \mid_{y=\delta}=\mu U_\infty \left(\frac{C_1}{\delta}+\frac{2C_2}{\delta^2}y\right)\bigg|_{y=\delta}=0$$

得到

$$C_1 + 2C_2 = 0$$

上面式子联立求解得到

$$C_0=0, C_1=2, C_2=-1$$

将上式代入题设中速度剖面表达式，可得到

$$\frac{u}{U_\infty}=\frac{2y}{\delta}-\frac{y^2}{\delta^2}$$

根据式（6.4）可得到排挤厚度为

$$\delta^*=\int_0^\delta \left(1-\frac{u}{U_\infty}\right)\mathrm{d}y=\int_0^\delta \left(1-\frac{2y}{\delta}+\frac{y^2}{\delta^2}\right)\mathrm{d}y=\frac{1}{3}\delta$$

根据式（6.7）可得到动量厚度为

$$\theta=\int_0^\delta \frac{u}{U_\infty}\left(1-\frac{u}{U_\infty}\right)\mathrm{d}y=\int_0^\delta \left(\frac{2y}{\delta}-\frac{y^2}{\delta^2}\right)\left(1-\frac{2y}{\delta}+\frac{y^2}{\delta^2}\right)\mathrm{d}y=\delta-\frac{5}{3}\delta+\delta-\frac{1}{5}\delta=\frac{2}{15}\delta$$

6.2　边界层基本微分方程

假定流动为二维、不可压、定常流，不考虑质量力，则黏性流动的 N－S 方程和质量守恒方程可化简为

$$\begin{cases}v_x \dfrac{\partial v_x}{\partial x}+v_y \dfrac{\partial v_x}{\partial y}=-\dfrac{1}{\rho}\dfrac{\partial p}{\partial x}+\nu\left(\dfrac{\partial^2 v_x}{\partial x^2}+\dfrac{\partial^2 v_x}{\partial y^2}\right)\\[3mm] v_x \dfrac{\partial v_y}{\partial x}+v_y \dfrac{\partial v_y}{\partial y}=-\dfrac{1}{\rho}\dfrac{\partial p}{\partial y}+\nu\left(\dfrac{\partial^2 v_y}{\partial x^2}+\dfrac{\partial^2 v_y}{\partial y^2}\right)\\[3mm] \dfrac{\partial v_x}{\partial x}+\dfrac{\partial v_y}{\partial y}=0\end{cases} \tag{6.8}$$

在大雷诺数情况下的边界层流动具有如下两个主要特征：

① 边界层厚度比物体特征长度小很多；

② 边界层内黏性力和惯性力具有相同的量阶。

如图 6.6 所示，考虑一曲面绕流问题，设 x 轴沿物面指向下游，y 轴与物面外法线重合。假定无穷远来流的速度为 U_∞，流体流过曲面时在曲面上方形成边界层，其厚度为 δ，曲面前缘至某点的距离为 L。取 U_∞ 和 L 为特征量，定义如下的无量纲量：

$$\tilde{x}=\frac{x}{L}, \tilde{y}=\frac{y}{L}$$

$$\tilde{v}_x=\frac{v_x}{U_\infty}, \tilde{v}_y=\frac{v_y}{U_\infty} \tag{6.9}$$

$$\tilde{\delta}=\frac{\delta}{L}, \tilde{p}=\frac{p}{\rho U_\infty^2}$$

由式（6.9）可得到

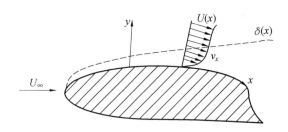

图 6.6　曲面绕流

$$v_x = \tilde{v}_x \cdot U_\infty, x = \tilde{x} \cdot L, v_y = \tilde{v}_y \cdot U_\infty, y = \tilde{y} \cdot L, p = \tilde{p} \cdot \rho U_\infty^2 \tag{6.10}$$

进一步可得到

$$\frac{\partial v_x}{\partial x} = \frac{U_\infty}{L} \cdot \frac{\partial \tilde{v}_x}{\partial \tilde{x}}, \frac{\partial v_y}{\partial y} = \frac{U_\infty}{L} \cdot \frac{\partial \tilde{v}_y}{\partial \tilde{y}}, \frac{\partial v_x}{\partial y} = \frac{U_\infty}{L} \cdot \frac{\partial \tilde{v}_x}{\partial \tilde{y}}, \frac{\partial v_y}{\partial x} = \frac{U_\infty}{L} \cdot \frac{\partial \tilde{v}_y}{\partial \tilde{x}}$$

$$\frac{\partial^2 v_x}{\partial x^2} = \frac{U_\infty}{L^2} \cdot \frac{\partial^2 \tilde{v}_x}{\partial \tilde{x}^2}, \frac{\partial^2 v_x}{\partial y^2} = \frac{U_\infty}{L^2} \cdot \frac{\partial^2 \tilde{v}_x}{\partial \tilde{y}^2}, \frac{\partial^2 v_y}{\partial x^2} = \frac{U_\infty}{L^2} \cdot \frac{\partial^2 \tilde{v}_y}{\partial \tilde{x}^2}, \frac{\partial^2 v_y}{\partial y^2} = \frac{U_\infty}{L^2} \cdot \frac{\partial^2 \tilde{v}_y}{\partial \tilde{y}^2} \tag{6.11}$$

$$\frac{\partial p}{\partial x} = \frac{\rho U_\infty^2}{L} \cdot \frac{\partial \tilde{p}}{\partial \tilde{x}}, \frac{\partial p}{\partial y} = \frac{\rho U_\infty^2}{L} \cdot \frac{\partial \tilde{p}}{\partial \tilde{y}}$$

将式(6.11)以及表达式 $\nu = (U_\infty L)/Re$ 代入式(6.8),得到

$$\begin{cases} \tilde{v}_x \dfrac{\partial \tilde{v}_x}{\partial \tilde{x}} + \tilde{v}_y \dfrac{\partial \tilde{v}_x}{\partial \tilde{y}} = -\dfrac{\partial \tilde{p}}{\partial \tilde{x}} + \dfrac{1}{Re} \left(\dfrac{\partial^2 \tilde{v}_x}{\partial \tilde{x}^2} + \dfrac{\partial^2 \tilde{v}_x}{\partial \tilde{y}^2} \right) \\[3mm] \tilde{v}_x \dfrac{\partial \tilde{v}_y}{\partial \tilde{x}} + \tilde{v}_y \dfrac{\partial \tilde{v}_y}{\partial \tilde{y}} = -\dfrac{\partial \tilde{p}}{\partial \tilde{y}} + \dfrac{1}{Re} \left(\dfrac{\partial^2 \tilde{v}_y}{\partial \tilde{x}^2} + \dfrac{\partial^2 \tilde{v}_y}{\partial \tilde{y}^2} \right) \\[3mm] \dfrac{\partial \tilde{v}_x}{\partial \tilde{x}} + \dfrac{\partial \tilde{v}_y}{\partial \tilde{y}} = 0 \end{cases} \tag{6.12}$$

根据物理量的取值范围估计出无量纲量的数量级:

① 由于 $0 \leqslant x \leqslant L$,即 $0 \leqslant \tilde{x} = x/L \leqslant 1$,因此,$\tilde{x}$ 的数量级是"1";

② 由于 $0 \leqslant y \leqslant \delta$,即 $0 \leqslant \tilde{y} = y/L \leqslant \delta/L = \tilde{\delta}$,因此,$\tilde{y}$ 的数量级是"$\tilde{\delta}$";

③ 由于 $0 \leqslant v_x \leqslant U_\infty$,即 $0 \leqslant \tilde{v}_x = v_x/U_\infty \leqslant 1$,因此,$\tilde{v}_x$ 的数量级是"1"。

联立 $\tilde{p}$ 的数量级,可记为

$$\tilde{x} = O(1), \tilde{y} = O(\tilde{\delta}), \tilde{v}_x = O(1), \tilde{p} = O(1) \tag{6.13}$$

由式(6.12)的第三个表达式(即连续性方程),得到

$$\frac{\partial \tilde{v}_y}{\partial \tilde{y}} = -\frac{\partial \tilde{v}_x}{\partial \tilde{x}} \tag{6.14}$$

由前面可知:$\tilde{v}_x$ 和 $\tilde{x}$ 的数量级均为"1",得到 $\tilde{v}_y$ 和 $\tilde{y}$ 具有同一个数量级,得到

$$\tilde{y} = O(\tilde{\delta}) \Rightarrow \tilde{v}_y = O(\tilde{\delta}) \tag{6.15}$$

几个物理量相乘或者相除时,数量级的估算法则为

$$\begin{cases} O(\tilde{\delta}^m) O(\tilde{\delta}^n) = O(\tilde{\delta}^{m+n}) \\[2mm] \dfrac{O(\tilde{\delta}^m)}{O(\tilde{\delta}^n)} = O(\tilde{\delta}^{m-n}) \\[2mm] O(\tilde{\delta}^0) = O(1) \end{cases} \tag{6.16}$$

式中,偏导数 $\partial/\partial \tilde{x}$ 的数量级是 $\tilde{x}$ 数量级的倒数,即

$$\frac{\partial}{\partial \tilde{x}} \sim \frac{1}{O(1)} = O(1) \tag{6.17}$$

根据上述计算法则,可进一步得到

$$\begin{cases} \tilde{v}_x = O(1), \tilde{v}_y = O(\tilde{\delta}), \dfrac{\partial \tilde{v}_x}{\partial \tilde{x}} = O(1), \dfrac{\partial \tilde{v}_x}{\partial \tilde{y}} = O(\tilde{\delta}^{-1}), \dfrac{1}{Re} = O(\tilde{\delta}^2) \\[2mm] \dfrac{\partial \tilde{v}_y}{\partial \tilde{x}} = O(\tilde{\delta}), \dfrac{\partial \tilde{v}_y}{\partial \tilde{y}} = O(1), \dfrac{\partial \tilde{p}}{\partial \tilde{x}} = O(1), \dfrac{\partial \tilde{p}}{\partial \tilde{y}} = O(\tilde{\delta}^{-1}) \\[2mm] \dfrac{\partial^2 \tilde{v}_x}{\partial \tilde{x}^2} = O(1), \dfrac{\partial^2 \tilde{v}_x}{\partial \tilde{y}^2} = O(\tilde{\delta}^{-2}), \dfrac{\partial^2 \tilde{v}_y}{\partial \tilde{x}^2} = O(\tilde{\delta}), \dfrac{\partial^2 \tilde{v}_y}{\partial \tilde{y}^2} = O(\tilde{\delta}^{-1}) \end{cases} \tag{6.18}$$

将算出的数量级代入式(6.12),并标在对应位置,可得

$$\tilde{v}_x \frac{\partial \tilde{v}_x}{\partial \tilde{x}} + \tilde{v}_y \frac{\partial \tilde{v}_x}{\partial \tilde{y}} = -\frac{\partial \tilde{p}}{\partial \tilde{x}} + \frac{1}{Re}\left(\frac{\partial^2 \tilde{v}_x}{\partial \tilde{x}^2} + \frac{\partial^2 \tilde{v}_x}{\partial \tilde{y}^2}\right)$$

$$1 \cdot 1 \qquad \tilde{\delta} \cdot \tilde{\delta}^{-1} \qquad 1 \qquad \tilde{\delta}^2 \quad 1 \qquad \tilde{\delta}^{-2}$$

$$\tilde{v}_x \frac{\partial \tilde{v}_y}{\partial \tilde{x}} + \tilde{v}_y \frac{\partial \tilde{v}_y}{\partial \tilde{y}} = -\frac{\partial \tilde{p}}{\partial \tilde{y}} + \frac{1}{Re}\left(\frac{\partial^2 \tilde{v}_y}{\partial \tilde{x}^2} + \frac{\partial^2 \tilde{v}_y}{\partial \tilde{y}^2}\right)$$

$$1 \cdot \tilde{\delta} \qquad \tilde{\delta} \cdot 1 \qquad \tilde{\delta}^{-1} \quad \tilde{\delta}^2 \quad \tilde{\delta} \qquad \tilde{\delta}^{-1} \tag{6.19}$$

$$\frac{\partial \tilde{v}_x}{\partial \tilde{x}} + \frac{\partial \tilde{v}_y}{\partial \tilde{y}} = 0$$

$$1 \qquad 1$$

式(6.19)去掉 $O(\tilde{\delta})$ 及以上的高阶小量可得

$$\begin{cases} \tilde{v}_x \dfrac{\partial \tilde{v}_x}{\partial \tilde{x}} + \tilde{v}_y \dfrac{\partial \tilde{v}_x}{\partial \tilde{y}} = -\dfrac{\partial \tilde{p}}{\partial \tilde{x}} + \dfrac{1}{Re} \dfrac{\partial^2 \tilde{v}_x}{\partial \tilde{y}^2} \\[2mm] 0 = -\dfrac{\partial \tilde{p}}{\partial \tilde{y}} \\[2mm] \dfrac{\partial \tilde{v}_x}{\partial \tilde{x}} + \dfrac{\partial \tilde{v}_y}{\partial \tilde{y}} = 0 \end{cases} \tag{6.20}$$

将式(6.20)中各无量纲量进行还原得到

$$\begin{cases} v_x \dfrac{\partial v_x}{\partial x} + v_y \dfrac{\partial v_x}{\partial y} = -\dfrac{1}{\rho} \dfrac{\partial p}{\partial x} + \nu \dfrac{\partial^2 v_x}{\partial y^2} \\[2mm] 0 = -\dfrac{\partial p}{\partial y} \\[2mm] \dfrac{\partial v_x}{\partial x} + \dfrac{\partial v_y}{\partial y} = 0 \end{cases} \tag{6.21}$$

式(6.21)即为控制边界层流动的普朗特方程。由于 $\partial p/\partial y = 0$,得到边界层内压力沿平板法线方向是不变的。沿边界层外边界由伯努利方程可知

$$p + \frac{1}{2}\rho U_\infty^2 = \text{constant} \tag{6.22}$$

式(6.22)两边对 x 求导,得到

$$\frac{\mathrm{d}p}{\mathrm{d}x} = -\rho U_\infty \frac{\mathrm{d}U_\infty}{\mathrm{d}x} \tag{6.23}$$

式(6.23)代入式(6.21),可进一步得到

$$\begin{cases} v_x \dfrac{\partial v_x}{\partial x} + v_y \dfrac{\partial v_x}{\partial y} = U_\infty \dfrac{\mathrm{d}U_\infty}{\mathrm{d}x} + \nu \dfrac{\partial^2 v_x}{\partial y^2} \\ \dfrac{\partial v_x}{\partial x} + \dfrac{\partial v_y}{\partial y} = 0 \end{cases} \tag{6.24}$$

边界层的边界条件为

$$\begin{cases} v_x = 0, v_y = 0 (y = 0) \\ v_x = U (y = \delta) \end{cases} \tag{6.25}$$

对比边界层微分方程式(6.24)和 N−S 方程式(6.8)可看出:边界层方程比 N−S 方程简单了很多,首先 y 方向的动量守恒方程不存在了,只剩下了 x 方向的动量守恒方程以及质量守恒方程。此外,动量守恒方程中的黏性力部分舍掉了 $\partial^2 v_x / \partial x^2$ 项,只剩下了 $\partial^2 v_x / \partial y^2$ 项。

将式(6.24)中的 x 方向动量守恒方程从 0 到 δ 上积分,得到

$$\int_0^\delta \left(v_x \frac{\partial v_x}{\partial x} + v_y \frac{\partial v_x}{\partial y} \right) \mathrm{d}y = \int_0^\delta \left(U_\infty \frac{\mathrm{d}U_\infty}{\mathrm{d}x} + \nu \frac{\partial^2 v_x}{\partial y^2} \right) \mathrm{d}y \tag{6.26}$$

将式(6.24)中的质量守恒方程从 0 到 δ 上积分,可得到

$$\int_0^\delta \left(\frac{\partial v_x}{\partial x} + \frac{\partial v_y}{\partial y} \right) \mathrm{d}y = 0 \tag{6.27}$$

式(6.27)可进一步写作

$$v_y = -\int_0^\delta \frac{\partial v_x}{\partial x} \mathrm{d}y \tag{6.28}$$

基于式(6.28),可得到

$$\int_0^\delta v_y \frac{\partial v_x}{\partial y} \mathrm{d}y = -\int_0^\delta \int_0^\delta \frac{\partial v_x}{\partial x} \mathrm{d}y \cdot \frac{\partial v_x}{\partial y} \mathrm{d}y = -U_\infty \int_0^\delta \frac{\partial v_x}{\partial x} \mathrm{d}y + \int_0^\delta v_x \frac{\partial v_x}{\partial x} \mathrm{d}y \tag{6.29}$$

由于边界层切应力为 $y = 0$ 时 $\tau = \tau_w$,$y = \delta$ 时 $\tau = 0$,有

$$\int_0^\delta \nu \frac{\partial^2 v_x}{\partial y^2} \mathrm{d}y = \int_0^\delta \frac{1}{\rho} \frac{\partial}{\partial y} \left(\mu \frac{\partial v_x}{\partial y} \right) \mathrm{d}y = \int_0^\delta \frac{1}{\rho} \frac{\partial (\tau)}{\partial y} \mathrm{d}y = \int_0^\delta \frac{\partial (\tau/\rho)}{\partial y} \mathrm{d}y = \left[\frac{\tau}{\rho} \right]_0^\delta = -\frac{\tau_w}{\rho} \tag{6.30}$$

将式(6.29)和式(6.30)代入式(6.26),得到

$$2\int_0^\delta v_x \frac{\partial v_x}{\partial x} \mathrm{d}y - U_\infty \int_0^\delta \frac{\partial v_x}{\partial x} \mathrm{d}y = \int_0^\delta U_\infty \frac{\partial U_\infty}{\partial x} \mathrm{d}y - \frac{\tau_w}{\rho} \tag{6.31}$$

进一步得到

$$\frac{\tau_w}{\rho} = \int_0^\delta U_\infty \frac{\mathrm{d}U_\infty}{\mathrm{d}x} \mathrm{d}y - 2\int_0^\delta v_x \frac{\partial v_x}{\partial x} \mathrm{d}y + U_\infty \int_0^\delta \frac{\partial v_x}{\partial x} \mathrm{d}y \tag{6.32}$$

对式(6.32)进行进一步计算,得到

$$\frac{\tau_w}{\rho} = \int_0^\delta U_\infty \frac{\mathrm{d}U_\infty}{\mathrm{d}x} \mathrm{d}y + U_\infty \int_0^\delta \frac{\partial v_x}{\partial x} \mathrm{d}y - 2\int_0^\delta v_x \frac{\partial v_x}{\partial x} \mathrm{d}y =$$

$$\int_0^\delta U_\infty \frac{\mathrm{d}U_\infty}{\mathrm{d}x} \mathrm{d}y + \int_0^\delta U_\infty \frac{\partial v_x}{\partial x} \mathrm{d}y - \int_0^\delta \frac{\partial (v_x{}^2)}{\partial x} \mathrm{d}y =$$

$$\int_0^\delta U_\infty \frac{\mathrm{d}U_\infty}{\mathrm{d}x} \mathrm{d}y + \int_0^\delta \left[\frac{\partial (U_\infty v_x)}{\partial x} - v_x \frac{\partial U_\infty}{\partial x} \right] \mathrm{d}y - \int_0^\delta \frac{\partial (v_x{}^2)}{\partial x} \mathrm{d}y =$$

$$\int_0^\delta U_\infty \frac{\mathrm{d}U_\infty}{\mathrm{d}x}\mathrm{d}y + \int_0^\delta \frac{\partial(U_\infty v_x)}{\partial x}\mathrm{d}y - \int_0^\delta v_x \frac{\partial U_\infty}{\partial x}\mathrm{d}y - \int_0^\delta \frac{\partial(v_x{}^2)}{\partial x}\mathrm{d}y =$$

$$\int_0^\delta \frac{\partial}{\partial x}\left\{U_\infty^2\left[\frac{v_x}{U_\infty}\left(1-\frac{v_x}{U_\infty}\right)\right]\right\}\mathrm{d}y + \frac{\partial U_\infty}{\partial x}U_\infty\int_0^\delta\left(1-\frac{v_x}{U_\infty}\right)\mathrm{d}y =$$

$$\int_0^\delta \frac{\partial}{\partial x}\left\{U_\infty^2\left[\frac{v_x}{U_\infty}\left(1-\frac{v_x}{U_\infty}\right)\right]\right\}\mathrm{d}y + \frac{\partial U_\infty}{\partial x}U_\infty\int_0^\delta\left(1-\frac{v_x}{U_\infty}\right)\mathrm{d}y \qquad (6.33)$$

令动量厚度 $\theta = \int_0^\delta \frac{v_x}{U_\infty}\left(1-\frac{v_x}{U_\infty}\right)\mathrm{d}y$；令排挤厚度 $\delta^* = \int_0^\delta\left(1-\frac{v_x}{V_\infty}\right)\mathrm{d}y$，式（6.33）可进一步写作

$$\frac{\tau_w}{\rho} = \frac{\partial(U_\infty{}^2\theta)}{\partial x} + \frac{\partial U_\infty}{\partial x}U_\infty\delta^* \qquad (6.34)$$

式（6.34）称为 Karman 动量积分方程。对于顺流无限长平板（$\partial U_\infty/\partial x = 0$），Karman 动量积分方程可写作

$$\frac{\tau_w}{\rho U_\infty{}^2} = \frac{\partial\theta}{\partial x} \qquad (6.35)$$

6.3　曲面边界层分离现象及其控制

由前面可知：当不可压缩黏性流体流过平板时，由于在边界层外边界上沿平板方向的速度是相同的，因此整个流场和边界层内的压强都保持不变。但当黏性流体流经曲面物体时，边界层外边界上沿曲面方向的速度是改变的，所以曲面边界层内的压强会发生变化，对边界层内的流动将产生影响，发生曲面边界层的分离现象。

这里以不可压缩流体绕圆柱体流动为例，如图 6.7 所示，在圆柱体前驻点 A 处流速为零，该处尚未形成边界层，即边界层厚度为零。在 AB 段，流体速度增加、压力减小，属于顺压流动，即 $\mathrm{d}p/\mathrm{d}x < 0$；在 B 点流速达到最大值，过了 B 点后，流体速度减小、压力增大，属于逆压流动，即 $\mathrm{d}p/\mathrm{d}x > 0$。

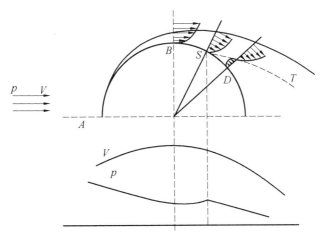

图 6.7　绕流圆柱表面速度和压力分布

当流体绕过圆柱体最高点 B 流到后半部时,减速增压的流动促使边界层内流体质点减速,从而使动能消耗更大。到当达到 S 点(驻点)时,近壁处流体质点的动能已被消耗完尽,流体质点不能再继续向前动,于是一部分流体质点在 S 点停滞下来。过 S 点以后,在压强差的作用下,除了壁面上的流体质点速度仍等于零外,近壁面处的流体质点开始倒退。接踵而来的流体质点在近壁面处都同样被迫停滞和倒退,以致越来越多被阻滞的流体在短时间内在圆柱体表面和主流之间堆积起来,使边界层剧烈增厚。边界层内流体质点的回流迅速扩展,而边界层外的主流继续向前流动。

在这个区域内以 ST 线为界,在 ST 线内是倒流,在 ST 线外是向前的主流,两者流动方向相反,从而形成旋涡。产生的旋涡使流体不再贴着圆柱体表面流动,而从曲面边界层分离出来,造成边界层分离,S 点称为分离点。形成的旋涡不断地被主流带走,在圆柱体后面产生一个尾涡区。尾涡区内的旋涡不断地消耗有用的机械能,使该区中的压强降低,即小于圆柱体前和尾涡区外面的压强,从而在圆柱体前后产生了压强差,形成了压差阻力。压差阻力的大小与物体的形状有很大关系,所以又称为形状阻力。

从以上的分析中可得如下结论:黏性流体在压力降低区内流动(加速流动),不会出现边界层的分离,只有在压力升高区内流动(减速流动),才有可能出现分离,形成旋涡。

尤其是在主流减速足够大的情况下,边界层的分离一定会发生。边界层分离的条件为存在逆压梯度以及黏性作用,二者缺一不可。比如下面两种情况均不会发生过流动分离现象:① 当黏性流体绕流平板时,有黏性阻滞作用,但没有压力梯度;② 当理想流体绕曲面流动时,有压力梯度,但不存在黏性作用。

这里进一步给出分离点 S 的判别准则。图 6.8 进一步给出了分离点上下游流场的速度分布。在分离点的上游,流体速度均为正值,与此同时,速度梯度 du/dy 处处大于 0;但在分离点处,速度虽然还是正值,但是在壁面上速度梯度 $du/dy = 0$,一般把壁面上 $du/dy = 0$ 的点定义为分离点 S。 在分离点下游,靠近壁面处的速度出现负值,且 $du/dy < 0$,流场呈现明显的回流特征,流线迅速向外扩张,原有的边界层已不复存在,边界层一旦出现分离,流动损失剧增。

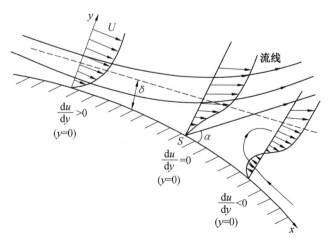

图 6.8　边界层分离及速度剖面

　　边界层分离常常给工程带来很大危害,例如:飞机机翼表面边界层分离可能会导致升力下降、阻力增加以及噪声增大;船舶螺旋桨桨叶表面边界层分离可能会导致谐鸣、效率降低、空化、振动等。因此,控制边界层分离对于增升、减阻和减振等都很有实用价值。

　　此外,边界层分离引起卡门涡街现象带来的周期性旋涡脱落对桥梁、烟囱等大型建筑物会造成共振隐患,因此有必要对其进行控制,控制的主要目的是使边界层不发生分离或分离点后移。控制的方法有很多种。

　　(1) 设计合理的壁面型线。

　　对于流线型壁面,由于逆压梯度不大,若将物体的几何形状设计成流线型,便不容易发生边界层分离。比如汽车的外形设计改变,如图 6.9 所示,从早期的箱型汽车到现在的流线型汽车,就是利用了这个原理。

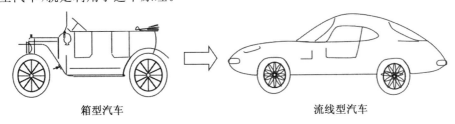

箱型汽车　　　　　　　　　　　　　　流线型汽车

图 6.9　箱型汽车和流线型汽车

　　(2) 使用前缘缝翼。

　　如图 6.10(a) 所示,在机翼前面加一个小机翼,小机翼与主机翼之间存在一个小缝隙,流体流入缝隙宽度大,流出缝隙宽度小。因此,流体流向机翼上表面时的流速增加,这样会使流体的动量增加,使分离点朝后移。

　　(3) 内部吹喷法。

　　如图 6.10(b) 所示,在物体表面向后吹喷流体,加快流速,增加动能,也可使边界层不分离或推迟分离点的发生。

　　(4) 抽吸法。

　　如图 6.10(c) 所示,与吹喷相反,抽吸的目的是将边界层内停滞的流体在脱离物体表面前就抽走,留下的是流速更高、动量更大的流体,也可以使边界层不分离或推迟分离点发生。

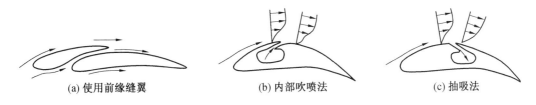

(a) 使用前缘缝翼　　　　　　(b) 内部吹喷法　　　　　　(c) 抽吸法

图 6.10　边界层流动控制

习　　题

6.1　假设平板层流边界层的速度分布如下,试计算 δ^* 以及 θ。

(1) $\dfrac{u}{U} = \dfrac{y}{\delta}$；

(2) $\dfrac{u}{U} = 2\dfrac{y}{\delta} - \left(\dfrac{y}{\delta}\right)^2$；

(3) $\dfrac{u}{U} = \dfrac{3}{2}\left(\dfrac{y}{\delta}\right) - \dfrac{1}{2}\left(\dfrac{y}{\delta}\right)^3$。

6.2　摩擦阻力的大小主要取决于哪些方面？形状阻力的大小主要取决于哪些方面？

6.3　边界层分离主要与哪些因素有关？

6.4　如何确定边界层分离点位置？

第7章　流体力学实验研究基础

与理论研究和数值计算一样,实验研究是解决流体力学问题另一个重要研究手段。由于 N−S 方程的复杂性,在理论上能够得到解析解的情况非常有限,因此,在绝大多数情况下,只有在某些实验观察的基础上建立一些基本规律,再依据实验对这些规律进行修正,最后才能得到能够反映客观真实性的理论结果。与此同时,数值计算的结果也需要通过实验进行验证,以确定数值模型的可靠性。此外,对于很多复杂的流动现象,特别是物理机制原先就不清楚的流动现象,通常不可能给出描述流体运动的基本控制方程,此时只能依靠实验方法来加以研究。但是实验总是在某种特定条件下的流动过程中进行的。如何把特定条件下的实验结果推广到其他类似的流动现象中去,从而通过一定数量的实验便可掌握所有类似流动现象的规律? 解决这一问题的理论基础便是相似原理和量纲分析。

7.1　相似概念

事实上,任何一个物理现象往往都有很多影响因素,因此,理论上来说,需要通过大量的实验来加以研究。这显然是不可能的,我们需要通过一个简单的方法,只进行少量的实验便可达到对流动现象本质的认识。相似分析是架在理论流体力学和实验流体力学之间的桥梁,是指导实验的理论基础。

实验方法主要有两种:原型实验方法和模型实验方法。原型实验方法本身具有很大的局限性,比如成本非常高,且现场环境因素复杂。复杂多变的环境因素会导致揭示现象的物理本质以及描述其中各个物理量之间的规律变得非常困难。此外,有很多大尺度结构的流动现象不宜进行原型实验,比如船舶、飞机等结构物的流动现象。因此,流体力学实验绝大多数情况下都不在原型(即实物)上进行,而是利用相关实验装置(如风洞、水洞、水池等)在按一定的比例尺(又称缩尺)制作的模型上进行。采用模型实验就会出现两个问题:① 如何设计模型以及保证模型实验的条件,才能有效地比拟原型的实际情况? ② 如何将模型实验的结果推广应用到原型上去? 要想使模型实验中得到的精确的定量数据能够准确反映对应原型的流动现象,就必需在模型和原型之间建立相似性准则。

相似概念最早是出现在几何学中,比如两个三角形相似时,需要满足对应边的比例相等。流体力学相似是几何相似概念在流体力学中的推广和发展。流体力学相似通常指的是两个流场的力学相似,即在流动空间的各对应点上的各对应时刻,表征流动过程的所有物理量各自互成一定的比例。流体力学相似依据表征流动过程中的物理量性质可分为三类:第一类,用于表征流场几何形状的几何相似;第二类,用于表征流体微团运动状态的运动相似;第三类,用于表征流体微团动力性质的动力相似。为了讨论方便,规定用下标 p 表示实物参数,用下标 m 表示模型参数。

1. 几何相似

如图 7.1 所示,两流动流场的几何相似是指原型与模型形状相同,尺寸可以不同,但一切对应的线性尺寸成比例。这里的线性尺寸可以是直径、长度等。

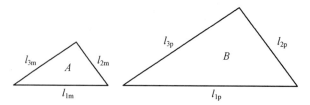

图 7.1　几何相似

设流场中有几何尺寸为 l 的物体,若几何相似,应满足

$$C_l = \frac{l_p}{l_m} = \mathrm{constant} \tag{7.1}$$

式(7.1)中,C_l 为线性比例系数,得到面积比例系数和体积比例系数分别为

$$C_A = \frac{A_p}{A_m} = \frac{l_p^2}{l_m^2} = C_l^2 = \mathrm{constant} \tag{7.2}$$

$$C_\Omega = \frac{\Omega_p}{\Omega_m} = \frac{l_p^3}{l_m^3} = C_l^3 = \mathrm{constant} \tag{7.3}$$

2. 运动相似

如图 7.2 所示,运动相似,是指原型流动和模型流动的流线和流谱满足几何相似。流场中所有对应点处的速度矢量是相互平行的,大小互成比例。

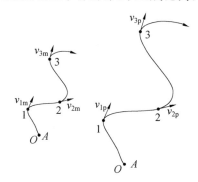

图 7.2　运动相似

速度比例系数为

$$C_v = \frac{v_p}{v_m} = \mathrm{constant} \tag{7.4}$$

在运动相似中,还应包含两流动中对应过程所用的时间间隔成同一比例,时间比例系数可写为

$$C_t = \frac{t_p}{t_m} = \frac{l_p/v_p}{l_m/v_m} = \frac{C_l}{C_v} = \mathrm{constant} \tag{7.5}$$

进一步可得到加速度比例系数以及流量比例系数分别为

$$C_a = \frac{a_p}{a_m} = \frac{v_p/t_p}{v_m/t_m} = \frac{C_v}{C_t} = \frac{C_l}{C_t^2} = C_l C_t^{-2} \tag{7.6}$$

$$C_Q = \frac{Q_p}{Q_m} = \frac{l_p^3/t_p}{l_m^3/t_m} = \frac{C_l^3}{C_t} = C_l^3 C_t^{-1} \tag{7.7}$$

运动相似需要建立在几何相似基础上,因此运动相似只需要确定时间比例系数 C_t,则一切运动学比例系数都可以确定了。因此,运动相似又称为时间相似。运动学物理量的比例系数可表示为线性比例系数 C_l 和时间比例系数 C_t 的不同组合形式。

3. 动力相似

如图 7.3 所示,动力相似,是指原型流动与模型流动中对应点作用着相同性质的外力(如:重力、压力、黏性力和弹性力等),它们的方向对应相同,且大小互乘比例。换句话说,两个动力相似的流动,作用在流体上相应位置处各力组成的力多边形是满足几何相似的。

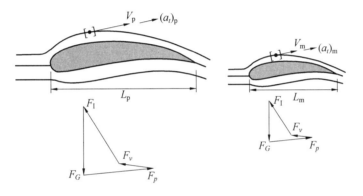

图 7.3　动力相似

通常来说,作用在流体微团上的力有重力(F_G)、压力(F_p)、黏性力(F_v)、弹性力(F_E)以及表面张力(F_T)。若流体做加速或减速运动,加上惯性力(F_I)后,上面各力组成一个力多边形:

$$F_G + F_p + F_v + F_E + F_T + F_I = 0 \tag{7.8}$$

式(7.8) 又可写作

$$F_I = -(F_G + F_p + F_v + F_E + F_T) = -\sum F \tag{7.9}$$

若在满足几何相似以及运动相似的过程中,也受到同样的力,若这些力满足下面条件(即各力对应成比例),则说明这个流动现象也是满足动力相似的:

$$C_F = \frac{F_p}{F_m} = \frac{F_{G_p}}{F_{G_m}} = \frac{F_{p_p}}{F_{p_m}} = \frac{F_{v_p}}{F_{v_m}} = \frac{F_{I_p}}{F_{I_m}} = \frac{F_{G_p}}{F_{G_m}} \tag{7.10}$$

根据牛顿第二定律,可以得到

$$C_F = C_m \cdot C_a \tag{7.11}$$

C_m 可以写作

$$C_m = \frac{m_p}{m_m} = \frac{\rho_p \Omega_p}{\rho_m \Omega_m} = C_\rho C_l^3 \tag{7.12}$$

将式(7.12) 以及式(7.6) 代入式(7.11),得到

$$C_F = C_\rho C_l^3 \cdot C_l C_t^{-2} = C_\rho C_l^3 \cdot C_l \frac{C_v^2}{C_l^2} = C_\rho C_l^2 C_v^2 \tag{7.13}$$

4. 边界条件和初始条件相似

要使原型流动和模型流动具有相似特性,除了上述几何相似、运动相似以及动力相似外,还必须使两个流动的边界条件和初始条件相似。边界条件相似,指的是所有的对应点处边界条件相同,比如若原型中的边界为固体壁面,则模型中对应的边界也必须是固体壁面;若原型中对应的边界是自由液面,则模型中对应的边界也应是自由液面。初始条件相似主要针对的是非定常来流,所有的对应点处开始时刻以及整个过程中的流动相似。边界条件和初始条件相似是保证流动相似的充分条件。对于定常来流,无须初始条件相似。

上述几种相似之间的关系可总结归纳如下:① 几何相似是运动相似和动力相似的前提和依据;② 动力相似是决定两个流动相似的主导因素;③ 运动相似是几何相似和动力相似的表象;④ 边界条件和初始条件相似是保证流动相似的充分条件。

由于两个流场的密度比例系数 C_ρ 通常是已知的或者已经选定的,因此,在做流体力学的模型实验时,通常选取 C_ρ、C_l 以及 C_v 作为基本比例系数,即选取 ρ、l 以及 v 作为独立的基本变量,便可得到常用物理量(如力矩 M、压强 p 以及功率 N)的比例系数:

$$C_M = \frac{F_p \cdot l_p}{F_m \cdot l_m} = C_F \cdot C_l = C_\rho C_l^2 C_v^2 \cdot C_l = C_\rho C_l^3 C_v^2 \tag{7.14}$$

$$C_p = \frac{p_p}{p_m} = \frac{F_{p_p}/A_p}{F_{p_m}/A_m} = \frac{C_F}{C_A} = \frac{C_\rho C_l^2 C_v^2}{C_l^2} = C_\rho C_v^2 \tag{7.15}$$

$$C_N = \frac{N_p}{N_m} = \frac{F_p \cdot v_p}{F_m \cdot v_m} = C_F \cdot C_v = C_\rho C_l^2 C_v^2 \cdot C_v = C_\rho C_l^2 C_v^3 \tag{7.16}$$

7.2 相似原理和相似准则

相似原理是两个流体流动相似的必要和充分条件。两个相似的流动现象,为了保证它们遵循相同的客观规律,其基本控制方程应该相同,这是同类流动的通解。此外,对于某一具体流动的特解问题,还需要满足其单值条件也必须相似。这些单值条件通常包括:① 初始条件,指非定常流动问题中开始时刻流速、压力等物理量的分布;② 边界条件,指所研究系统的边界上流速、压力等物理量的分布;③ 几何条件,指系统表面的几何形状、位置以及表面粗糙度等;④ 物理条件,指系统内流体的种类以及属性(如:密度、黏性等)。凡是同一类的流动,当单值条件相似而且由单值条件中物理量所组成的相似准则数相同时,这些流动一定相似。

所谓相似准则,即几何比例系数、运动比例系数以及动力比例系数之间由力学基本定律规定了的一定的约束关系。建立相似准则的途径有两种方法:① 方程分析法,对已建立微分方程描述的问题,根据方程和相似条件建立相似准则。② 量纲分析方法,对未建立微分方程的问题,根据影响流动过程的物理参数,通过量纲分析进一步得到相似准则。方程分析法是从流动基本控制方程出发,由于控制方程是确定的,所以不存在多余或遗漏变量的问题。该方法得到的相似准则是非常可靠的,但是该方法只适用于那些已知描述流动的基本控制方程以及全部定解条件的流动现象,不适用于那些大量的未知流动现象。比如,在 5.3 节中,我们介绍过 N－S 方程的近似处理问题。为了能够求解 N－S 方程,可根据 N－S 方程中各项的贡献大小和重要程度来取舍和保留最主要的项,可依据方程的无因次化来判断各项的重要性。

下面用方程分析法来讨论黏性不可压缩流体流动的相似准则问题,黏性不可压缩流体流动满足 N－S 方程,这里以 z 方向为例,原型系统和模型系统的动量方程分别表示为

$$\frac{\partial v_{pz}}{\partial t_p} + v_{px}\frac{\partial v_{pz}}{\partial x_p} + v_{py}\frac{\partial v_{pz}}{\partial y_p} + v_{pz}\frac{\partial v_{pz}}{\partial z_p} = -g_p - \frac{1}{\rho_p}\frac{\partial p_p}{\partial z_p} + \frac{\mu_p}{\rho_p}\left(\frac{\partial^2 v_{pz}}{\partial x_p^2} + \frac{\partial^2 v_{pz}}{\partial y_p^2} + \frac{\partial^2 v_{pz}}{\partial z_p^2}\right)$$

$$(7.17)$$

$$\frac{\partial v_{mz}}{\partial t_m} + v_{mx}\frac{\partial v_{mz}}{\partial x_m} + v_{my}\frac{\partial v_{mz}}{\partial y_m} + v_{mz}\frac{\partial v_{mz}}{\partial z_m} = -g_m - \frac{1}{\rho_m}\frac{\partial p_m}{\partial z_m} + \frac{\mu_m}{\rho_m}\left(\frac{\partial^2 v_{mz}}{\partial x_m^2} + \frac{\partial^2 v_{mz}}{\partial y_m^2} + \frac{\partial^2 v_{mz}}{\partial z_m^2}\right)$$

$$(7.18)$$

上述两个流动相似需要满足的条件包括以下几点。

① 几何相似:

$$C_l = \frac{x_p}{x_m} = \frac{y_p}{y_m} = \frac{z_p}{z_m} \tag{7.19}$$

② 运动相似:

$$C_v = \frac{v_{px}}{v_{mx}} = \frac{v_{py}}{v_{my}} = \frac{v_{pz}}{v_{mz}} \tag{7.20}$$

③ 动力相似:

$$C_p = \frac{p_p}{p_m}, C_g = \frac{g_p}{g_m} \tag{7.21}$$

④ 其他物理量相似:

$$C_\rho = \frac{\rho_p}{\rho_m}, C_\mu = \frac{\mu_p}{\mu_m} \tag{7.22}$$

将相似变换代入原型系统控制方程式(7.17),得到

$$\frac{C_v}{C_t}\frac{\partial v_{mz}}{\partial t_m} + \frac{C_v^2}{C_l}\left(v_{mx}\frac{\partial v_{mz}}{\partial x_m} + v_{my}\frac{\partial v_{mz}}{\partial y_m} + v_{mz}\frac{\partial v_{mz}}{\partial z_m}\right) =$$
$$-C_g g_m - \frac{C_p}{C_\rho C_l}\frac{1}{\rho_m}\frac{\partial p_m}{\partial z_m} + \frac{C_v C_\mu}{C_l^2 C_\rho}\frac{\mu_m}{\rho_m}\left(\frac{\partial^2 v_{mz}}{\partial x_m^2} + \frac{\partial^2 v_{mz}}{\partial y_m^2} + \frac{\partial^2 v_{mz}}{\partial z_m^2}\right) \tag{7.23}$$

将式(7.23)与式(7.18)进行比较,若能满足下式,则原型方程与模型方程完全相同:

$$\frac{C_v}{C_t} = \frac{C_v^2}{C_l} = C_g = \frac{C_p}{C_\rho C_l} = \frac{C_v C_\mu}{C_l^2 C_\rho} \tag{7.24}$$

式(7.24)中的五个无量纲系数便是相似准则数,将式(7.24)中的各项乘以 C_l/C_v^2,可得

$$\frac{C_l}{C_t C_v} = \frac{C_g C_l}{C_v^2} = \frac{C_p}{C_\rho C_v^2} = \frac{C_\mu}{C_l C_v C_\rho} = 1 \tag{7.25}$$

根据式(7.25)可导出以下四个相似准则。

1. Strouhal 数:非定常性相似准则

由 $\dfrac{C_l}{C_t C_v} = 1$,再结合前面的比例系数表达式,得到

$$\frac{l_{\mathrm{p}}}{v_{\mathrm{p}}t_{\mathrm{p}}} = \frac{l_{\mathrm{m}}}{v_{\mathrm{m}}t_{\mathrm{m}}} = \frac{L}{UT} = St \tag{7.26}$$

对于非定常流动的模型实验,必须保证模型和原型的流动随时间的变化相似。两个非定常流动相似,它们的 Strouhal 数必定相等,这便是非定常流动的相似准则,又称 Strouhal 数相似准则或谐时性准则。周期性的非定常流动,都是由 Strouhal 数所决定的,比如我们熟悉的卡门涡街现象、与旋转螺旋桨有关的流动问题。

2. Froude 数:重力相似准则

由 $\dfrac{C_v^2}{C_g C_l} = 1$,再结合前面的比例系数表达式,得到

$$\frac{v_{\mathrm{p}}^2}{g_{\mathrm{p}}l_{\mathrm{p}}} = \frac{v_{\mathrm{m}}^2}{g_{\mathrm{m}}l_{\mathrm{m}}} = \frac{U^2}{gL} = Fr^2 \tag{7.27}$$

式中,Froude 数表示的是流体在流动中惯性力和重力之比。Froude 数相似准则适用于:带有自由液面并且允许在水面上下自由变动的各种流动,换句话说,Froude 数相似准则适用于重力起主导作用的流动,比如船舶兴波、孔口出流以及隧洞流动等。两个流体流动的重力作用相似,它们的 Froude 数一定相等,称为 Froude 数相似准则(又称重力相似准则)。由于在重力场中,原型和模型的重力加速度是相等的,即 $g_{\mathrm{p}} = g_{\mathrm{m}}$,因此,可进一步得到

$$C_v = C_l^{1/2} \tag{7.28}$$

3. Euler 数:压力相似准则

由 $\dfrac{C_p}{C_\rho C_v^2} = 1$,再结合前面的比例系数表达式,得到

$$\frac{p_{\mathrm{p}}}{\rho_{\mathrm{p}}v_{\mathrm{p}}^2} = \frac{p_{\mathrm{m}}}{\rho_{\mathrm{m}}v_{\mathrm{m}}^2} = \frac{p}{\rho U^2} = Eu \tag{7.29}$$

式中,Euler 数反映的是流体压力和惯性力的比值。通常,对流动起作用的是流动中两点压力差 Δp,而不是某点的压强 p,因此 Euler 数又可写为

$$Eu = \frac{\Delta p}{\rho U^2} \tag{7.30}$$

两个流体流动的压力作用相似,它们的 Euler 数一定相等。事实上,压力场的相似不是两个流动相似的原因,而是两个流动相似的结果。Euler 数相似准则不是独立的,只要主要的相似准则(如 Strouhal 数相似准则或 Reynolds 数相似准则)得到满足,则该准则必定满足。一般情况下,两个流体流动的雷诺数相等,则 Euler 数一定相等;两个流动的 Strouhal 数相等,则 Euler 数也一定相等。只有当液体出现负压或存在气蚀情况下,考虑液体压缩性带来的影响时,才会考虑通过 Euler 数相等来保证流体流动的相似。

4. Reynolds 数:黏性力相似准则

由 $\dfrac{C_l C_v C_\rho}{C_\mu} = 1$,再结合前面的比例系数表达式,得到

$$\frac{\rho_{\mathrm{p}}v_{\mathrm{p}}l_{\mathrm{p}}}{\mu_{\mathrm{p}}} = \frac{\rho_{\mathrm{m}}v_{\mathrm{m}}l_{\mathrm{m}}}{\mu_{\mathrm{m}}} = \frac{\rho UL}{\mu} = \frac{UL}{\nu} = Re \tag{7.31}$$

式(7.31)中,Reynolds 数反映的是流体惯性力与黏性力的比值,主要适用于受水流

阻力(即黏性阻力)作用的流体流动。比如：处于水下较深的潜体绕流、层流状态下管道、隧洞中的有压流动等，要求满足 Reynolds 数相似。可以看出，当黏性力作用相似的流场，有关物理量的比例系数要受 Reynolds 数相似准则的制约，不能全部任意选择。比如：当模型和原型采用同一种流体时，即

$$C_\rho = C_\mu = 1 \tag{7.32}$$

将式(7.32)代入 $\dfrac{C_l C_v C_\rho}{C_\mu} = 1$，进一步得到

$$C_l C_v = 1 \tag{7.33}$$

综上，通过方程分析法，我们推导得到了四个相似准则：Strouhal 数相似、Froude 数相似、Euler 数相似以及 Reynolds 数相似。对于实际工程来说，同时满足这四个相似准则是非常困难的，因此在应用时，需从流动问题出发，优先保证与流动问题相关的相似准则来进行满足。

7.3　量纲分析概念

上节介绍了方程分析法，该方法是对已确定或已建立微分方程描述的问题，根据基本方程和相似条件，建立相似准则的方法。但是对于很多复杂的流动问题，目前还没有找到合适的方程，因此需要建立另一种方法——量纲分析法来建立准则，该方法是根据影响物理流动过程的物理参数，通过量纲分析来导出相似准则。

单位表征各物理量的大小，如：长度单位米、厘米以及毫米等；时间单位小时、分、以及秒等。单位是人为规定的度量标准，比如现在使用的长度单位米，1960 年第 11 届国际计量大会中将米规定为氪同位素原子辐射波的 1 650 763.73 波长的长度；1983 年第 17 届国际计量大会上又将米重新定义为 1/299 792 458 s 的时间间隔内光在真空中行程的长度。而量纲是表征物理量所属的种类，米、厘米、以及毫米等都属于长度类，用 L 表示；小时、分、以及秒等都属于时间类，用 T 表示；千克、克等都属于质量类，用 M 表示。显然，量纲反映物理量的实质，不受人为因素的影响。量纲与单位之间存在密切的联系，但又有一定的区别。

在流体力学中有不同的物理量，如长度、时间、质量、力、速度、加速度、黏性系数等。这些物理量都由两部分组成，一部分是自身的物理属性(量纲)；另一部分是量度物理属性而规定的量度标准(单位)。比如长度，物理属性是线性几何量，量度单位有米、毫米、英尺、光年等不同的标准。

量纲可分为基本量纲和导出量纲。在国际单位制(即 SI 单位制)中，规定有 7 个基本单位。对于流体力学问题，一般只涉及其中的 3 个，即：长度单位米(m)；质量单位千克(kg)；时间单位秒(s)，对应的量纲即基本量纲，分别是 $[L]$、$[M]$ 以及 $[T]$。根据物理量量纲之间的关系，把无任何联系、相互独立的量纲作为基本量纲；把可以由基本量纲导出的量纲称为导出量纲。表 7.1 给出了流体力学中常用物理量的量纲和在 SI 单位制下的单位。

表 7.1 流体力学中常用物理量的量纲与单位

物理量	量纲	单位
质量	$[M]$	千克,kg
长度	$[L]$	米,m
时间	$[T]$	秒,s
面积	$[L^2]$	平方米,m^2
体积	$[L^3]$	立方米,m^3
线速度	$[LT^{-1}]$	米/秒,m/s
角速度	$[T^{-1}]$	弧度/秒,rad/s
线加速度	$[LT^{-2}]$	米/秒^2,m/s^2
体积流量	$[L^3 T^{-1}]$	米^3/s,m^3/s
力	$[MLT^{-2}]$	牛顿,N
力矩	$[ML^2 T^{-2}]$	牛·米,焦耳,N·m,J
密度	$[ML^{-3}]$	千克/米^3,kg/m^3
压强、应力	$[ML^{-1} T^{-2}]$	牛顿/米^2,帕,N/m^2,Pa
体积弹性模量	$[ML^{-1} T^{-2}]$	牛顿/米^2,帕,N/m^2,Pa
动量	$[MLT^{-1}]$	千克·米/秒,kg·m/s
动量矩	$[ML^2 T^{-1}]$	千克·米^2/秒,kg·m^2/s
功、能量、热量	$[ML^2 T^{-2}]$	焦耳,J
功率	$[ML^2 T^{-3}]$	瓦特,W
动力黏性系数	$[ML^{-1} T^{-1}]$	帕·秒,Pa·s
运动黏性系数	$[L^2 T^{-1}]$	米^2/s,m^2/s

流体力学中任何一个物理量 q 的量纲 $[q]$ 都可以写成三个基本量纲的指数乘积形式:

$$[q] = [M]^\alpha [L]^\beta [T]^\gamma \tag{7.34}$$

式(7.34)称为量纲公式,物理量 q 的性质由量纲指数 α、β、γ 决定。比如:当 $\alpha=0$,$\beta\neq0$,$\gamma=0$ 时,q 为几何量;当 $\alpha=0$,$\beta\neq0$,$\gamma\neq0$ 时,q 为运动学量;当 $\alpha\neq0$,$\beta\neq0$,$\gamma\neq0$ 时,q 为动力学量。

各量纲指数均为零(即 $\alpha=\beta=0$)的量称为无量纲量。如圆周率 π 就是无量纲量。无量纲量可由两个具有相同量纲的物理量相比得到。比如线性应变的量纲 $[\varepsilon]=[L]/[L]=1$。无量纲量具有以下几个显著的特征。

(1)客观性。要使运动方程式的计算结果不受人为主观选取单位的影响,需要把方程式中各个物理量组合成无量纲项。因此,真正客观的方程式应是由无量纲项组成的方程式。

(2)不受运动规律的影响。由于无量纲量是常数,因此数值大小与度量单位无关,也不受运动规律的影响,相应的无量纲数相同。比如在模型实验中,经常使用一个无量纲数(如 Reynolds 数或 Froude 数数)作为模型和原型流动相似的判据。

(3)可进行超越函数运算。有量纲量只能作简单的代数运算,作复杂的超越函数(如对数、指数、三角函数等)运算是没有意义的,只有无量纲化后才能进行超越函数的运算。

在进行量纲分析时,只有同类的物理量才能进行对比。因此,在任何一个有意义的物理方程中,各项的量纲必须相同,即量纲和谐性原理(又称量纲一致性原理)。换句话说,用物理方程中的任何一项去通除整个方程,便可将该方程化为无量纲方程。比如:$N-S$ 方程三个方向的动量方程中,各项的量纲是一致的,都是 $[LT^{-2}]$;Bernoulli 方程中各项的量纲都是 $[L]$。凡是能够正确反映客观规律的物理方程,量纲之间的关系都应如此。由量纲和谐性原理可看出:凡正确反映客观规律的物理方程,一定能表示为由无量纲项组成的无量纲方程。

7.4 量纲分析方法

在量纲和谐性原理基础上发展起来的量纲分析方法主要有两种:Rayleigh 法(又称指数法)以及 Ⅱ 定理(又称 Bucklingham 法)。基于量纲分析方法,再结合实验研究,可以找出同一类相似流动的普遍规律。

7.4.1 Rayleigh 法

假设某一个物理过程与 $q_1,q_2,q_3,\cdots,q_n$ 这 n 个物理量有关,可表示为

$$f(q_1,q_2,q_3,\cdots,q_n)=0 \tag{7.35}$$

式(7.35)中的物理量 q_n 可表示为其他 $n-1$ 个物理量的指数乘积形式,为

$$q_n=Kq_1^a q_2^b\cdots q_{n-1}^p \tag{7.36}$$

将式(7.36)写成量纲形式:

$$[q_n]=[q_1]^a[q_2]^b\cdots[q_{n-1}]^p \tag{7.37}$$

将式(7.37)中各物理量的量纲表示为基本量纲的指数乘积形式,并依据量纲和谐性原理,来确定指数 a、b、$\cdots$、p 的值,便可得到表述该物理方程的方程式。下面通过两个例题来说明 Rayleigh 法的具体应用。

例 7.1 已知螺旋桨的推力与螺旋桨的直径 d、转速 n、前进速度 V、流体的密度 ρ 以及动力黏性系数 μ 有关,试确定推力 F 的表达式。

解 (1)分析所求问题的影响因素。

依据题意,推力可写成如下的一般形式:

$$F=f(d,n,V,\rho,\mu)$$

将 F 写成另外 5 个物理量的指数乘积形式:

$$F=Kd^\alpha n^\beta V^\gamma \rho^\delta \mu^\kappa$$

式中,K 为常数,α、β、γ、δ 以及 κ 为 5 个待定指数

(2)基于量纲和谐性原理得到待定系数。

先写出各变量的基本量纲:

$$[F] = MLT^{-2}, [d] = L, [n] = T^{-1}, [V] = LT^{-1}, [\rho] = ML^{-3}, [\mu] = ML^{-1}T^{-1}$$

写出对应的量纲关系式:

$$MLT^{-2} = L^{\alpha}(T^{-1})^{\beta}(LT^{-1})^{\gamma}(ML^{-3})^{\delta}(ML^{-1}T^{-1})^{\kappa} =$$
$$M^{\delta+\kappa}L^{\alpha+\gamma-3\delta-\kappa}T^{-\beta-\gamma-\kappa}$$

比较等式两边对应量纲的指数,得到

$$\delta + \kappa = 1, \alpha + \gamma - 3\delta - \kappa = 1, -\beta - \gamma - \kappa = -2$$

(3) 基于待定系数进一步分析流动特性。

由第(2)部分分析可看出,方程组存在 5 个未知数,但是只有 3 个独立方程,因此,不可能得到完成的解。若选取其中两个作为参变数,比如选取转速 n 以及动力黏性系数 μ 的指数项 β 和 κ 作为参变数,用它们表示其余三个量得到

$$\delta = 1 - \kappa, \gamma = 2 - \beta - \kappa, \alpha = 2 + \beta - \kappa$$

将上式代入 $F = Kd^{\alpha}n^{\beta}V^{\gamma}\rho^{\delta}\mu^{\kappa}$,得到

$$F = Kd^{2+\beta-\kappa}n^{\beta}V^{2-\beta-\kappa}\rho^{1-\kappa}\mu^{\kappa} = Kd^{2}V^{2}\rho\left(\frac{dn}{V}\right)^{\beta}\left(\frac{dV\rho}{\mu}\right)^{-\kappa}$$

既然 β 和 κ 仍为未知数,上式又可写为

$$F = \rho d^{2}V^{2}f\left(\frac{dV\rho}{\mu}, \frac{dn}{V}\right)$$

式中,$f\left(\dfrac{dV\rho}{\mu}, \dfrac{dn}{V}\right)$ 表示为 $\dfrac{dV\rho}{\mu}, \dfrac{dn}{V}$ 的函数,它的具体形式需要由实验来确定。

例 7.2　不可压缩流体在匀直圆管内做定常流动,试分析圆管单位长度上的流动损失 $\Delta p / l$ 的表达式。

解　(1) 分析所求问题的影响因素。

该流动现象共有 7 个变量,分别为管长 l、管径 d、流体流动速度 V、运动黏性系数 ν、流体密度 ρ、管内壁面粗糙度高度 ε 以及压力降 Δp。若研究单位长度上的流动损耗,Δp 和 l 可以合写为 $\Delta p / l$,它们组成

$$f\left(\frac{\Delta p}{l}, d, V, \nu, \rho, \varepsilon\right) = 0$$

将单位长度流动损耗 $\Delta p / l$ 写成另外 5 个物理量的指数乘积形式:

$$\frac{\Delta p}{l} = Kd^{\alpha}V^{\beta}\nu^{\gamma}\rho^{\delta}\varepsilon^{\kappa}$$

式中,K 为常数,α、β、γ、δ 以及 κ 为 5 个待定指数。

(2) 基于量纲和谐性原理得到待定系数。

先写出各变量的基本量纲:

$$\left[\frac{\Delta p}{l}\right] = ML^{-2}T^{-2}, [d] = L, [V] = LT^{-1}, [\nu] = L^{2}T^{-1}, [\rho] = ML^{-3}, [\varepsilon] = L$$

写出对应的量纲关系式:

$$ML^{-2}T^{-2} = L^{\alpha}(LT^{-1})^{\beta}(L^{2}T^{-1})^{\gamma}(ML^{-3})^{\delta}L^{\kappa} = M^{\delta}L^{\alpha+\beta+2\gamma-3\delta+\kappa}T^{-\beta-\gamma}$$

比较等式两边对应量纲的指数,得到

$$\delta = 1, \alpha + \beta + 2\gamma - 3\delta + \kappa = -2, -\beta - \gamma = -2$$

（3）基于待定系数进一步分析流动特性。

由第（2）部分分析可看出，方程组存在 5 个未知数，但是只有 3 个独立方程，因此必须将 5 个未知数中的 2 个作为待定系数。若将运动黏性系数 ν 以及壁面粗糙度 ε 量纲的指数项 γ 和 κ 作为待定系数，得到

$$\delta = 1, \beta = 2 - \gamma, \alpha = -1 - \gamma - \kappa$$

将上式代入 $\dfrac{\Delta p}{l} = K d^{\alpha} V^{\beta} \nu^{\gamma} \rho^{\delta} \varepsilon^{\kappa}$，并将具有相同待定指数的量组合在一起成为相似准则：

$$\frac{\Delta p}{l} = K d^{-1-\gamma-\kappa} V^{2-\gamma} \nu^{\gamma} \rho \varepsilon^{\kappa} = K \frac{\rho V^2}{d} \left(\frac{\nu}{Vd}\right)^{\gamma} \left(\frac{\varepsilon}{d}\right)^{\kappa}$$

上式可以进一步写为

$$\frac{\Delta p}{\rho} = K \frac{l V^2}{d} \left(\frac{\nu}{Vd}\right)^{\gamma} \left(\frac{\varepsilon}{d}\right)^{\kappa}$$

若令 $\lambda = f\left(Re, \dfrac{\varepsilon}{d}\right) = 2K \left(\dfrac{\nu}{Vd}\right)^{\gamma} \left(\dfrac{\varepsilon}{d}\right)^{\kappa}$，上式可进一步写作

$$\frac{\Delta p}{\rho} = \lambda \frac{l}{d} \frac{V^2}{2}$$

式中，λ 为圆管流动的摩擦因子，与雷诺数和粗糙度 ε 有关。

7.4.2 Ⅱ 定理

Rayleigh 法只适合分析简单的问题，若量纲待定指数的数目过多，就需要采用另一种无量纲分析方法——Ⅱ 定理。该方法是由美国物理学家 Bucklingham 在 1914 年提出的。Ⅱ 定理的基本原理是：对于某个物理现象可给出的无量纲的综合数群的个数，等于影响该现象的全部物理量的个数减去用以表达这些物理量的基本量的个数。即对于某个物理现象，若影响该现象的有量纲变量有 n 个，其中基本量纲有 m 个，可以将这些有量纲变量用基本量纲指数乘积形式表示，分组编排成 $n - m$ 个独立的无量纲量，并由这些无量纲量组成函数关系式。这些无量纲量用 Ⅱ 表示，因此称为 Ⅱ 定理。

假设变量 $X_1, X_2, \cdots, X_n$ 代表 n 个有量纲变量，如速度、密度、以及压力等。可以将这些变量写成如下的量纲齐次关系式：

$$F(X_1, X_2, X_i, \cdots, X_n) = 0 \tag{7.38}$$

式（7.38）可进一步写成如下形式：

$$f(\Pi_1, \Pi_2, \Pi_j, \cdots, \Pi_{n-m}) = 0 \tag{7.39}$$

式（7.39）中，每个 Π_j 代表一个独立的、由若干个有量纲量 X_i 以指数乘积形式组合而成的无量纲量。Ⅱ 定理中的无量纲量 Π_j 就是相似准则数，满足以下特征：① 相似准则的 n 次方仍为相似准则数；② 相似准则的乘积仍为相似准则数；③ 相似准则乘以无量纲数仍为相似准则数；④ 相似准则的和与差仍为相似准则数。下面通过两个例题来说明 Ⅱ 定理的具体应用。

例 7.3 不可压缩流体在匀直圆管内做定常流动，试用 Ⅱ 定理来分析圆管单位长度

上的流动损失 $\Delta p/l$ 的表达式。

解 如例 7.1 所述,该流动现象共有 7 个变量,l、d、V、ν、ρ、ε 以及 Δp,因此有如下关系式:

$$f(\Delta p, d, V, \rho, \nu, l, \varepsilon) = 0$$

因此,这里共有 7 个有量纲变量,即 $n=7$,用国际单位制（M、L、T）列出各个变量的量纲,$\Delta p, d, V, \rho, \nu, l, \varepsilon$ 的量纲依次为

$$[\Delta p] = ML^{-1}T^{-2}, [d] = L, [V] = LT^{-1}, [\rho] = ML^{-3}, [\nu] = L^2 T^{-1}, [l] = L, [\varepsilon] = L$$

上面这些量纲涉及 M、L、T 这 3 个基本量纲,因此 $m=3$。选择 m 个独立的有量纲变量,它们应包括 M、L、T 三个基本量纲,但不能形成无量纲数。在流体力学问题中,常选一个与长度有关的量,比如选 d 以保证几何相似;选一个与速度有关的量,比如 V 以保证运动相似;再选一个与质量有关的量,比如 ρ 以保证动力相似。这 3 个变量不会形成无量纲数。将其余每一个变量依次与上述三个变量的相应指数的乘积组成无量纲量 Π,并将各变量的量纲代入得到如下表达式:

$$\Pi_1 = V^{\alpha_1} d^{\beta_1} \rho^{\gamma_1} \Delta p = (LT^{-1})^{\alpha_1} (L)^{\beta_1} (ML^{-3})^{\gamma_1} (ML^{-1}T^{-2}) = M^0 L^0 T^0$$

$$\Pi_2 = V^{\alpha_2} d^{\beta_2} \rho^{\gamma_2} \nu = (LT^{-1})^{\alpha_2} (L)^{\beta_2} (ML^{-3})^{\gamma_2} (L^2 T^{-1}) = M^0 L^0 T^0$$

$$\Pi_3 = V^{\alpha_3} d^{\beta_3} \rho^{\gamma_3} l = (LT^{-1})^{\alpha_3} (L)^{\beta_3} (ML^{-3})^{\gamma_3} L = M^0 L^0 T^0$$

$$\Pi_4 = V^{\alpha_4} d^{\beta_4} \rho^{\gamma_4} \varepsilon = (LT^{-1})^{\alpha_4} (L)^{\beta_4} (ML^{-3})^{\gamma_4} L = M^0 L^0 T^0$$

对每一个等式写出指数方程,并使每个量纲的指数之和等于 0,对于 Π_1,有

$$L: \alpha_1 + \beta_1 - 3\gamma_1 - 1 = 0; T: -\alpha_1 - 2 = 0; M: \gamma_1 + 1 = 0$$

解得指数:

$$\alpha_1 = -2, \beta_1 = 0, \gamma_1 = -1$$

对于 Π_2,有

$$L: \alpha_2 + \beta_2 - 3\gamma_2 + 2 = 0; T: -\alpha_2 - 1 = 0; M: \gamma_2 = 0$$

解得指数:

$$\alpha_2 = -1, \beta_2 = -1, \gamma_2 = 0$$

对于 Π_3,有

$$L: \alpha_3 + \beta_3 - 3\gamma_3 + 1 = 0; T: -\alpha_3 = 0; M: \gamma_3 = 0$$

解得指数:

$$\alpha_3 = 0, \beta_3 = -1, \gamma_3 = 0$$

对于 Π_4,有

$$L: \alpha_4 + \beta_4 - 3\gamma_4 + 1 = 0; T: -\alpha_4 = 0; M: \gamma_4 = 0$$

解得指数:

$$\alpha_4 = 0, \beta_4 = -1, \gamma_4 = 0$$

将上面求得的各指数代入对应的式子中,得到

$$\Pi_1 = \frac{\Delta p}{\rho V^2}, \Pi_2 = \frac{\nu}{Vd} = \frac{1}{Re}, \Pi_3 = \frac{l}{d}, \Pi_4 = \frac{\varepsilon}{d}$$

将上式代入式(7.39),得到

$$f\left(\frac{\Delta p}{\rho V^2}, \frac{1}{Re}, \frac{l}{d}, \frac{\varepsilon}{d}\right) = 0$$

上式也可写作

$$\frac{\Delta p}{\rho V^2} = f_1\left(\frac{1}{Re}, \frac{l}{d}, \frac{\varepsilon}{d}\right)$$

由于管路中的压力降随管道呈线性变化,即管长增加一倍,压力降也增加一倍,因此,上式可进一步写作

$$\frac{\Delta p}{\rho V^2} = \frac{l}{d} f_2\left(Re, \frac{\varepsilon}{d}\right)$$

上式可进一步表示为

$$\Delta p = \lambda \frac{l}{d} \frac{\rho V^2}{2}, \lambda = f_3\left(Re, \frac{\varepsilon}{d}\right)$$

可看出,基于 Ⅱ 定理得到的结果与 Rayleigh 法得到的结果是一致的。但是使用 Ⅱ 定理时,需要注意:① 必须知道流动过程中所包含的全部物理量,否则,会得到不全面的甚至是错误的结果;② 在表征流动过程中的函数关系中存在无量纲常数时,该常数只能通过实验来加以确定;③ 量纲分析方法不能区分量纲相同而意义不同的物理量。实际上,量纲分析方法(包括 Rayleigh 法以及 Ⅱ 定理)并不能给流体力学问题提供一个完整解,只能提供部分解,而且涉及的无量纲常数还得需要通过实验才能得到。

7.5 模型实验设计

相似原理与量纲分析方法解决了模型实验中的一系列问题。模型实验是依据相似原理,制成和原型相似的小尺度模型进行实验研究,并以实验的结果预测原型将会发生的流动现象。因此,只有当模型实验中流动现象的物理本质与原型中流动现象相同时,模型实验才具有价值。按照相似原理,模型实验可分为完全相似实验和部分相似实验。

7.5.1 完全相似实验

按照相似原理,若两个流动达到完全相似,就必需满足全部相似准则(包括:几何相似、运动相似以及动力相似)相同,且具有相似的初始条件和边界条件,即使所有相似准则数(包括 Reynolds 数、Euler 数、Froude 数以及 Strouhal 数)相等,这实际上是非常困难的。

比如对于黏性不可压缩流体定常流动,即使做到只有 2 个相似准则数(Reynolds 数和 Froude 数)分别相等,都是非常困难的。

(1)满足 Reynolds 数相等。

由 $(Re)_p = (Re)_m$,可进一步得到 $\frac{v_p l_p}{\nu_p} = \frac{v_m l_m}{\nu_m}$,假设模型和原型采用同一种流体,即 $\nu_p = \nu_m$。为了实验方便,假设模型尺寸取原型尺寸的 $1/10$,即 $l_p = 10 l_m$,若要满足 Reynolds 数相等,模型实验中的流速应是原型中的 10 倍,即 $v_m = 10 v_p$。

(2)满足 Froude 数相等。

由 $(Fr)_p = (Fr)_m$,可进一步得到 $\frac{v_p^2}{g_p l_p} = \frac{v_m^2}{g_m l_m}$,一般情况下,$g_p = g_m$,假设模型尺寸与

前面选的一致,即 $l_p = 10 l_m$,若要使得 Froude 数相等,模型实验中的流速应为原型中的 $1/\sqrt{10}$ 倍。

由上面分析可看出:满足 Reynolds 数相等以及满足 Froude 数相等所需要的条件是互相矛盾的。解决这一矛盾的方法只有在模型中以及原型中使用不同黏性系数的流体。这里通过简单计算,可得到:若同时满足 Reynolds 数以及 Froude 数相似准则,模型实验中使用流体的运动黏性系数 ν_m 必须是原型中 ν_p 的 1/31.6,很明显是非常难以实现的。

7.5.2 部分相似实验

实现完全相似实验是非常困难的,因此,为了使模型研究得以进行,就必须对各种相似条件进行逐一分析:对那些主要的、起决定性作用的条件,应当尽量加以保证;而对那些次要的条件只需近似满足,甚至忽略。比如:无压明渠流动中,重力起主导作用,而黏性力占据次要地位,因此,重力相似准则是这里涉及的主要相似准则。再比如:圆管内流体流动,黏性力占据主导作用,而重力占次要地位,因此,黏性力相似准则是此时的主要相似准则。

模型实验设计的基本步骤可概括如下:① 进行模型实验设计,通常是先根据实验场地、模型制作和测量条件,定出线性比例系数 C_l;② 再以选定的比率系数 C_l 缩小原型的几何尺寸,得出模型区的几何边界;③ 根据对流动受力情况分析,满足对流动起主导作用的力相似,选择相应的相似准则;④ 最后依据选取的相似准则,确定速度比率系数 C_v 以及其他参数。

例 7.4 内径为 75 mm 的水平直管中,水流平均速度为 3 m/s,已知水的动力黏性系数 $\mu = 1.139 \times 10^{-3}$ Pa·s,密度 $\rho = 999.1$ kg/m³。若用相同的管道以空气为介质做模型实验,空气的动力黏性系数 $\mu = 1.788 \times 10^{-5}$ Pa·s,密度 $\rho = 1.225$ kg/m³,要使两种流动相似,气流平均速度为多大? 若在管道 5 m 长范围内测得气流压降为 906.4 Pa,与之相似的水流在相同长度上压降为多大?

解 要使两种流动相似,只需考虑 Reynolds 数相似,即

$$\frac{d_m v_m \rho_m}{\mu_m} = \frac{d_p v_p \rho_p}{\mu_p}$$

进一步得到

$$v_m = \frac{d_p}{d_m} \frac{\rho_p}{\rho_m} \frac{\mu_m}{\mu_p} v_p = \frac{0.075}{0.075} \times \frac{999.1}{1.225} \times \frac{1.788 \times 10^{-5}}{1.139 \times 10^{-3}} \times 3 = 38.43 \ (\text{m/s})$$

Reynolds 数相似准则是决定性准则,两种流动若 Reynolds 数相似,则对应点的 Euler 数也应相等:

$$\frac{(\Delta p)_p}{\rho_p v_p^2} = \frac{(\Delta p)_m}{\rho_m v_m^2}$$

由上式进一步得到

$$(\Delta p)_p = \frac{\rho_p}{\rho_m} \frac{v_p^2}{v_m^2} (\Delta p)_m = \frac{999.1}{1.225} \times \frac{3^2}{38.43^2} \times 906.4 = 4 \ 505 \ (\text{Pa})$$

例 7.5 已知某船体长 122 m,航行速度为 15 m/s。现用船模在水池中进行实验,船模长 3.05 m。试求船模应以多大速度运动才能保证与原型现象相似? 若测得船模运动

时所受阻力为 20 N,它模拟的船上所受阻力将等于多少?

解　该船体所受阻力主要为行波阻力,因此只需要满足 Froude 数相似,即

$$\frac{v_p^2}{g_p l_p} = \frac{v_m^2}{g_m l_m}$$

由题意得到

$$g_p = g_m$$

$$v_m = v_p \sqrt{\frac{l_m}{l_p}} = 15 \times \sqrt{\frac{3.05}{122}} = 2.372 \ (\text{m/s})$$

模型流动和原型流动在 Froude 数相似条件下,满足

$$\frac{F_p}{\rho_p v_p^2 l_p^2} = \frac{F_m}{\rho_m v_m^2 l_m^2}$$

又由于 $\rho_m = \rho_p$,由上式可进一步得到

$$F_p = F_m \left(\frac{l_p}{l_m}\right)^3 = 20 \times \left(\frac{122}{3.05}\right)^3 = 1.28 \times 10^6 (\text{N})$$

习　　题

7.1　在一定的速度范围内,垂直于来流的圆柱体后面会产生交替的旋涡,引起垂直于来流方向的周期性变化的流体力。产生旋涡的频率 f 与来流速度 U、流体密度 ρ、动力黏性系数 μ 以及圆柱直径 d 等因素有关。试用量纲分析方法导出 f 的无量纲函数关系式。

7.2　水面船舶的阻力 R 和船长 l、航速 V、重力加速度 g、水的密度 ρ 以及动力黏性系数 μ 等因素有关,试用量纲分析方法导出阻力 R 的无量纲表达式形式。

7.3　经过孔口出流的流量 Q 与孔口直径 d、流体密度 ρ 以及压强差 Δp 有关,试用量纲分析法确定流量 Q 的表达式。

7.4　一船体长 200 m,航行速度为 25 km/h。若用船模以 1.25 m/s 的速度在水池中拖动,试确定两种流动的 Froude 数和模型的长度。

7.5　实船航速为 37 km/h,要用 1/30 的缩尺模型在水池中测定它的兴波阻力,拖车的速度应该多大? 如果测得船模的兴波阻力为 10.19 N,实船的兴波阻力又是多少?

第 8 章　　计算流体动力学基础

描述流体运动的大多数微分方程都是无法得到解析解的。因此,要想得到流体运动的基本规律,就必须对微分方程进行数值求解,而计算流体动力学正好是一门基于数值计算方法求解流动控制方程以发现各种流动现象规律的学科。本章首先简要介绍与数值求解相关的计算流体动力学基础知识,随后通过一个经典案例(圆柱绕流问题)来介绍使用当前主流分析软件对黏性流体流动问题进行数值求解的详细步骤。

8.1　　计算流体动力学概述

8.1.1　基本特征以及基本思想

计算流体动力学(CFD)是建立在经典流体力学与数值计算方法基础上的新型独立学科,通过计算机数值计算和图像显示的方法在时间和空间上定量描述流场的数值解,从而达到对物理问题研究的目的。自 20 世纪 60 年代以来,CFD 数值方法发展非常迅速,目前已广泛应用于航空航天、能源及动力工程、力学、物理和化学、建筑、水利、海洋、大气、环境、灾害预防、冶金等多个领域。

与实验研究相比,CFD 数值研究具有几个明显优点:① 研究周期短且研究成本低;② 实验研究由于受实验条件的限制,大多数情况下只能使用较小的缩尺模型开展研究,而 CFD 数值研究可以非常方便地展开大尺度结构物的数值研究。与理论研究相比,CFD 数值研究同样具有明显的优点:CFD 数值研究可以非常方便地研究复杂流动问题。但是 CFD 数值研究的可信度要比理论研究和实验研究低。此外,在 CFD 数值研究中,程序的编制,资料收集、整理以及正确利用,高度依赖于经验和技巧。因此,作为一种快速发展起来的新方法,CFD 数值研究只是对理论研究和实验研究这两种方法的有效补充,不可能替代这两种方法。表 8.1 详细列出了理论研究、实验研究以及 CFD 数值研究这三种方法的优缺点。

表 8.1　三种研究方法对比

	理论研究	实验研究	CFD 数值研究
难易程度	难	中	易
可信度	高	高	低
适用范围	简单对象,适用局限	对于复杂形状或大尺度结构物无法展开研究	范围不限
成本	费用节省	费用昂贵	费用较低

CFD 数值研究具有理论性和实践性的双重特征,其分析流程如图 8.1 所示。CFD 数值研究的基本思想可概括为:把原来在时间域及空间域上连续的物理量的场(如速度场和压力场),用一系列有限个离散点上的变量值来代替,随后通过一定的原则和方式建立起来关于这些离散点上场变量之间关系的代数方程组,最后通过求解这些代数方程组获得场变量的近似值。

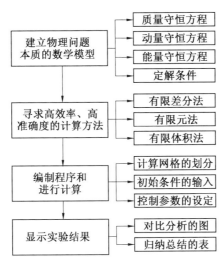

图 8.1 CFD 数值研究分析流程

8.1.2 控制方程以及湍流模型

流体力学基本控制方程主要包括三大方程:质量守恒方程、动量守恒方程以及能量守恒方程。这里以黏性流体动力学中经典的二维圆柱绕流问题为例,在圆柱绕流过程中由于热交换量很小,因此可以忽略掉能量守恒方程。将二维圆柱绕流看成一个非稳态不可压缩流体的湍流流动,可以使用第 5 章中介绍的二维雷诺平均 N − S 方程(Reynolds − averaged Navier − Stokes,RANS)展开数值模拟。由第 5 章分析可知 RANS 数值模拟的关键在于:建立合适的湍流模型使 RANS 方程封闭从而对其进行求解,进一步获得湍流运动的基本规律。但是由于湍流运动具有复杂性、随机性、不规则性和脉动性等特征,至今还没有一种能够对湍流流动进行完全准确模拟的方法。

如图 8.2 所示,目前研究湍流模型的方法主要分为两大类:直接数值模拟方法(Direct Numerical Simulation,DNS)和非直接数值模拟方法。直接数值模拟方法就是直接求解瞬时湍流控制方程,该方法的好处在于:无须对湍流方程做任何简化。但是 DNS 对计算机的内存空间以及计算速度等性能要求均非常高,因此,该方法不适用于工程实际应用。非直接数值模拟方法就是不直接计算湍流的脉动特性,而是对湍流方程在一定程度上进行近似和简化处理,这就会涉及湍流模型的选择,该选择对数值模拟的准确性至关重要。目前,非直接数值模拟方法大致可分为三类:大涡模拟(Large Eddy Simulation,LES)、分离涡模拟(Detached Eddy Simulation,DES)以及 RANS。在 RANS 模拟过程中,根据选取的湍流模型又可细分为标准 $k-\varepsilon$ 模型、RNG $k-\varepsilon$ 模型、标准 $k-\omega$ 模型等。这里不对各湍流模型作详细阐述,感兴趣的读者可进一步详细参考 CFD 数值计算相关资料。目前商业化运作的 CFD 软件(如 Fluent)中基本都包含有这些不同的湍流模型,程序员可以综合考虑需要解决的问题以及拥有的计算资源,选择合适的湍流模型来展开 CFD 数值计算。

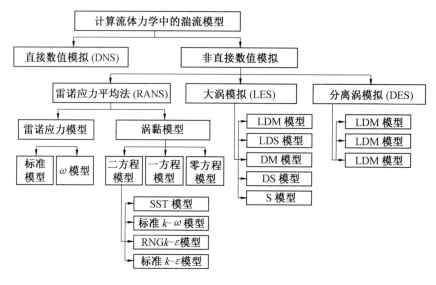

图 8.2　湍流模型

8.2　圆柱绕流 CFD 数值模拟

本节将详细阐述基于 CFD 数值方法分析二维圆柱绕流流动的详细过程。这里研究的雷诺数取为 200,圆柱直径 D 取为 0.003 m,经过简单计算可得到入口边界处水的流速为 0.067 33 m/s。

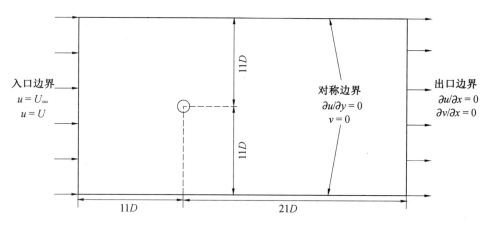

图 8.3　二维圆柱绕流计算区域和边界条件

流场长度取为 32D,流场宽度取为 22D。入口边界为一定速度的不可压缩均匀流,流体为标准状态下的液态水,从入口边界以恒定速度 U_∞ 流向圆柱。

8.2.1 网格划分

1.几何模型建立

由于 ICEM 中的单位是无量纲的,为了方便计算,这里将直径 D 设置为 100,而不是 0.003 m,在后面导入 Fluent 中时,只需将 $D=100$ 转换成 0.003 即可。

(1) 坐标点的建立。

① 圆心坐标$(0,0,0)$。

② 圆柱所在的圆(后面称为内圆)$D_1=100$ 的四个点的坐标:$(25 * 2^{\hat{}}(1/2),25 * 2^{\hat{}}(1/2),0)$、$(25 * 2^{\hat{}}(1/2),-25 * 2^{\hat{}}(1/2),0)$、$(-25 * 2^{\hat{}}(1/2),-25 * 2^{\hat{}}(1/2),0)$、$(-25 * 2^{\hat{}}(1/2),25 * 2^{\hat{}}(1/2),0)$。

③ 外圆 $D_2=170$ 的四个点的坐标:$(85 * 2^{\hat{}}(1/2),85 * 2^{\hat{}}(1/2),0)$、$(85 * 2^{\hat{}}(1/2),-85 * 2^{\hat{}}(1/2),0)$、$(-85 * 2^{\hat{}}(1/2),-85 * 2^{\hat{}}(1/2),0)$、$(-85 * 2^{\hat{}}(1/2),85 * 2^{\hat{}}(1/2),0)$。

④ 四个边界点坐标:$(-1100,-1100,0)$、$(-1100,1100,0)$、$(2100,-1100,0)$、$(2100,1100,0)$。

以点坐标$(-25 * 2^{\hat{}}(1/2),25 * 2^{\hat{}}(1/2),0)$ 为例,在 ICEM 工具栏中,鼠标左键点击 "Geometry" Geometry → "Create Point" → "XYZ",输入$(-25 * 2^{\hat{}}(1/2),25 * 2^{\hat{}}(1/2),0)$,点击"Apply" Apply。

(2) 边界线、面建立。

① 画出边界线。

圆弧的作法:鼠标左键点击"Geometry" → "Create/modify curve" → "Center and 2 points",随后使用鼠标左键选取圆心和圆上两点,最后点击鼠标中键或 "Apply"。线的作法:鼠标左键点击"Geometry" → "Create/modify curve" → "From points",随后使用鼠标左键选取两点。最后点击鼠标中键或"Apply"。

② 建立整个面。

混合型网格、内圆与外圆之间网格为四边形网格;外圆与边界之间的网格为三角型网格;内圆是代表二维圆柱,因此是没有网格的,需要注意面的划分。

鼠标左键点击"Geometry" → "Create/Modify Surface" → "Simple Surface",然后点击鼠标左键按顺序选取四条边线,最后点击鼠标中键或"Apply",如图8.4所示。

(3) 删除多余点、线、面。

① 将面分为两部分。

使用内圆线切分面,考虑到为混合网格,因此应该区分面,鼠标左键点击"Geometry" → "Create/Modify Surface" → "Segment/Trim Surface",随后用鼠标左键选取要切割的面,即(1)的 ② 所建的面,再点击鼠标中键确定要选取的面,之后使用鼠标左键选取"切割线" 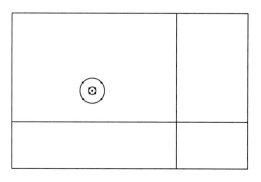,即内圆分割线,最后点击鼠标中键确定内圆切割线,这时候面就分为内圆和内圆之外的两部分面。

图 8.4 建立面

② 删除内圆里的面。

由于内圆代表圆柱,圆柱里面应没有网格,因此需要删除内圆里面的面。鼠标左键点击"Geometry"→"Delete Surface" ▓ →"Select Surface" ▓ 选择内圆所在的面,即将内圆线选中,然后点击鼠标中键确定删除或点击"Apply"。

③ 使用外圆线切分面。

鼠标左键点击"Geometry"→"Create/Modify Surface" ▓ →"Segment/Trim Surface" ▓,随后用鼠标左键选取要切割的面 ▓,即(3)所建的面,再点击鼠标中键确定要选取的面,之后使用鼠标左键选取切割线,即外圆分割线,最后点击鼠标中键确定外圆切割线,这时候面就分为内圆与外圆之间的环形面以及外圆之外的面。

④ 删除圆心、内圆、外圆及四个边线上多余的点。

删除时先显示出点的名字,在"模型树" ☑ Model 下的"Geometry",鼠标右键点击"Point",在下拉菜单中选择"Show Point Names"。然后鼠标左键点击"Geometry"→"Delete Point" ✖,随后单击鼠标左键选取圆点、内外圆上多余的点和四个边线的顶点,最后单击鼠标中键或"Apply"。

⑤ 删除线。

在使用内圆和外圆切割面时,在内圆和外圆上都产生了新的与原来内圆和外圆重合的线,为了建 Part 以及线关联时不被干扰,应将多余的内圆和外圆线删除。删除线时也应显示出线的名字,在"模型树" ☑ Model 下的"Geometry",鼠标右键点击"Curves",在下拉菜单中选择"Show Curves Names",为了便于观察,此时可将点的名字关闭。鼠标左键点击"Geometry"→"Delete Curve" ✖,然后单击鼠标左键选取多余的内圆线或外圆线,最后单击鼠标中键或"Apply"。

2. Block 区域划分

考虑到为混合型网格,同心圆形区域内采用结构网格(四边形网格),其他区域采用非结构网格(三角形网格)。

（1）创建块、Part。

① 创建块。

鼠标左键点击"Blocking" **Blocking** → "Create Block" ，在"Part"文本框中将 SOLID 改为 FLUID，随后在"Initialize Blocks"中将"Type"选择为"2D Planar"，最后点击"Apply"或"OK"。

② 创建 Part。

创建 Part 是为了方便后面识别边界、划分网格。线 Part 包括入口边界 inlet、出口边界 outlet、壁面 walls、内圆 cylinder－in、外圆 cylinder－out，面 part 包括 sur－out 和 sur－in，线 Part 和面 Part 的位置按照图 8.5 所示进行设置。

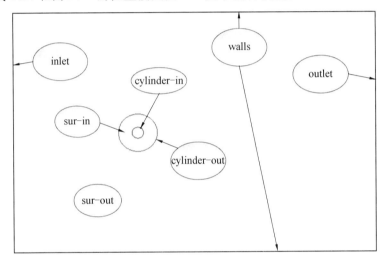

图 8.5　Part 的设置

创建 Part 流程：在"模型树" **Model** 下，点击左键选中"Parts" **Parts** ，随后单击鼠标右键在其下拉菜单中选择"Create Part" **Parts** 并在"Part"条形框中边界命名（如输入 INLET，命名大写，若输入是小写会自动更正），然后选择边界 ，最后单击鼠标中键或"Apply"，这样 Part 便设置好了。

（2）划分块。

① 切分块。

考虑到只对圆形区域进行 O－Blocking，因此要对块进行切分，只保留圆心区域的块，其他块则删除，利用已知点（即外圆上的四个点）来切分块，切分块的流程如下：鼠标左键点击"Blocking" → "Split Block" → "Split Method" → "Prescribed point"，随后点击"Edge" 选择边线，之后点击选点"Point" 即选取外圆上的一个点，最后点击"Apply"或点击鼠标中键，重复此流程，再划出其他三条线。

② Repair Geometry。

删除重复或多余的点、线，如果在切分块之前进行此操作，则圆上的点部分会被删除，

因此 Repair Geometry 放在切分块后面操作。操作步骤如下：勾选"Geometry"下的
"Repair Geometry" 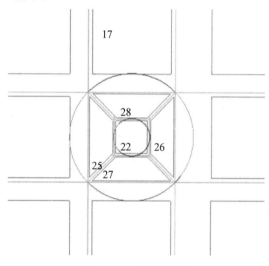，在下拉菜单中点击"OK"。

③O 型网格划分。

选择划分的块，在"模型树" Model 下的"Blocking"→"Blocks"中显示出块的编号。
然后鼠标左键点击"Blocking"→"Split Block" → "Ogrid Block" → "Select
Block(s)" ，随后选择要划分的块，左键单击 22 号块选中，点击鼠标中键确定，这时候
里面的块颜色由湖蓝色填充，最后点击"Apply"，完成划分后，内外圆出现内方外圆的铜
钱形状。结果如图 8.6 所示。

图 8.6　O 型网格划分

（3）关联点、线，建立映射关系。

① 点关联。

鼠标左键点击"Blocking"→"Associate" → "Associate Vertex" ，然后点击
"Vertex" 选择块上的点（即铜钱状里面方形的顶点），之后点击"Point" 选择内圆
上最近的点，这样 vertex 便和 point 关联到一起，重复此操作，关联其他三个相应点，另
外，对于外圆上的四个点 vertex 与 point 重合，因此双击该点即可关联。所有关联后的点
都会出现十字红字标志。

② 线关联。

鼠标左键点击"Blocking"→"Associate" → "Associate Edge to curve" ，先选
择"Edge(s)" ，使用左键单击内圆上的内接正方形的四个边，然后按鼠标中键确定，之
后选择"Curve(s)" ，再选中内圆线，最后按鼠标中键确定，这时便完成了线关联。外
圆的内接正方形四个边和外圆的线关联与内圆的线关联一致。

③ 删除块。

考虑到只有外圆和内圆之间采用四边形结构网格划分,因此要将其他块进行删除。鼠标左键点击"Blocking"→"Delete Block" ,选择要删除的块 ,即用鼠标左键选中除了编号为 25、26、27、28 的其他块,最后按鼠标中键确定或点击"Apply"。

3. 网格参数设置

(1)边界线节点参数拟定。

鼠标左键点击"Blocking"→"Pre−Mesh Params" →"Meshing Parameters",然后勾选"Copy Parameters",并点击"Edge" 即选择要设定参数的边,选择一条对角线,这时其他三条对角线将自动选中,Nodes=75,Mesh law 设为 Exponential2,选择这种方法只需要设定 Spacing2 即可,其他参数会自动调节,Spacing2=0.11,也就是指第一层网格高度,最后点击"Apply"。

鼠标左键点击"Blocking"→"Pre−Mesh Params"→"Meshing Parameters",然后勾选"Copy Parameters"并点击"Edge"即选择要设定参数的边,选择一条纵向四边形边,这时其他纵向三条平行的边将自动选中,Nodes=31,Mesh law 设为 BiGeometric,其他参数默认,最后点击"Apply"。其他平行横向的四条边划分,流程和纵向四条边划分一样。

(2)中间 O 型区域划分网格。

在模型树"Model"下的"Blocking"中勾选"Pre−Mesh",在弹出的对话框点击"Yes",这样圆形区域的网格便划分完成,划分好的网格如图 8.7 所示。

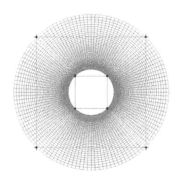

图 8.7 圆形区域网格划分

鼠标右键点击模型树下"Pre−Mesh" ,然后在其下拉菜单中选择"Convert to Unstruct Mesh",点鼠标左键确认,这便转换成非结构网格了。

(3)非结构网格划分。

为了加快计算进度,节省计算时间,对圆形区域外的区域使用三角型网格。

① 边界参数设置。

左边入口边界参数设置:鼠标左键点击"Mesh" Mesh →"Curve Mesh Setup" →在"Method"中选择"General"→"SelectCurve(s)",选中左边即 INLET 那条边。将"Number of nodes"设置为 36,节点分布律"Bunching law"选择"Possion","Spacing1"

设为 80,"Spacing2" 设为 80,然后勾选"Curve direction" 确认其方向朝上,如果不朝上,可利用"Reverse direction" 来调节,其他参数默认,最后点击"Apply"。

右边出口边界参数设置:鼠标左键点击"Mesh" → "Curve Mesh Setup",在"Method"中选择 "General",然后点击 "SelectCurve(s)" 选中右边即 OUTLET 那条边。 将 "Number of nodes" 设置为 36,节点分布律"Bunching law" 选择"BiGeometric",然后勾选"Curve direction" 确认其方向朝上,如果不朝上,可利用"Reverse direction" 来调节,其他参数默认,点击"Apply"。

上边边界参数的设定:鼠标左键点击"Mesh" → "Curve Mesh Setup",在"Method"中选择"General" → "Select Curve(s)" 选中上边。将"Number of nodes" 设置为 62,节点分布律"Bunching law" 选择"Possion","Spacing1" 设为 85,"Spacing2" 设为 100。然后勾选"Curve direction" 确认其方向朝左,如果不朝左,可利用"Reverse direction" 来调节,其他参数默认,点击"Apply"。

下边边界参数的设定:鼠标左键点击"Mesh" → "Curve Mesh Setup",在"Method"中选择"General" 然后点击"Select Curve(s)" 选中上边。将"Number of nodes" 设置为 62,节点分布律"Bunching law" 选择"Possion","Spacing1" 设为 85,"Spacing2" 设为 100,然后勾选"Curve direction" 确认其方向朝左,如果不朝左,可利用"Reverse direction" 来调节,其他参数默认,最后点击"Apply"。

② 总体网格设置。

对网格设置整体尺寸,用鼠标左键点击工具栏中"Mesh" → "Global Mesh Setup",将"Scale factor" 设为 1,"Max element" 设为 9,其余参数默认,随后点击"Apply",之后点击"Shell Meshing Parameters",在"Mesh type" 中选择"All Tri",把"Ignore size" 设为 2,并勾选"Respect line elements",然后在"Interior" 处勾选"Project to Surface""Adapt mesh interior""Orient to surface normals" 最后点击"Apply"。

③ 生成非结构网格。

用鼠标左键点击工具栏中"Mesh" → "Compute Mesh" → "Surface Mesh Only",在"Mesh type" 中选择"All Tri",在"Mesh method" 选择"Patch Dependent",然后在"Select Geometry" 中选择"From Screen",随后点击"Entities" 选择面"SUR — OUT",最后点击"Compute"。 最终生成的网格如图 8.8 所示。

(4) 网格输出。

点击工具栏上的"Output" → "Select Solver",在"Output Solver" 中选择"ANSYS Fluent" 后点击"OK",之后点击"Write input",在弹出的窗口中点击"Yes",接着在下一个弹出的窗口中点击"打开",随后在弹出的窗口中"Grid dimension"选择"2D","Output file" 中会显示保存文件的路径,如果不修改路径则文件会保存在原来 ICEM 储存的文件夹里面。

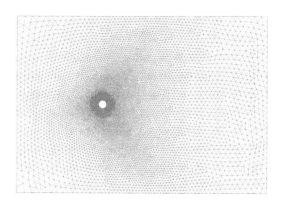

图 8.8 最终生成的网格

8.2.2 数值计算

1. 模型设置

首先将画好的网格导入 Fluent 软件中，然后改变网格尺寸。"Scale"在"General"的面板下，由于在 ICEM 中 D 设为 100，实际上 $D=0.003$，因此需要在"Scaling Factors"中设置，将原来的尺寸乘以 0.000 03。鼠标左键点击"General"，再点击"Scale"，勾选"Scaling"下的"Specify Scaling Factors"，"X"后输入 0.000 03，"Y"后输入 0.000 03，点击"Scale"，再点击"Close"（Scale 设置如图 8.9 所示）。"Solver"在"General"面板中设置，时间"Time"选择瞬态"Transient"，其余参数默认。

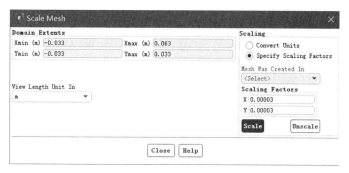

图 8.9 Scale 设置

鼠标左键双击"Viscous—Laminar"，在弹出的窗口中选中"k—omega(2eqn)"模型，在弹出的窗口中，"k—omega(2eqn)"中的"k—omegaModel"模型选"SST"，其余参数默认，然后点击"OK"，Models 设置如图 8.10 所示。

鼠标左键单击"Materials"，在弹出的右侧菜单中选择"Fluid"，然后点击"Create/Edit"，在弹出的菜单中点击"Fluent Database"，选择液态水"water—liquid(h2o(l))"，然后点击"Copy"，在弹出的菜单中点击"Change/Create"，最后在"Materials"中选择"water—liquid"，如图 8.11 所示。

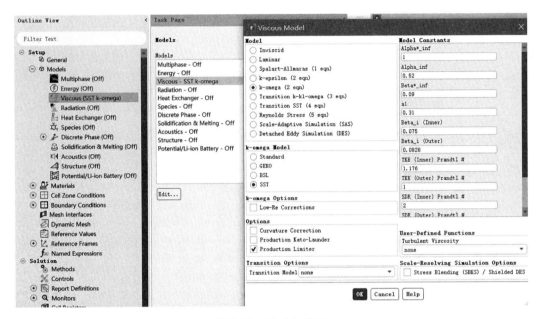

图 8.10　Models 设置

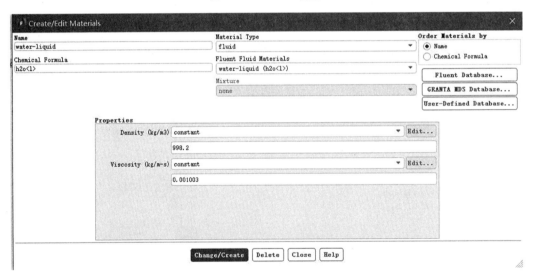

图 8.11　Materials 设置

2. 边界条件设置

(1) Cell Zone Conditions 设置。

在"zone"的选项中,选择"fluid",然后点击"Edit",在"Materials"中选择"water — liquid",点击"Apply"。 选择"sur — out",然后点击"Edit",选择"water — liquid",点击"Apply"。

(2) Boundary Conditions 设置。

在"Boundary Conditions"的"zone"区域中点击"cylinder — in"将"Type"设为"wall",然后点击"cylinder—out"将"Type"设为"interior"。点击"int_fluid","int_sur —

out"设为"interior","inlet"设为"velocity inlet"。 在弹出的窗口中,"Velocity Magnitude"后输入 0.067 33 m/s(速度为 0.067 3 m/s),在"Specification Method"中选择"K and Omega",然后在"Turbulent Kinetic Energy"中输入 1.57e－05,其余参数不变。点击"Apply"。"outlet"设为"outlet－vent","walls"设为"symmetry",如图 8.12所示。

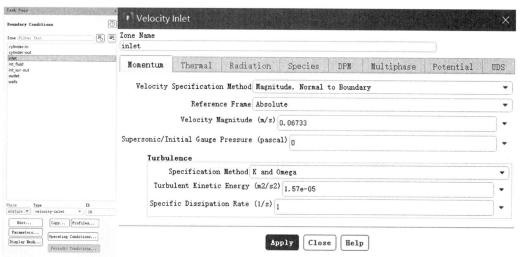

图 8.12　Boundary Conditions 设置

(3)Reference Values 设置。

鼠标左键点击"Reference Values",如图 8.13所示,将"Area"即迎流面积设为 $1^* D =$ 0.003 m^2(单位高度"Depth"与直径相乘),特征长度"Length"设为 0.003 m(即圆柱直径)。"Compute from"选择"inlet","Reference Zone"选择"sur－out",其余参数保持不变。

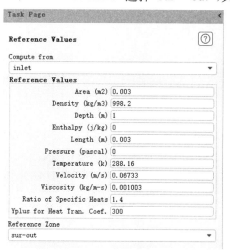

图 8.13　Reference Values 设置

(4)Solution Methods 设置。

参数保持默认不变。

（5）Solution Controls 设置。

参数保持默认不变。

3. 监视器设置

（1）Report Definitions 设置。

鼠标左键点击"Report Definitions"，点击"New"在下拉菜单中选择"Force Report"，之后点击定义"Drag"，修改"Name"为 cd，在"Wall Zones"选项中选择"cylinder－in"，之后勾选"Report File""Report Plot"和"Printto Console"。定义"Lift"与定义"Drag"操作步骤相似，点击"New"，在下拉菜单中选择"Force Report"，之后点击定义"Lift"，修改"Name"为 cl，在"wall Zones"选项中选择"cylinder－in"，之后勾选"Report File""Report Plot"和"Printto Console"。

（2）Monitors 设置。

鼠标左键点击"Monitors"，再点击子菜单中的"Residuals"，在"Absolute Criteria"下分别输入 0.00001、0.00001、0.00001、0.00001、0.00001，然后点击"OK"，如图 8.14 所示。

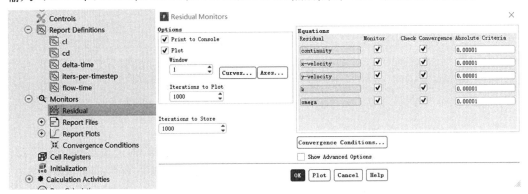

图 8.14　Monitors 设置

4. 迭代计算

（1）初始化流域

鼠标左键点击"Solution Initialization"，在"Initialization Methods"中选择"Standard Initialization"，"Computer from"选择"inlet"，其余参数保持不变，点击"Initialize"。

（2）Calculation Activities 设置

为方便用 Tecplot 画涡量云图，要先选择"Calculation activities"，菜单"Automatic Export"选项里"Create"下拉菜单中选择"Solution Data Export"，在弹出的窗口中"File Type"选择"CGNS"格式，频率"Export Data Every"设置为"5 Time Step"，文件夹设置"File Name"，点击"Browse"选择储存位置，随后在"Cell Zones"中选择"fluid"和"sur－out"，在"Quantities"中选择"Static Pressure""Pressure Coefficient""X Velocity""Y Velocity""Tangential Velocity"" Vorticity Magnitude"，最后点击"OK"。

（3）Run Calculation 设置

鼠标左键点击"Run Calculation"，"Time Step Size"输入 0.005，"Number of Time Steps"输入 3000，"Max Iterations/Time Step"输入 60，其余参数保持不变，点击"Calculate"开始计算，其设置如图 8.15 所示。

图 8.15　Run Calculation 设置

8.2.3　后处理

点击"Calculate"后便会显示出残差系数曲线、阻力系数曲线和升力系数曲线的实时变化情况。等待 Fluent 计算完成后,将这些计算结果导入 Origin 中可以得到流体力系数随时间变化的曲线;将涡量信息文件导入 Tecplot 中可以得到每个不同时刻的旋涡发放形态。

1. 阻力系数曲线

图 8.16 给出了流场稳定后作用在圆柱上的阻力系数,由图可看出:阻力系数呈现出明显的周期性变化特征,阻力系数平均值在 1.17 附近。

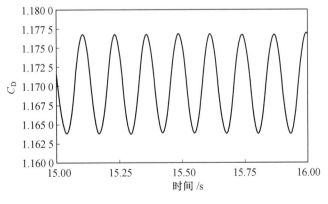

图 8.16　阻力系数曲线

2. 升力系数曲线

图 8.17 给出了流场稳定后作用在圆柱上的升力系数,可看出,升力系数同阻力系数

具有相同的特征——随时间发生周期性变化,升力系数平均值在 0 附近。对比图 8.16 以及图 8.17,可看出:升力系数的变化周期大约是阻力系数变化周期的 2 倍。

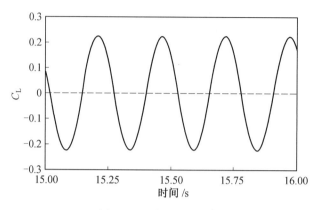

图 8.17 升力系数曲线

3. 涡量云图

将所得到的 CGNS 文件导入 Tecplot 软件,经过一些简单操作便可得到该流场的涡量云图,图 8.18 给出了 1 个稳定周期 T 内 4 个不同均分时刻的涡量云图。

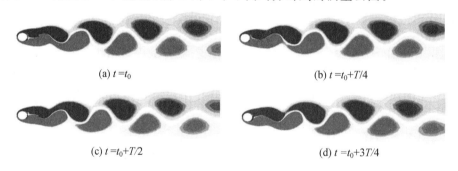

(a) $t = t_0$

(b) $t = t_0 + T/4$

(c) $t = t_0 + T/2$

(d) $t = t_0 + 3T/4$

图 8.18 涡量云图

习　题

8.1　在二维圆柱绕流数值模拟时,为什么需要将流体计算域的上下边界条件设置为对称边界条件?

8.2　在二维圆柱绕流数值模拟时,该如何确定计算域的尺寸?

8.3　从二维圆柱绕流的模拟结果可以看出升力周期大约是阻力周期的 2 倍,试解释该物理现象。

部分习题参考答案

第1章

1.3 57.9 kW

1.4 $\pi \mu \omega R^4 / h$

1.7 9.9 m/s

第2章

2.1 $x = y \quad + c_1 = z + c_2$

2.2 $\boldsymbol{i} + \boldsymbol{j} + \boldsymbol{k}$；$x = y + c_1, y = z + c_2$； 0.000 1 m^2/s

2.4 $\Gamma / 2a$

2.5 $\dfrac{\Gamma}{2\pi ax}(\sqrt{x^2 + a^2} + x)$

第3章

3.1 $3x^2 - y^3 + c$

3.2 $2xy + y + c$

3.4 $p = p_\infty - \dfrac{\rho Q}{2\pi x}\left(v_\infty + \dfrac{Q}{4\pi x}\right)$； $x_S = -\dfrac{Q}{2\pi v_\infty}, y_S = 0$

3.6 $p_A = p_C = 2.49 \times 10^5$ Pa；$p_B = 3.92 \times 10^4$ Pa；$p_D = 5.88 \times 10^4$ Pa

第4章

4.1 2 s；3.14(1/s)；1.006(1/m)；3.12 m/s

4.2 4 s；1.57(1/s)；0.251 7(1/m)；25 m；6.24 m/s；0.5cos(0.2517x − 1.57t)

4.3 2.093 m；5.422(1/s)；1.16 s

4.4 0.1cos(0.209x − 1.381t)；6.608 m/s；$\dfrac{x^2}{0.008\ 69} + \dfrac{(y + 0.5)^2}{0.008\ 06} = 1$；3.272 m/s

4.6 32.73 m；7.15 m/s；1.695 m/s

第 5 章

5.6 $u = \dfrac{g}{\nu} y \left(\delta - \dfrac{y}{2} \right)$

5.7 $u = \dfrac{g y \sin \theta}{\nu} \left(h - \dfrac{y}{2} \right)$

5.8 $u_1(y) = \dfrac{\mu_2 V_0}{\mu_1 h_2 + \mu_2 h_1} y, \ u_2(y) = \dfrac{\mu_1 V_0}{\mu_1 h_2 + \mu_2 h_1} y + \dfrac{V_0 h_1 (\mu_2 - \mu_1)}{\mu_1 h_2 + \mu_2 h_1}$

第 6 章

6.1 $\delta/2, \delta/6; \delta/3, 2\delta/15; 3\delta/8, 39\delta/280$

第 7 章

7.1. $\dfrac{fd}{U} = F\left(\dfrac{\rho U d}{\mu} \right)$

7.2. $\dfrac{R}{\dfrac{1}{2} \rho v^2 l^2} = f(Re, Fr)$

7.3. $Q = k d^2 \left(\dfrac{\Delta p}{\rho} \right)^{\frac{1}{2}}$

7.4. $0.156\,9; 6.477 \ \text{m}$

7.5. $1.88 \ \text{m/s}; 2.75 \ \text{kN}$

参 考 文 献

[1] NEWAMN J N. Marine hydrodynamics[M]. Cambridge MA：MIT Press,1977.

[2] FAITINSEN O M. Sea loads on ships and offshore structures[M]. UK：Cambridge University Press,1990

[3] 刘岳元. 水动力学基础[M]. 上海：上海交通大学出版社,1990.

[4] NAKAYAMA Y. Introduction of fluid mechanics[M]. Elsevier：Butterworth － Heinemann Press,2000.

[5] 林建忠. 流体力学[M]. 北京：清华大学出版社,2005.

[6] 吴望一. 流体力学(上、下册)[M]. 北京：北京大学出版社,2006.

[7] 景思睿. 流体力学[M]. 西安：西安交通大学出版社,2010.

[8] 夏国泽. 船舶流体力学[M]. 武汉：华中科技大学出版社,2014.

[9] 贾宝贤. 流体力学[M]. 北京：化学工业出版社,2014.

[10] 高云. 海洋平台与结构工程[M]. 北京：石油工业出版社,2017.

[11] 袁恩熙. 工程流体力学[M]. 北京：石油工业出版社,2018.

[12] 丁祖容. 流体力学(上、下册)[M]. 北京：高等教育出版社,2018.